지리교육의 새 지평

포스트모더니즘과 비판지리교육

국립중앙도서관 출판시도서목록(CIP)

지리교육의 새 지평: 포스터모더니즘과 비판 지리교육/
존 모건, 데이비드 램버트 지음; 조철기 옮김.
　서울: 논형, 2012
　　p.; cm. (논형지리학; 4)

원표제: Geography: teaching school subjects 11-19
원저자명: John Morgan, David Lambert
ISBN 978-89-6357-129-4 94980: ₩20000

지리 교육[地理敎育]

374.98-KDC5
375.91-DDC21　　　　　　　　CIP2012003053

지리교육의 새 지평

포스트모더니즘과 비판지리교육

존 모건 · 데이비드 램버트 지음/ 조철기 옮김

노형

지리교육의 새 지평
포스트모더니즘과 비판지리교육

지은이 존 모건 · 데이비드 램버트
옮긴이 조철기

초판 1쇄 발행 2012년 7월 10일
초판 2쇄 발행 2020년 3월 10일

펴낸이 소재두
펴낸곳 논형

등록번호 제2003-000019호
등록일자 2003년 3월 5일
주 소 서울시 영등포구 당산동 3가 401 삼일빌딩 5층 502호
전 화 02-887-3561
팩 스 02-887-6690

ISBN 978-89-6357-129-4 94980
값 20,000원

이 책에 대하여

지리 전문가들이 가르치고자 하는 것을 결정할 때, 그들이 이미 교과 지식에 대해 아무리 많이 알고 있다고 하더라도 정작 수업을 하려면 주눅이 들게 마련이다. 『지리: 학교 교과를 가르치기 11-19』(*Geography: Teaching School Subjects 11-19*)는 신규교사와 예비교사로 하여금 지리를 균형 잡힌 넓은 시각으로 바라보고, 학생들에게 지리를 이해하기 쉽고 흥미롭게 만들 수 있는 방법을 보여준다.

이 책은 모두 3부로 구성되어 있으며, 지리를 가르치는 데 필요한 이론과 실천에 대해 검토한다.

- 1부는 교사들이 수업 실천을 위해 자신의 지식을 어떻게 구성할 수 있는지를 탐구한다.
- 2부는 수업과 교육과정 개발뿐만 아니라 교수법과 수업설계, 평가의 양상을 지리에 초점을 두어 검토한다.
- 3부는 교사 자신들에게 초점을 두며 자신의 교과영역 내에서 전문성 개발에 관해 어떻게 바라보고, 그것을 위해 어떻게 노력할 수 있는지에 초점을 둔다.

이 책은 지적 욕구가 충만한 교사에게 지리 교과의 전체적인 본질과 지리를 가르치기 위해 준비할 때 어떻게 생각해야 하는지에 관해 안내할 것이다.

역자 서문

이 책은 『학교 교과를 가르치기 11-19』(*Teaching School Subjects 11-19*) 시리즈 중 지리 교과에 해당되는 것으로서 제목은 간단히 『지리』(*geography*)로 붙여져 있다. 이 책의 제목은 이처럼 간명하지만, 저자들의 지적 이력을 조금이나마 알고 있다면 그 깊이를 대략이나마 짐작할 수 있다. 저자들이 지금까지 지리교육 연구와 실천에서 보여준 역량이 이 책에 고스란히 담겨져 있기 때문이다. 저자들의 지적 이력뿐만 아니라 그들이 실제로 이 책에서 중점적으로 다루고자 한 진보적인 지리교육에 대하여 역서의 제목을 『지리교육의 새 지평: 포스터모더니즘과 비판지리교육』으로 하였다.

이 책의 주저자인 존 모건(John Morgan)은 현재 영국지리교육학계에서 지리교육의 이론적 논의를 주도하고 있는 대표적인 소장파 학자다. 영국 런던대학교 교육전문대학원(IOE)에서 『포스트모더니즘과 학교지리』(*Post-modernism and School Geography*)로 박사학위를 받았고, 현재는 브리스톨대학교 교육전문대학원과 런던대학교 교육전문대학원 교수로 있다. 그의 지리교육분야에서의 연구 키워드는 포스트모더니즘, 비판교육학, 시민성 교육, 대중문화 등이며, 인문지리학 중에서 특히 사회지리학과 문화지리학을 배경으로 이를 지리교육에 접목하려는 시도를 해오고 있다.

존 모건이 떠오르는 학자라면, 데이비드 램버트(David Lambert)는 학문적인 면에서나 행정적인 면에서나 그 역량을 만개한 그야말로 영국지리교육학계를 대표하는 지리교육학자다. 램버트 역시 런던대학교 교육전문대학원 교수로 있으면서 현재는 영국지리교육학회(Geographical Association) 회장으로 헌신하고 있다. 램버트의 주된 관심 분야는 교육과정 개발, 교사의 전문성 개발, 교과서 연구, 평가, 시민성 교육 등 다방면에 걸쳐 있으며, 지리교육을 대표하는 여러 책들을 계속해서 저술해오고 있다.

역자가 이 책을 접하게 된 것은 참 우연이었다. 이 책이 2005년에 출판되었는데 이 시점은 우연히도 역자가 박사학위 논문을 끝낸 시점이기도 하다. 이 책의 제목이 단순히 '지리'인 것에서 느껴지듯이 목차와 내용을 곰곰이 살펴보지 않고서는 지리교육학, 그것도 진보적이고 미래지향적인 지리교육학에 대해 이야기하고 있는 책이라고 짐작하기란 쉽지 않을 것이다. 역자의 기억이 정확한지는 알 수 없지만, 역자와 이 책의 만남은 대충 이렇다. 경상대학교 기근도 교수님이 일반적인 지리학 서적 정도로 생각하고 이 책을 구입하였는데 알고 보니 지리교육과 관련된 것이었다는 것이다. 더구나 기존에 접해오던 지리교육학 서적과는 사뭇 다른 형식과 내용으로 이 책과 가장 관련이 깊다고 생각한 한국교원대학교 권정화 교수님께 소개해주었던 것이다. 그리고 마침내 학위논문을 막 끝낸 역자에게까지 이 책의 존재가 전해지게 되었다. 사실 그 당시 존 모건의 연구를 계속해서 추적하고 있던 중이어서 그의 이름만으로도 내용을 쉬 짐작할 수 있었다.

역자가 박사학위 논문을 쓰면서 담고자 했던 이야기의 많은 부분을 이 책에서 보여주고 있었기에 그 감회는 이루 말할 수 없었다. 책을 받아든 이후 쉼 없이 이 책을 읽었던 것 같다. 그만큼 이 책이 역자에게 던져준 메시지가 강력했기 때문이며, 어쩌면 역자가 마음속에 품고 있던 이야기이기도 했기 때문이다. 학위를 받고 운 좋게 이듬해 경북대학교로 옮긴 후, 열의에 차서 이 책을 교육대학원 교재로 한두 번 사용해본 적이 있다. 그리고는 더 이상 교재로 활용하지 못했다. 그 이유는 현장 교사들이 대부분인 교육대학원에서 원서가 주는 중압감이 매우 클 뿐만 아니라 이 책에서 다루고 있는 내용이 그렇게 만만치 않았기 때문이다. 아마 이때부터 언젠가는 이 책을 우리말로 옮겨야겠다고 생각했는지 모른다.

저자들이 서문과 본문 중간 중간에 끊임없이 밝히고 있듯이 이 책은 예비 지리교사를 비롯하여 교육경력이 다소 적은 현직 지리교사들을 주된 대상으로 하여 쓰인 책이다. 이처럼 이 책은 지향하는 독자가 매우 뚜렷할 뿐만 아니라 그들에게 지리교사로서 가져야 할 자질과 안목, 가치와 신념을 확고하게 던져준다. 나아가 전문가 교사들에게는 더욱 더 전문성 신장을 촉구하고,

이를 위한 방안을 제시하고자 한다.

    사실 이 책에서 전개되고 있는 내용은 이 책이 출판된 당시로 돌아간다면 우리나라 지리교육의 현실과는 사뭇 다른 접근을 하고 있다고 생각할 수 있다. 비록 현재 우리나라 지리교육의 발전을 감안하더라도 아직까지 이 책의 내용은 진보적일 뿐만 아니라 어쩌면 거부감마저 들지도 모른다. 그럼에도 불구하고 이 책을 우리말로 옮기는 작업에 매달리게 된 또 하나의 이유는 (예비)지리교사들에게 진정한 비전과 메시지를 전달해주는 유일한 책이라는 확신에서 비롯되었다.

    이 책은 기존의 지리교육학 개론서들과는 내용과 형식 면에서 분명히 차별성이 있다. 이 책은 교과, 수업, 교사라는 3가지의 아주 단순한 프레임을 채택하고 있지만, 이를 통해 (예비)지리교사들에게 지리를 이해하고 실천하는 데 요구되는 강력한 비전과 메시지를 흥미진진하면서도 강력하게 전달해준다. 이 책에서 그려지는 이야기는 때로는 익숙하기도 하고 때로는 너무도 낯설기도 하지만, 천천히 읽고 음미해본다면 충분히 영감을 얻을 수 있으리라 기대한다.

    이 책을 우리말로 옮겨 내놓는 순간 꼭 고마운 마음을 전해야 할 분이 있다. 먼저 한국교원대학교 권정화 교수님께 깊이 감사드린다. 공통의 관심사를 두고 함께했던 지난 시간들은 이 책과의 만남에서부터 우리말로 옮기는 과정 내내 진정한 길잡이가 되었다. 또한 조심스럽게 출판사 문을 두드렸을 때, 이 책의 가치뿐만 아니라 우리말로 옮기는 작업의 어려움을 진정한 마음으로 공감해주시면서 기꺼이 출판을 허락해주신 소재두 사장님께도 깊이 감사드린다. 그리고 우리말로 옮기는 것 이상으로 힘들고 고된 교정 작업을 함께해준 이하나 선생과 최진솔 군에게도 고맙다는 말을 전한다. 마지막으로 이 책이 내외형적으로 온전한 모습을 갖출 수 있도록 보이지 않는 곳에서 아낌없는 배려를 해주신 편집부 여러분들께도 감사드린다.

2012년

조철기

차 례

이 책에 대하여 | 5
역자 서문 | 6

1장 **도입** | 11

제1부 교과
2장 **지리(학)하기** | 17
3장 **학교지리 만들기** | 41
4장 **지리, 지식, 교육** | 63

제2부 수업
5장 **교육과정 계획-교육과정 사고** | 99
6장 **지리를 가르치고 배우기** | 130
7장 **지리교육을 평가하기** | 176

제3부 교사
8장 **어떤 유형의 지리교사?** | 203
9장 **전문적 가치와 실천을 배우기: 높은 표준을 가진 교사** | 226
10장 **전문성 개발과 지리를 발전시키기** | 247
11장 **결론** | 261

부록: 왕립지리학회 및 영국지리학자협회와 영국지리교육학회의 영향력 | 264
참고문헌 | 268
찾아보기 | 284
『학교 교과를 가르치기 11-19』 시리즈 안내 | 296
『학교 교과를 가르치기 11-19』 시리즈 편집자의 글 | 297

약어 일람

수석교사(AST: Advanced Skills Teacher)
계속적인 전문성 개발(CPD: Continuing Professional Development)
교육기능부(DfES: Department for Education and Skills)
영국지리교육학회(GA: Geographical Association)
중등교육자격시험(GCSE: General Certificate of Secondary Education)
지리, 학교, 산업 프로젝트(GSIP: Geography, Schools and Industry Project)
잉글랜드교육협회(GTCE: General Teaching Council for England)
조기에 학교를 떠나는 학생들을 위한 지리(GYSL: Geography for the Young School Leaver)
고등교육(HE: Higher Education)
정보통신기술(ICT: Information and Communications Technology)
핵심 단계(KS: Key Stage)
지역교육청(LEA: Local Education Authority)
영국 교육기준청(Ofsted: Office for Standards in Education)
육지측량부(OS: Ordnance Survey)
학교 리더십을 위한 국립대학(NCSL: National College for School Leadership)
신규교사(NQT: Newly Qualified Teacher)
교사자격인증석사(PGCE: Post-Graduate Certificate of Education)
교육과정평가원(QCA: Qualifications and Curriculum Authority)
교사자격(QTS: Qualified Teacher Status)
전국적인 일제고사(SATs: Standard Assessment Tests)
특수교육(SEN: Special Educational Needs)
교사양성훈련원(TTA: Teacher Training Agency)

1장∎∎∎ 도입

　지리 교수는 중요한데, 특히 잘 이루어졌을 때 그러하다. 게다가 지리를 잘 가르침으로써 커다란 즐거움을 누릴 수 있고, 커다란 만족을 얻을 수 있다. 이 책은 지리교사가 되고자 하는 사람에게 전문적 성과를 이룰 수 있도록 충분한 기초를 제공하여 도와주는 데 목적이 있다.

　어떤 면으로 보면 이를 만족시키기 위한 비법은 매우 간단하다. 지난 세기의 저명한 교육 철학자들에 의하면, 만약 여러분의 교수가 어떻게 적절하고 가치 있고, 즐거운지를 보여줄 수 있다면, 여러분은 학생들에게 그들이 결코 가능할 것이라고 생각하지 않았던 것들을 성취할 수 있도록 동기를 부여하고 자극할 수 있을 것이다. 어떤 교사가 한 학생이 갑자기 깨닫기 시작한 것을 목격하거나 30명의 학생들이 미스터리를 해결하기 위해 웅성거리며 토의하는 모습을 볼 때, 그것은 매우 만족스러운 것이다. 그러나 우리의 관점에서 볼 때, 지리에서 그것은 두 배로 그렇다. 왜냐하면 우리는 종종 학생들로 하여금 세계를 있는 그대로 이해하도록 도와주고, 새로운 방식으로 세계를 바라볼 수 있도록 하며, 심지어 학생들이 세계를 변화시킬 수 있다고 믿을 수 있는 확신을 심어주는 일을 하기 때문이다. 그러므로 지리를 배우는 것은 시민성과 지속가능한 개발이라는 쟁점이 학생들의 평생 동안 훨씬 더 두드러지게 될 세계에서 교육을 위한 좋은 수단이 된다.

　그러나 적절하고, 가치 있으며, 즐거운 수업을 계획하고 가르치는 것은 말처럼 간단하지 않다. 우선 학교지리(school geography)는 종종 그러한 용어들로 표현되지 않는다. 때때로 학교지리는 '일반적 지식(general knowledge)'을 찬양하는 것으로 풍자적으로 묘사되거나 보다 깊이 있는 이해보다는 표면적인 '사실'과 더욱 관련되는 것으로 묘사된다. 빠르게 변화하는 세계가 사실상 TV와 컴퓨터를 통해 한 국가의 모든 가정으로 매일 전해지는 것과 비교해보면, 지리는 때때로 다소 시대에 뒤떨어지고 심지어 부적절한 것처럼 여겨진다. 지리교사들은 이러한 역동적인 세계에 현명하게 대처하기 위해서 민첩해야 하며 창의성 또한 풍부해야 한다. 그러므로 교육과정은 끊임없이 개정되어야 할 상태에 있는 것으로 이해될 필요가 있으며, 교사가 바로 교육과정의 개발자다.

이것들이 바로 1부에서 지리(학)의 본질을 약간 상세하게 설명하고 논의하는 이유이며, 학교지리가 폭넓은 학문과 상호작용할 수 있는 방법이다. 2부에서는 지리(학)에 관한 일련의 생각을 수업에 적용하기 위해 이동한다. 즉, 수업 계획에 착수하고, 교수와 학습을 이해하고, 교사가 제공한 학습의 기회에 대해 학생들이 반응한 결과를 평가하기 위한 단계를 가진다. 3부에서는 전문성 개발을 계속적인 과정으로서 이해하고, 개인들이 어떤 권리를 가질 뿐만 아니라 어떤 책임감을 형성하기 위한 강력한 사례를 제시한다. 만약 여러분이 전문성 개발의 기회가 오기만을 기다린다면, 너무 오랫동안 기다려야 할지 모른다. 그리고 그러한 기회가 올 때, 그것은 여러분이 원하는 것이 아닐지도 모른다.

각 장의 말미에는 토론과 성찰을 촉진하기 위해 더 생각해볼 질문들이 제시되어 있다. 본문에 있는 글상자들은 중요한 쟁점들 또는 사례연구들을 강조하기 위한 것이다.

이 시리즈의 기본적인 특징은 교사들이 그들의 행동에 대한 지적인 기초를 인식하고 파악해야 할 필요에 근거하고 있다. 다른 전문적인 집단처럼 교사들은 능숙하고 전문적으로 사고할 수 있는 방법을 이해해야 한다. 여러분의 교사양성훈련(initial training)이 지적인 토대를 배제한 채 전적으로 교수의 본질적인 실천적 양상에만 과도하게 초점을 두고 있다면, 그것이 교육과정 개정과 개별화된 전문성 개발에 관여할 당신의 역량을 위태롭게 할 것이다. 이것은 차례로 학생들의 지리하기(doing geography)라는 교육적 잠재력을 제한할 것이다.

일부 교사들은 이 책을 처음부터 끝까지 읽겠지만, 더 많은 교사들은 덜 구조화된 방식으로 텍스트를 부분적으로만 볼 것이다. 그렇게 자주 해라.

왜냐하면 우리는 긍정적이고 누적적인 메시지를 가지고 있으며, 보상을 희망하고 있기 때문이다. 그러나 우리는 감히 이 책이 유일한 '진리'라고 강요하지는 않는다. 이 책에서 논의된 것들은 다른 출처의 자료, 특히 영국지리교육학회(GA)와 같이 여러분을 지원해주는 보다 넓은 전문적 환경에서 생산된 전문적인 자료 및 안내 책자와 함께 사용될 때 훨씬 더 강력하게 된다.

제1부

교 과

1부는 3개의 장으로 구성되어 있는데, 대학의 교과로서 지리학과 학교에서 가르치고 배우는 교과로서 지리의 관계를 고찰한다. 2장은 최근 10년간 앵글로아메리카에서 발달되어온 지리학의 발달에 대해 설명한다. 이 장은 두 가지 목적을 가지고 있다. 첫 번째는 학교에서 지리교사들이 수업 활동을 '조직'하기 위해 활용할 수 있는 일관성 있는 이야기를 제공하는 것이다. 두 번째는 우리가 제공한 설명은 이 책에서 보다 심도 있는 논의를 지원하기 위해 구성된다. 우리는 지리를 자연과 현대 사회에 관한 더 광범위한 논의의 일부분으로 제안한다. 우리의 설명은 전적으로 지리가 진보적인 의미에서 이것에 기여한다는 것을 제안한다.

2장에 관해 이야기해야 할 몇 가지 것들이 있다. 첫째, 지리학자들이 쓴 수많은 결과물을 종합하는 것은 불가능하다. 그래서 우리는 부분적인 설명만을 제공할 수 있다. 우리는 쉽게 접근할 수 있으면서 중요하다고 생각하는 자료들을 주의 깊게 참고했다. 둘째, 우리는 지리교육학자로서 2장을 썼다. 즉, 지리교육학자로서 우리의 역할은 교사들이 학문의 폭넓은 변화를 이해하도록 도와줄 수 있는 형태로 자료를 '번역하는 사람'으로 간주하여 2장을 썼다.

3장에서 우리는 학교지리가 지난 40년 동안 발달되어온 방식에 대해 설명한다. 2장에서 우리는 진보적인 지리를 실현하기 위한 가능성에 대해 매우 낙관적으로 본 반면, 3장에서 우리의 분석은 더욱 진지하다. 우리는 학교지리가 지리학에서의 많은 발달에 지속적인 참여를 하지 못한 방식으로 발전되고 있다고 논의하며, 최근에 지리가 어떻게 사회적으로 배제된 방식으로 '만들어져' 왔는지를 논의한다. 바라건대 이 두 장을 함께 읽는 것은 지리교사들이 학교에서 그들의 활동이 어떻게 학문의 내부적인 힘과 외부적인 힘에 의해 형성되는지를 성찰할 수 있는 기회를 제공할 것이다.

1편의 마지막 장인 4장은 우리가 '탈실증주의(post-positivist)' 접근이라고 부른 것에 근거하여 학교지리를 위한 몇몇 대안적인 구조틀을 제공한다. 우리는 비판지리학(critical geography)의 전통을 폭로하고, 그것이 지리교육에서 어떻게 일부 논쟁을 불러일으켰는지에 대해 설명한다. 4장에서 우리의 목적은 두 가지다. 첫째, 우리는 독자들을 위해 현대 지리학에서는 일상적으로 사용되지만, 학교에서는 덜 친숙한 구조주의(structuralism), 포스트모더니즘(postmodernism), 후기구조주의(post-structuralism) 등의 용어에 대한 정의를 명확하게 요약하고자 한다. 둘째, 우리는 이 책의 2부에서 교수와 학습에 대한 더 상세한 논의를 위한 길을 모색하고자 한다. 그리고 나서 4장은 이 책의 나머지 부분에서 발달시키기 위해 선택한 구조틀에 대한 개관을 제공한다.

도입

> 우리 대부분이 너무 쉽게 보편적 학문으로 취급하는 '대문자 G를 가진
> 일종의 Geography(지리)'는 진정으로 일련의 교차하는 역사적 지리들과
> 상충하는 지리적 시도들 중에서 단지 하나의 침전된 상황적 산물에 불과하다.
> 반즈와 그레고리(Barnes and Gregory, 1997: 1)

이 글에서 반즈와 그레고리(Barnes and Gregory)는 대학학문으로서 지리학의 파편화되고 논쟁적인 본질을 언급하고 있다. 종종 이러한 파편화는 문제로 간주된다. 왜냐하면 그것은 인문과 자연을 연결하는 하나의 교과로서 지리의 명백한 통일성을 위태롭게 하도록 위협하기 때문이다. 예를 들면 하게트(Haggett, 1996: 17)는 "지리교육의 중추적이고 소중한 양상들인 경관과 야외조사에 대한 사랑, 장소의 유혹, 공간적 배치에 의해 부과된 공간적 난제를 해결하려는 희망"에로의 전환을 보고 싶어 하는 그의 희망에 대해 이야기하고 있다. 유사하게 롤링(Rawling, 1997: 173)은 "이 학문의 정의와 '핵심'을 완전히 명백하게 하기 위한 것에 대한 망설임"에 대해 우려하고 있다. 이 저자들은 지리의 본질이 무엇인지를 '명확히 정의하기를' 바라는 것 같다. 이 책에서 우리는 학교와 칼리지[중등 6학년을 위한 학교(six form college)]의 지리교사들이 사회와 공간에 대한 '진보적인'(우리는 이것이 의미하는 것을 7장에서 논의한다) 이해를 발달시키기 위해 지리에서의 현대적인 접근을 어떻게 사용하는지를 탐구하기 위해 상이한 접근을 취한다. 그렇게 하기 위해 우리는 잭슨(Jackson, 1996)의 다음과 같은 논의를 따른다.

전투태세를 갖춘 방어적인 상태에서 우리 자신의 학문적인 경계들을 단속하기보다는 나는 인문지리와 사회이론과의 만남, 그리고 이웃 학문인 사회과학 속으로의 여행이 미래의 지적이고 정치적인 도전을 충족시키기 위한 가장 유력한 원천이라고 제안한다(p.92).

이 시점에서 독자들은 인문지리학에 초점을 두고 있음을 발견할지 모른다. 그래서 우리는 지리의 자연적·인문적 구성요소들 간의 관계에 대한 질문을 도입해야 할 필요가 있다. 학교에서 학생들은 자연지리와 인문지리를 모두 배운다. 때때로 이 두 가지를 통합하려는 진정한 시도들이 있다. 반면 다른 때에는 인문적 주제와 자연적 주제가 별도로 학습된다. 대학에서 자연지리와 인문지리는 점점 분리되고 있다. 대학(원)생들은 특별한 분야를 전문화하고 자신들이 매우 상이한 역사적 전통에서 작동하고 있다는 것을 발견한다. 이것은 신규교사들이 교과에 대한 상이한 개념들을 가지고 교육현장에 오기 때문에 학교지리를 위해 함의를 지닌다. 우리는 최근의 학부교재 『지리의 핵심개념』(*Key Concepts in Geography*)(Holloway et al., 2003)을 간단하게 고찰함으로써 문제가 되는 몇몇 쟁점들을 조명할 수 있다. 이 책의 서문에서 편집자들은 지리의 '핵심'을 정의하는 것에 대한 어려움에 관해 신선할 정도로 솔직하다. 즉, "사회학자들은 사회를 대상으로 하고, 생물학은 생물을 대상으로 하며, 경제학자들은 경제를 대상으로 하며, 물리학자들은 물질과 에너지를 대상으로 한다. 그렇다면 지리의 진정한 핵심은 무엇인가? 지리의 핵심개념은 무엇인가?"(p.xiv)

그들은 해결책으로 지리는 하나의 중심적인 조직개념(organizing concepts)을 다루기보다 많은 핵심개념을 다룬다고 제안한다. 그들은 7개의 핵심개념을 구체화하고 있는데, 공간, 장소, 경관, 환경, 시스템, 스케일, 시간 등이 그것이다. 이 책은 인문지리학자들과 자연지리학자들이 이와 같은 7개의 핵심개념 각각에 대해 쓴 장으로 구성되어 있다. 통합의 결여가 이 학문의 상이한 영역에서 이 개념들을 상이하게 취급하고 있음을 반영한다. 비록 이것이 모든 사람들을 만족시킬 수 없을지는 모르지만, 이것은 적어도 자연지리학과 인문지리학 간의 대화 또는 화합의 가능성을 암시한다.

비록 우리가 이 책의 다양한 지점에서 이 쟁점으로 돌아가겠지만, 우리는 자연지리학과 인문지리학 관계에 대한 질문에 대해 답변을 가지고 있는 척하지는 않는다. 적어도 우리는 모든 지리교사들이 그들의 교수가 하나의 교과로서 지리에 대한 이해에 의해 '틀지어 지는' 방법에 관해 주의 깊게 생각하는 것이 중요하다는 것을 독자들에게 확신시키기를 희망한다. 이 장에서 우리는 인문지리학과 자연지리학의 역사를 각각 분리하여 다룬다.

인문지리학의 역사

매일 지리교사들은 학교에서 학생들에게 지리 지식과 이해를 소개해야 할 과업에 직면해 있다. 그렇게 함으로써 그들은 학생들에게 지리지식을 제공하고 학생들로 하여금 자신들의 가치를 탐색하도록 도와주는 데 참여한다. 우리는 교사들이 이 과업을 지원하기 위해 가져야 할 가장 유용한 자원은 지리학이라는 학문에 대한 그들의 이해라고 믿고 있다. 그러나 반즈와 그레고리(Barnes and Gregory)로부터의 인용이 제시하는 것처럼, 어떤 시점에서 지리로 간주하는 것은 항상 이론의 여지가 있고 새로운 정의를 동반한다. 이 장에서 우리는 대학학문으로서 지리의 최근 발달에 대한 간단한 설명을 제공하기를 원한다. 시작부터 우리는 지리학의 역사에 대한 포괄적인 설명을 제공할 수 없다는 것을 명확히 하고 싶다. 왜냐하면 이것은 불가능한 과업이기 때문이다. 그리하여 필연적으로 복잡한 그림에 대해 단순화하고 일반화하는 것을 수반할 수밖에 없다. 헤퍼넌(Heffernan, 2003)이 우리에게 상기시켜준 것처럼 누구의 지리에 대한 역사가 쓰이고 있는지에 관해 질문하는 것은 중요하다. 최근에 지리의 역사에 관해 열띤 논쟁이 있는데, 그것들은 역사적 재현의 중요성을 반영한다. 우리의 견해는 그러한 논쟁이 소중하다는 것이다. 왜냐하면 우리가 새로운 관점에서 지리학자들의 연구를 볼 수 있도록 도와주기 때문이다. 지리의 역사를 들려주기 위한 시도들은 지리가 왜 중요한지를 명료화하는 데 (부분적으로) 관련되며 그렇게 만드는 데 관련된다. 그것들은 또한 지리를 만드는 데 개입하려는 시도들이다. 우리는 이 장을 쓰면서 이 책을 위해 의도된 독자, 즉 지리교사들을 염두에 두고 있으며, 또한 훌륭한 교사들을 특징짓게 하는 지리를 가르치는 체계적인 지식과 기술에 대한 설명, 학습을 이해시키고 촉진시키려는 부단한 관심, 훌륭한 교사를 위한 계속적인 전문성 학습(continuous professional learning) 등 이 책의 나머지 부분에 이어져야 할 것들을 염두에 두고 있다.

(인문)지리학의 발달에 대해 가장 영향력 있는 설명을 하고 있는 책 중의 하나는 론 존스톤(Ron Johnston)의 『지리학과 지리학자: 1945년 이후의 앵글로아메리카 인문지리학』(Geography and Geographers: Anglo-American human geography since 1945)(1997)이다. 이 책이 1979년에 처음 출간된 이후 여섯 번째 개정판이 출간되었다는 것 차체가 그것의 영향력을 말해준다. 존스톤의 설명은 지리지식의 발달에 있어서 일련의 분리된 에피소드나 시기로서 이 교과의 이야기를 들려준다. 그는 과학철학자 토마스 쿤(Thomas Kuhn)에 의해 논의된 패러다임의 아이디어를 이용한다. 쿤(Kuhn, 1962)에 의하면, 과학의 '정상적인' 사태는 과학을 하고 과학의 연구 대상을 이해하는 최선의 방법이 무엇인지에 관한 폭넓은 합의가 이루어지는 시기를 의미한다. 이렇게 광범위하게 받아들여진 접근들은 '지배적인 패러다임'이 되었다고 한다. 물론 그러한 영역에 대해 상이한 관점을 가지고 있고 지배적인 아이디어에 도전하려고 하는 과학자들이 있을 수도 있다. 쿤에 의하면, 과학의 역사는 지배적인 패러다임이 도전받고 전복되는 위기의 순간이나 주기적인 변화에 의해 두드러지게 된다.

그러한 접근의 또 다른 사례는 데렉 그레고리(Dereck Gregory)의 책 『지리적 상상력』(Geographical Imaginations)(1994)에서 발견된다. 그레고리의 책은 매우 광범위한 아이디어와 읽기를 수반하기 때문에 도전적이지만, 충분히 끝까지 읽어볼 가치가 있다. 이 책의 전반부에서 그레고리는 앵글로아메리카의 지리학자들이 명백하게 다른 시기에 인류학, 사회학, 경제학으로부터 아이디어를 활용했던 방법을 설명하기 위한 도표를 제공하고 있다(그림 1 참조). 그레고리에 따르면, 지리학자들은 '탐험시대'에 외래문화 연구에 있어서 인류학 연구들을 활용했다.

19세기 후반과 20세기 초반에 북아메리카와 영국의 도시들은 산업화와 도시화를 경험했기 때문에 지리학자들은 시카고 같은 산업도시들의 성격에 관한 사회학적 논쟁에 의해 영향을 받았다. 지리학자들이 2차 세계대전 이후에 경제학으로부터 지역과학(regional science)과 공간과학(spatial science) 접근들을 끌어왔기 때문에 사회학적 영향은 이것들에 의해 대체될 수밖에 없었다. 그레고리에 의하면, 그 이후에 지리학은 이러한 3단계를 역순으로 다시 밟아왔다. 공간 모델에 대한 초점은 1970년대에 마르크스주의에 영감을 받은 정치경제적(political economy) 접근에 대한 관심으로 대체되었다. 그러한 초점은 1980년대에 비판사회이론(critical social theory)을 채택하면서 확장되었고, 1990년대에 비판문화이론(critical cultural theory)을 다시 활용하면서 더욱 확장되었다.

〈그림 1〉 지적 경관의 지도

이러한 설명들은 발견적 모델(즉, 그것들은 사고 또는 토론을 자극하는 데 도움이 된다)로서 유용하다. 그러나 그것들은 모든 지리학자들이 시간을 통해 동일한 경로를 따라왔으며, 그러한 단계들은 서로 명백하게 구분된다는 것을 함축할 위험이 있다. 그레고리가 제시한 6단계의 모든 요소들은 현대 지리학에서 명백하다고 말할 수 있다. 그렇다고는 해도, 이러한 설명들은 학교지리가 이해되어온 방식에도 영향을 미친다. 예를 들면 영향력 있는 학교위원회에 의한 지리 16-19 프로젝트(Schools Council Geography 16-19 Project)(아직 많은 A 레벨 교수요목에 직접적인 토대를 형성하고 있고 간접적으로 영향을 미치고 있는)는 지리학의 실증주의, 인간주의, 급진주의를 절충적으로 혼합하였다(Naish et al., 1987). 이 장의 목적을 위해 우리는 지리의 역사에 대한 많은 설명들에서 실질적인 합의에 이르기를 원한다. 1950년 대와 1960년대에 지리학자들이 실험과 계량화의 원리에 기초한 체계적인 인문지리학을 논의하기 시작했던 것처럼, 인문지리학의 방법론과 본질이 변화하기 시작했다.

지역과학으로서 지리학에 대한 아이디어로부터 공간과학으로서 지리학으로의 이동은 전후시기에 계속된 호황과 관련이 있었다. 선진국의 도시와 지역은 상당히 새롭고 예측할 수 없는 방향으로 변화하고 성장하고 있었다. 정부와 행정가들은 입지, 공간개발, 교통 등의 문제를 해결하는 데 직면해 있었고, 1950년대 중반까지 이것들은 지리학자와 경제학자의 관심을 유인하고 있었다. 이러한 맥락에서 공간분석과 지역과학 분야들은 '공간경제'의 규칙성(또는 패턴)을 밝히려고 함께 모여 공간과학을 형성하였다. 이러한 공간과학을 발달시키기 위해서 지리학자들은 초기의 주요 독일 입지론의 전통으로 되돌아갔으며, 알프레드 베버(Alfred Weber), 월터 크리스탈러 (Walter Christaller), 요한 폰 튀넨(Johann Von Thünen) 등과 같은 학자들의 연구를 '재발견'했다. 1960년대 초반에 '신'지리학('new' geography)은 점점 영향력을 미치게 되고, 영국에서는 하게트(Haggett, 1965), 촐리와 하게트 (Chorley and Haggett, 1967)의 출판물이 발표되었으며, 우리가 3장에서 논의한 것처럼 동시대의 지리교사들에게 영향을 미쳤다.

우리는 3장에서 소위 '신'지리학으로 되돌아갈 것이며, 그 장에서 신지리학이 학교지리에 미친 영향을 고찰한다. 그러나 이 장에서 논의를 진전시키기 위해 우리는 지리의 역사에 대한 많은 설명이 신지리학적 접근은 신지리학에서 발견되는 인간과 장소에 대한 탈인간화 관점에 반대해온 이후 세대의 인문지리학자들에 의해 대개 거부되어왔다는 것을 제안한다고 논의하기를 원한다. 이들 지리학자들은 지리 연구에 더 많은 '인간적인' 접근을 발달시키려고 노력해왔다.

일반적인 말로, 많은 지리학자들은 신지리학의 과도함에 반발하였다. 즉,

신지리학은 집합적인 수준에서 인간의 행위를 지도화하고 예측할 수 있는 원리를 발전시키려고 하였다. 그리하여 이주, 산업입지, 농업활동, 거주 패턴 등에 대한 모델들을 발전시켰는데, 이는 개인의 역할을 경시하고 변화의 행위자 또는 선도자로서의 인간의 역할을 경시한 결과를 초래하였다는 것이다. 다시 여기서 복잡한 문헌을 단순화할 필요가 있지만, 이 문제에 대한 두 가지의 중요한 대응이 있다. 첫째는 인간의 행동을 강요하고 제약하는 광범위하고 모든 것을 포함하는 구조의 역할을 강조하는 것이다. 여기에서는 경제체제—서구에서 이것은 자본주의를 의미한다—가 사람들이 생활하고 일하는 실제적인 배경을 제공하는 방식에 초점을 두는 경향이 있었다. 두 번째 접근은 개인들의 경험에 부착되어 있는 의미를 강조하는 것이었다. 그리고 그것은 개인들의 생각과 느낌을 우선시하였다. 우리는 이것들을 각각 차례로 간략하게 고찰할 것이다.

우리는 이 책에 커다란 영향을 준 데이비드 하비(David Harvey)의 연구를 간략하게 논의함으로써 첫 번째 접근에 대한 일반적인 방향을 설명할 수 있다. 하비의 첫 번째 책 『지리에서의 설명』(*Explanation in Geography*)(1969)은 실증주의를 둘러싼 철학적 · 방법론적 쟁점들에 대한 설명이었다. 그의 두 번째 책 『사회정의와 도시』(*Social Justice and the city*)(1973)는 4년 후에 출간되었는데, 그의 생각이 완전히 전환되어 나타났다. 이 책에서 하비는 지리학에서의 실증주의를 거부하고 방법적으로 마르크스주의로 전환하였다. 그의 관심은 지리학이 도시 주변부(margins)에 살고 있는 사람들이 직면하고 있는 문제점에 대해 말할 수 있는 유용한 어떤 것들을 가지고 있는지에 대한 질문이었다. 이 책은 '자유주의 구성체'와 '사회주의 구성체'라고 불리는 2개의 부분으로 구성되어 있다. 첫 번째 부분에서 하비는 알론소(Alonso)의 토지이용 모델, 폰 튀넨(Von Thünen)의 고립국 이론, 파크(Park)와 버제스(Burgess)의 도시구조 모델과 같은 이론들이 모두 현재의 상황을 어떻게 기술하고 설명하는 경향이 있는지를 보여준다. 하비는 이들을 거부하고, '혁명적인 이론'을 발달시키려고 한다. 하비는 그의 책 『사회정의와 도시』(*Social Justice and the city*)(1973)에서 종종 인용되는 문장을 다음과 같이 쓰고 있다.

우리가 이용하고 있는 정교한 이론적·방법론적 구조들과 우리 주변에서 나타나는 사건들에 관해 의미 있는 것을 이야기하려고 하는 우리의 능력 사이에는 명백한 불일치가 있다… 생태계 문제, 도시 문제, 국제무역 문제 등이 있지만, 우리는 아직 그것들에 관해 깊이 있고 심오한 것을 말할 수 없는 것 같다. 우리가 무언가를 이야기할 때, 그것은 진부하게 보이고 오히려 우스꽝스러워 보인다(p.129).

이것은 중요한 문장이다. 왜냐하면 이것은 지리지식은 지리학자들이 연구하는 구체적인 역사적·물질적 맥락으로부터 성장하고 그것에 반응한다는 것을 우리에게 일깨워주기 때문이다. 하비는 오늘날의 쟁점과 관계해야할 지리학자들이 그렇게 하지 못하는 무능함(또는 비자발성)에 대해 마음에 들어 하지 않았다. 하비의 경력은 이러한 쟁점에 계속해서 관심을 가진 것으로 특징지어진다.

하비의 주요 기여는 역사적 유물론에 지리적 관점을 부가해왔다는 것이다. 그는 마르크스주의가 학문의 흐름 속에서 인기가 없음에도 불구하고, 마르크스주의를 그의 신념으로 간직해왔다. 중요한 획기적 사건은 하비의 『포스트모더니티의 조건』(*The Condition of Postmodernity*)(1989)이었는데, 이 책은 포스트모더니티의 문화적 조건을 그가 자본주의 체제의 물질적 실재로 간주했던 것으로 되돌려 놓으려는 시도였다. 하비는 이 연구로 많은 비판을 받았는데, 특히 다른 방향(가장 주목할 만한 것은 페미니즘)에서 나온 폭넓은 논의를 받아들이지 않는다고 한 사람들로부터 비판을 받았다. 그의 다음 연구 『정의, 자연, 차이의 지리』(*Justice, Nature and the Geographies of Difference*)(1996)는 환경 쟁점과 관련하여 사회정의를 끌어와서 공간과 장소가 어떻게 구성되는지에 관한 질문을 제기하려고 한 시도였다. 더 최근에는 『희망의 공간』(*Space of Hope*)(2000a)에서 하비는 그의 독자들에게 "자본주의 착취의 결정적인 현실"(p.7)을 분석하는 것으로 되돌아가도록 촉구한다. 그의 가장 중요한 개념들의 목록은 '시장의 물신주의', '다운사이징의 잔인한 역사', '기술적 변화', '약화된 조합 노동자', '산업예비군' 등을 포함한다. 반즈(Barnes, 2003)가 냉담하게 말한 것처럼, 이러한 목록들을 읽는 것은 즐거운 것이 아니라는 점을 확실하게 한다. 우리는 팔을 걷어붙이고 몇몇 진지한 일을 준비할 필요가 있다(p.91).

비록 우리가 하비의 연구에 대해 찬사를 보냈지만, 아마도 정당화뿐만 아니라 비판을 제공하는 것은 중요하다. 그의 저서에 나타난 지리적 상상력에 대해 몇몇 생각을 밝히는 것은 가치가 있다. 하비는 그의 많은 연구에서 '큰 그림'을 그리고 있다. 그는 우리 머리 위에서 작동하는 보이지 않고, 추상적이며, 파악하기 어려운 구조와 영향력에 관해 이야기하고 있다. 때때로 모든 경관들은 자본 축적이라는 이름으로 "창조적으로 파괴된다". 비록 우리는 그의 분석 경향에 대해 동의하지만, 때때로 하비의 저술에서 인간 행위자의 역할이 너무 미미한 것 같기도 하다. 사람들은 그들의 통제를 벗어나는 영향력 아래에 놓이게 된다. 이러한 요점들―높은 수준의 추상화와 인간 행위자에 대한 배려의 부족―은 교사들이 학교지리에 하비의 연구를 끌어오기를 꺼려 하는 것을 어느 정도 설명할지 모른다. 이것은 다음 장에서 더 자세하게 논의할 것이다.

'신'지리학의 '탈인간화' 경향에 대한 대안적 반응은 인간주의 지리학자들에 의해 제기되었는데, 그들은 개인이 자신의 경험에 부여하는 의미에 주목하였다. 인간주의는 지리지식에 대한 매우 다른 관점을 제시하는데, 장소에 대한 의미의 특수성과 개인적 이해를 강조한다. 인간주의 지리학의 광범위한 연구를 다루기에는 공간이 충분하지 않다(비록 우리가 다음 장에서 다시 언급하겠지만). 그래서 다시 우리는 영향력 있는 학자인 에드워드 렐프(Edward Relph)의 연구에 초점을 둘 것이다(우리가 그의 연구에 주목하는 것은 학교지리 내에서 일어난 논쟁에 일부 영향을 미쳤다는 사실에 영향을 받았다). 렐프는 『장소와 장소상실』(Place and Placelessness)(1976)에서 장소감(sense of place)은 개인의 정체성(personal identity)을 위해 중요하며, 이러한 장소감은 현대 세계에서 상실되고 있거나 약화되고 있다고 주장한다. 그건 그렇고 '장소감'에 대한 아이디어가 미국지리학회(Association of American Geographers)가 「세계를 변화시킨 10대 지리적 아이디어」(10 Geographic ideas that changed the World)라는 제목으로 출간한 권호에 포함되어 있다는 것은 주목할 만하다. 렐프는 『장소와 장소상실』(1976)의 첫 페이지에 "인간이 된다는 것은 중요한 장소들로 가득 찬 세계에 살아가는 것이다. 즉, 인간이 된다는 것은 당신의 장소를 가지게 되고 그것을 아는 것이다"(p.1)라고 주장한다. 렐프는 계속해서 장소감을 진정한/진짜(authentic/genuine) 장소감과 비진정한/인위적인(inauthentic/artificial) 장소감으로 구분한다. 진정한 장소감은 어떤 장소에 관한 근원적이고, 영속적인 진실이 경험되고, 끊임없이 변화하고 있는 현대 사회의 덧없음을 넘어서는 것을 포함한다고 제안한다. 이러한 진정한 장소감을 가진다는 것은 다음을 포함한다.

매우 복잡한 장소 정체성에 대한 직접적이고 진정한 경험을 포함한다. 그러한 경험이 어떠해야 하는지에 대한 매우 변덕스러운 사회적·지적 유행을 통해 중재되거나 왜곡되지 않고, 고정관념적인 인습을 따르지도 않는다. 진정한 장소감은 장소에 대한…심오하고 자기를 의식하지 않는 정체성으로부터 온다(p.64).

여러분은 이미 학교에서 지리를 가르치는 데 있어서 이것이 주는 실현가능한 함의를 스스로 생각하려고 하고 있는지도 모른다. 그리고 이것은 이 절의 전체적인 요지이기도 하다. 우리의 논의는 지리교사들이 지리 교과가 의미 있는 지리적 경험을 제공하기 위해 자료를 어떻게 제공할 수 있을까에 관해 생각해야 하는 과업에 직면해 있다는 것이다. 그리고 우리가 이후 장들에서 논의한 것처럼, 일부 학교의 지리교사들은 이러한 아이디어들의 일부를 충분히 이해하고 있으며 이를 적용하려고 시도해왔다. 이 절은 인문지리가 1970년대에 탈실증주의 전환을 어떻게 했는지에 대해 논의했다. 이것은 경험적/실증주의적 연구가 대학의 지리학에서 중요한 역할을 하지 못했다는 것을 제안하는 것은 아니다. 그러나 우리는 많은 인문지리학자들의 연구에서 명백한 변화가 있었다는 것을 제안하고 있다. 다음 절에서 우리는 인문지리가 그 이후에 관심을 가져온 몇몇 경향에 대해 논의한다.

인문지리학의 더 최근의 흐름

우리는 공간과학에 관심을 가지고 있는 소위 '신'지리학은 2차 세계대전 이후의 호황의 맥락에서 발달되었다고 제안했다. 대학의 지리학에서 실증주의와 공간과학의 한계는 빨리 현실화되었고, 지리학자들은 세계를 이해하기 위한 다른 구조들을 찾으려고 노력했다.

1960년대 후반과 1970년대부터 지리학자들은 접근방법에 있어서 중요한 변화를 겪고 있는 사회과학과 보다 밀접한 연관을 가지기 시작했다. 2차 세계대전 이후 오랫동안 지속된 급속한 발전이 움찔하며 멈춤에 따라 불균등 발전이 더욱 더 두드러지게 되고, 빈곤과 불평등이 다시 증가하고 있음이 명백해졌다. '신모델'은 정치경제학에 기초를 두고 있었다(Peet and Thrift, 1989). 1980년대는 북아메리카와 서부유럽 국가들의 경제적 · 정치적 · 사회적 · 문화적 시스템에 있어 중요한 변화가 있었던 시기였다. 그리고 이러한 맥락에서 지리학은 재빠르게 '좌파적' 전환을 했다[우리는 그레고리(Gregory)가 그림 1에서 제시한 지리학 발달 개념도의 5번째와 6번째에 도달하고 있다].

영국적 상황을 고려해본다면, 대학의 지리학자들에 의해 발전된 연구는 이러한 광범위한 변화와 충분히 연계된다. 경제와 함께 시작하여, 1980년대는 영국의 공간 경제에 있어서 중요한 변화로 특징지어진다. 돌이켜 생각해보면 우리는 이것을 포디즘 경제체제로부터 포스트포디즘 경제체제로의 이동으로 간주한 것 같다. 그러한 상황에서 현지 기업들이 세계경제에서 점점 더 활약하고 있었고, 정부는 경제부문에 덜 간섭할 것이라는 전망에 직면해 있었다. 이는 혼란기로 경제지리학자들은 이러한 변화를 이해하기 위하여 새로운 모델을 발달시킬 필요가 있다는 것을 인식했다.

정치적으로 이러한 경제적 변화는 중요한 사건에 의해 수반되었다. 선거지리학의 관점에서 투표 패턴은 영국이 경제적 전망에서 '남북으로 분리(North-South)'되는 것을 반영한다. 연이은 보수당 정부는 대개 잉글랜드와 시골 투표자들로부터 권력을 부여받았으며, 스코틀랜드와 웨일즈에서는 인기가 전혀 없었다. 그리고 10년이 지났지만 정치연합에 대한 질문은 이

의제에서 많이 벗어나지 않았다.

전후합의체제(post-war consensus)[1]의 붕괴와 경제적 자원에 대한 압력은 불가피하게 사회적 관계가 불안해졌다는 것을 의미했다. 오랫동안 영국은 분리된 국가(nation)였으며, 영국의 사회지리는 계급, 젠더, 민족, 로컬리티, 연령과 성에 근거한 분리에 의해 상처를 입었다.

지리지식은 더 이상 중립적인 것으로 간주될 수 없었다. 왜냐하면 무엇이 일어나고 있는지를 이해하고 가능한 해결책을 제시하기 위한 시도가 불가피하게 바람직한 미래에 관한 논쟁에 맞추어졌기 때문이다. 1980년대에는 영국의 변화하는 경제적 · 사회적 · 정치적 지리를 계획한 지리 텍스트의 출판이 있었다. 이 시리즈의 제목들은 이 시기의 많은 지리학자들의 경향을 보여준다. 허드슨과 윌리엄스(Hudson and Williams)의 『분리된 영국』(*Divided Britain*)(1995), 루이스와 타운센드(Lewis and Townsend)의 『남북 분리』(*The North-South Divide*)(1989), 클로크(Cloke)의 『대처 영국에서의 정책과 변화』(*Policy and Change in Thatcher's Britain*)(1992), 존스톤 등(Johnston et al.)의 『국가 분리?』(*A Nation Dividing?*)(1988) 등이 그것이다. 이 책들은 연이은 보수당 정부의 통치 하에서 일어난 변화를 이해하려는 지리학의 좌파적 시도의 일부로서 읽힐 수 있다.

여기에서 일어난 몇몇 중요한 변화가 있다. 구 마르크스주의의 정치경제적 접근은 노동정치의 쇠퇴와 영국의 새로운 경관을 설명하고자 시도한 다른 학문분야에서의 발전과 빠르게 통합되었다. 이러한 연구의 상당수는 그러한 변화를 지도화하는 데 심혈을 기울였지만, 몇몇 지리학자들은 그러한 변화에 대한 설명을 제공하려고 하였다. 어떤 과업은 사회적 · 정치적 이론과 관련되는 것을 의미했다. 이러한 설명은 보수당 정부가 1979년에 계급, 젠더, 성, 입지 등 다양한 방법으로 분리된 하나의 국가를 물려받았다는 사실을 지적했다. 그들은 그것이 1980년대에 심지어 더 분리될 것이라고 주장했

---

1) 역자 주: 전후합의체제는 역사가들에 의해 명명된 영국의 정치적 역사 시기로서 2차 세계대전의 말기인 1945년부터 마가렛 대처(Margaret Thatcher)가 영국의 수상으로 선출된 1979년까지의 기간을 의미한다.

다. 그러나 이러한 설명은 이러한 분리를 확대하는 데 내재된 정치적 의도를 지적하는 경향이 있다. 예를 들면 10년간 지속된 대처(Thatcher) 정책의 마지막 시기에 책을 쓴 허드슨과 윌리엄스(Hudson and Williams, 1989: 165)는 "남북 분리(North-South divide)는 대처리즘(Thatcherism)의 정치적 전략의 일부로서 의도적으로 재정의되고 강화되었다. 이것은 대처 정부의 선거 전망과 긴밀히 연관되어 있었고 현재도 그렇다"라고 주장하였다.

이러한 텍스트들은 4가지 주요 영역에 대한 관심을 반영했다. 첫째, 경제적 변화에 대한 인식이 있었다. 영국의 경제는 탈산업화와 제조업의 쇠퇴 경향을 보였는데, 이는 단지 부분적으로 새로운 노동 형태의 발달에 의해 보완되었다. 이러한 변화는 영국의 지역과 로컬리티에 불균등한 영향을 끼치기 때문에 중요한 것으로 간주되었다. 둘째, 영국 국가(British state)의 변화하는 정치적 관계에 초점을 두었다. 강화된 경제적 분리의 맥락 속에서 (스코틀랜드, 웨일즈에서의) 자치권 확대를 위한 압력이 있었으며, 국가의 다양한 수준에서 중앙의 정치 통제를 거듭 주장하는 시도가 있었으며, 공공지출을 줄이고 국가 규정에 의해 이미 시장의 힘(자유시장 방식)에 지배받는 지역을 개방하려는 움직임이 있었다. 셋째, 인종과 젠더에 의한 분리와 이러한 분리가 지속됨으로써 초래된 사회적 결과에 초점을 두었다. 마지막으로, 환경은 정치적 긴장과 논쟁의 중요한 영역으로 간주되었다. 결국 이것들은 모두 지리학 연구를 위한 급진적 의제가 되었고, 세계가 변화해왔다는 것에 대한 반응이었다.

1945년 이래 약 30년 동안, 영국의 경제지리학과 사회지리학은 다른 것들 중에서 완전고용에 대한 공약, 케인즈주의 기법에 의한 경제관리, 복지국가, 강력한 지역 정책 등에 관해 광범위한 합의를 구성함으로써 형성되었다. 그러한 합의는 지난 10년 동안 도전받아왔다. 몇몇 도전은 완전고용에 대한 공약의 포기처럼 근본적인 것이었지만, 다른 정책 영역에서의 도전은 불공평하고 덜 성공적이었다(예를 들면 의료서비스에서). 이러한 변화는 현대 영국의 인문지리학에 큰 영향을 주었고, 이러한 인문지리학을 적절하게 이해하기 위해서는 이러한 합의를 깨뜨린 프로세스에 대한 설명이 필요하다(Mohan, 1989: xi).

이러한 설명을 '고통의 지도학(cartographies of distress)'(Mohan, 1999)으로 나타내려는 경향이 있었지만, 10년이 지남에 따라 몇몇 지리학자들은 이러한 변화에 의해 초래되는 (불평등하고 불균등한) 기회를 지적하기 시작했다. '새로운 시대'는 사람들이 그들의 삶을 살아가고 있는 자연지리와 사회지리를 변화시켜왔다(Jacques and Hall, 1989). 뉴타운과 주거 패턴, 상가와 같은 소비를 위한 새로운 장소, 제조업의 쇠퇴로 재개발된 도심, 소비를 위한 새로운 재화와 서비스, 확립된 젠더 관계의 붕괴 등은 모두 정체성을 형성하고 일상생활에 부여할 의미를 생산하기 위한 새로운 기회를 제공했다.

사회적 변화에 결부되어 있는 이러한 의미에 관한 새로운 관심은 정치경제 지리학과 인간주의 지리학을 화해의 길로 이끌었다(Kobayashi and Mackenzie, 1989). 1970년대 중반 이후로 많은 지리학자들은 지리학이 점점 구조주의적 · 경제주의적 전환을 하는 것에 대해 우려를 표명해왔다. 데렉 그레고리(Derek Gregory, 1981a)와 니겔 쓰리프트(Nigel Thrift, 1983)와 같은 지리학자들은 인간의 의도성의 영향력에 대해 더 개방적이고, 다양한 정치적 경험과 행동의 유형에 민감한 분석을 요구했다. 동시에 지리적 패턴의 생산에 있어서 계급만큼 젠더의 역할을 강조하는 데 관심이 있었던 페미니스트 연구의 영향이 증가하고 있었다. 구조주의 마르크스주의는 오늘날 대학 좌파의 사고(급진적 사고)에 있어서 중요하게 간주되고 있는 많은 새로운 경향을 인문 교과가 수용하도록 하는 데 충분하게 개방적이지도 민감하지도 않은 것으로 간주된다. 이러한 '새로운 경향'은 소위 '문화적 전환'에서 최고조에 달하는 것으로 간주될지 모른다.

피터 잭슨과 수잔 스미스(Peter Jackson and Susan Smith, 1984)와 같은 사회지리학자들은 문화적 쟁점을 탐구하기 시작한 사람에 속한다. 그들은 '문화'가 "경제적이고 정치적인 모순이 제기되고 해결되는 영역"(Jackson, 1989: 1)이라는 것을 이론화하는 데 관심을 가진 명백하게 정치적 기업이었던 영국

문화연구회(British Cultural Studies)의 연구에 의존했다. '신문화지리학'은 이러한 변화를 지도화하기 시작했다. 가장 좋은 상태에서 신문화지리학은 개인들이 그들이 거주하고 있는 사회구조를 어떻게 이해하는지에 대해 생각하는 방법을 제공하는 것 같다. 이러한 논의는 사람들의 삶의 과정을 결정해온 많은 사회구조가 느슨해져 왔으며, 이것은 개인들이 자신의 정체성을 형성할 수 있는 새로운 기회를 제공했다는 것이다. 이것은 언제나 존재했고 어디든지 고군분투한다. 슈머 스미스(Shurmer Smith, 2002)는 세계를 이해하려고 시도하는 이러한 새로운 방식은 세계가 경험되는 방법의 변화와 밀접하게 연관되어 있다고 주장한다. 1973년의 석유 파동과 '신자유주의적' 세계화라는 새로운 물결의 출현은 단지 경제적 · 정치적 질서에서 뿐만 아니라 "일상적인 사람들의 삶의 깊은 곳"에 울려 퍼진 근본적 변화를 초래했다.

> 대학뿐만 아니라 미디어 그리고 사적인 만남에서, 실질적으로 모든 사람, 모든 장소는 수많은 경제적 · 정치적 · 사회적 삶의 요인들이 변화하는 상황에서 의미를 만드는 것에 대한 문제를 점점 인식하게 되었다(Shurmer Smith, 2002: 1).

알려져 있는 것처럼 '문화적 전환'은 일상적인 경험에 결부되어 있는 의미에 대해 이와 같이 새로운 관점에서 주목하거나, 최근에 출판된 책이 지적하고 있는 것처럼 '일상생활의 특별한 지리'(Holloway and Hubbard, 2001)를 나타낸다. 만약 이것이 과거의 인간주의 지리학으로의 회귀처럼 들린다면, 우리는 문화지리학이 장소를 논의하는 데 관련된 문제들을 강조하려고 한다는 데 주목해야 한다. 장소는 포섭하기도 하고 배제하기도 하며, 누가 소속되거나 소속되지 않는 것은 항상 권력관계의 결과다. 이것은 1990년대의 인문지리학이 차이와 지리적 재현으로부터 누가 포섭되고 배제되는지를 매우 의식하고 있다는 것을 의미한다. 과거에는 많은 지리학이 권력을 가진 집단(일반적으로 백인, 중산층, 남자, 중년, 보수적인 사람)의 관점에 의해 쓰여 왔다고 논의하고 있다. 데이비드 시블리(David Sibley)는 그의 책 『배제의 지리』(*Geo-*

graphies of Exclusion)(1995)에서 지리학은 '상이한' 사람들을 그렇게 환영하지 않는다고 지적했다. 따라서 최근에 지리학은 이전의 지리적 연구와 재현으로부터 배제되었던 이들 집단을 눈에 띄게 하려는 시도로 특징지어져 왔다. 장애의 지리(Gleeson, 1999), 어린이와 젊은이의 지리(Skelton and Valentine 1998), 정신적으로 병든 사람(Butler and Parr, 1999) 등에 대해 초점을 두어왔다. 할러웨이와 허바드(Holloway and Hubbard, 2001: 230)는 "많은 지리학자들은 현재 세계의 복잡성을 확립된 지리적 모델/이론에 적용하기보다 오히려 세계의 복잡성과 관계를 맺고 있다"라고 지적한다.

그렇다고 지리학에서 이러한 '문화적 전환'이 보편적으로 환영받고 있는 것은 아니다. 우리는 지리학자들이 자본주의와 노동력 착취라는 어려운 쟁점들로 회귀하고 있다는 데이비드 하비의 관심에 대해 이미 언급해왔다. 다른 지리학자들도 유사한 지적을 했다. 예를 들면 경제지리학자인 앤드류 레이손(Andrew Leyshon, 1995)은 그가 지리학자들이 중요한 사회적 쟁점에 대한 연구로부터 멀어지고 있다고 인식한 것에 대응하여 "빈곤의 지리학에 도대체 어떤 일이 일어났는가?"라고 질문을 던졌다. 유사하게 크리스 함넷(Chris Hamnett, 2001)은 신문화지리학에 신랄한 비판을 했다.

신문화지리학은 세계에 대한 사회적 구성을 해명하는 몇몇 매우 가치 있는 연구와 학문을 생산해왔지만, 상당한 수의 연구가 나에게는 보다 넓은 경제적 · 사회적 · 환경적 · 정치적 관심에 대해 최소한의 관련성만을 다루는 단순히 언어적 유희로 여겨진다. 정치가와 대기업이 매우 곤란한 정치적인 질문에 의해 방해받지 않고 그들의 일을 계속해나가고 있는 동안, 포스트모던 전환은 이 정도로 단순히 학자들이 유해하지 않게 스스로 즐기기 위한 이론적인 작은 유희의 공간을 제공할 뿐이다(p. 167).

이것들은 "지리란 무엇을 위한 것인가"라고 하는 질문을 제기하는 중요한 논쟁이다. 몇몇 지리학자들에게 문화적 전환이 나타내는 것은 '보다 나은 세계'의 가능성이 존재한다는 믿음에 대한 확신을 상실한다는 것을 의미한다. 최근 인문지리학에서의 이러한 많은 연구들은 해체에 초점을 두고 있는 것으로 특징지어진다. 이것은 주지의 사실로서 복잡하고 어려운 용어다. 그러나 단순한 용어로 이것은 '정상적인 것에 반대하여' 세계를 읽는 것을 의미하며, 우리가 생산한 세계에 대한 어떤 설명이 어떻게 어떤 관점과 목소리에 대해서는 포섭하고 다른 것들은 배제하는지를 보여주는 것을 의미한다. 이 책에서 우리는 이러한 인문지리학에서의 발달이 학교에서 지리를 가르치는 데 주는 함의가 무엇인지를 탐구하려고 시도할 것이다. 우리는 이러한 논쟁에 관해 우리가 흥미를 가지고 있는 것들을 전달했기를 희망하며, 여러분들이 스스로 그것들에 관해 더 읽고 싶다고 느끼기를 희망한다.

자연지리학의 역사

이 절에서 우리는 자연지리학의 발달에 대해 설명하고자 한다. 그것을 설명하는 데 있어서 우리는 "짧은 지식은 위험하다"는 오래된 격언을 알고 있다. 우리 중에서 누구도 자연지리학에 대한 '전문가'로 자처하지 않는다. 그러나 우리는 독자들 중에는 일부 전문가들이 있을 것이라고 생각한다. 그럼에도 불구하고 우리는 모든 지리교사에게 유용할 수 있는 자연지리학의 '틀'을 제공하고자 한다. 교사들을 위한 우리의 조언은 "우리가 쓴 것을 그대로 받아들이지 않고", 우리의 설명을 여러분 자신의 판단과 경험에 비추어 읽으라는 것이다.

켄 그레고리(Ken Gregory)는『자연지리학의 본질』(*The Nature of Physical Geography*)(1984)에서 자연지리학이 1850년경 대학에 설립되고 있었다는 명확한 신호가 있었다고 언급하고 있다. 자연지리학의 발달에 대한 이해는 보다 넓은 사회적 · 문화적 맥락에 대한 이해를 요구한다. 따라서 현대 자연지리학의 시작은 18세기 말에 출현한 과학적 사고의 발달에서 비롯된다. 영향력 있는 하나의 자료는 지질학자 제임스 허턴(James Hutton)의 저명한『지구에 대한 이론』(*Theory of the Earth*)(1795)이었다.

허턴은 지구를 세 부분으로 이루어진 기계로 보았는데, 오늘날 교사들은 그것을 '암석의 순환'으로 나타낸다. 대륙의 암석 삭박은 지구의 비옥한 맨틀을 유지하는 토양을 공급하며, 대륙의 암설(巖屑)은 하천에 의해 바다로 운반된다. 두 번째 단계에서 퇴적작용은 대양저에서 일어나고 물질은 새로운 퇴적암층으로 바뀌게 되며, 결국 이 프로세스의 세 번째와 마지막 단계에서 융기하여 새로운 대륙지각을 형성하게 된다. 이러한 패턴이 시간을 두고 반복하게 된다. 허턴은 지구의 기원이 기존의 대륙보다 앞선다고 주장했다. 현재 이것은 우리에게 특별한 것이 없는 것으로 느껴질 수 있지만, 허턴의 사고는 논쟁의 여지가 있었다. 왜냐하면 허턴의 사고는 지구의 탄생과 파괴적인 세계적 홍수(노아의 홍수)의 역할이라는 성서의 해석에 의존한 기존의 사고에 도전했기 때문이다. 허턴의 사고가 찰스 다윈(Charles Darwin)의 사고보다 수십 년이나 앞선다는 것을 기억할 필요가 있다.

허턴의 사고는 찰스 리엘(Charles Lyell)이 그의 책 『지질학의 원리』(*Principle of Geology*)(1830)에서 전개한 동일과정설[2]에 의해 뒷받침되었다. 그의 사고는 지표면은 오랜 시간을 통해 작용하는 자연적 프로세스에 지배를 받고, 이러한 수많은 프로세스는 현재의 경관을 만드는 것으로 보일 수 있다는 것이다. 따라서 그러한 사고는 현재 작동하는 프로세스는 과거의 경관을 만들었다는 것이며, 따라서 현재는 과거를 이해하는 열쇠다. 이러한 사고들은 지표면은 시간을 통해 '진화'하거나 변화해왔다고 인식한 다윈의 『종의 기원』(*Origin of Species*)이라는 출판물에 의해 시간이 흐름에 따라 권위를 인정받음으로써 더욱 더 정당성을 부여받게 되었다.

이러한 발달은 현대 자연지리학의 '창시자' 중의 한 사람인 윌리엄 모리스 데이비스(W. M. Davis)가 이러한 이야기로 들어가게 된 맥락을 제공했다. 데이비스는 주로 미국의 동부지역에 관한 연구를 했으며, 진화론 및 동일과정설에 기반한 사고를 지형과 침식윤회를 설명하는 데 받아들여 발달시켰다. 데이비스는 해저의 급격한 융기 이후에, 하천 침식(우세한 프로세스)이

---

2) 역자 주: 모든 지질 현상이나 생물 현상은 과거에도 현재에도 같은 영향력·경과로 일어나는 것으로, 천재지변으로 일어나는(천재지변설) 것이 아니라는 지질학의 근본원리다. 이 이론은 "현재는 과거를 이해하는 열쇠다(The present is a key to the past)"라는 말로 요약된다.

시간을 통해 기저 지질(구조)에 일어나 발달의 단계(유년기, 청장년기, 노년기)라는 용어로 묘사된 경관을 형성하였다고 제안하였다. 마지막은 하천의 침식기준면(준평원)이 된다.

이러한 진화론적 사고는 매우 영향력이 있게 되었고, 자연지리학의 다른 하위 영역에 영향을 주었다. 교사들은 그러한 사고에 익숙할 것이다. 예를 들면 생물학에서 클레멘츠(Clements, 1928)는 시공간에서 식물종의 분포는 천이의 결과라고 설명했다. 즉, 식물군락이 환경적 조건이나 '통제'에 적응하게 되는데, 궁극적으로는 주요 통제 변인인 기후에 적응하여 '극상' 군락을 형성한다. 기후학에서 비에르크네스와 솔버그(Bjerknes and Solberg, 1922)는 저기압 발생과 전선의 발달이라는 개념을 사용하여 중위도 저압대의 순환 사이클을 논의하였다.

데이비스의 연구가 현대 자연지리학에 미친 영향을 과소평가해서는 안 된다. 촐리 등(Chorley et al., 1973)은 데이비스를 "너무 중요하고 너무 상상력이 풍부하여 무시할 수 없는" 존재로 묘사하였다. 그의 연구는 1950년대에 이르기까지 교수에 있어서 매우 정평이 나 있었고, 최근 1970년대까지 스몰(Small)의 『지형에 대한 학습』(*The Study of Landforms*)(1970)과 스파크스(Sparks)의 『지형학』(*Geomorphology*)(1972)과 같은 학교 텍스트들은 여전한 그의 영향력을 보여주었다. 그러나 데이비스에 의해 영향을 받은 자연지리학의 연구에 대한 비판은 환경의 작용에 대한 충분한 지식이 결여되었다는 것이다. 예를 들면 지형학에서 비록 데이비스의 침식윤회 이론이 구조, 프로세스, 단계 또는 시간을 포함하고는 있지만, 그 강조점이 변함없이 프로세스에 관해서는 거의 무시한 채 단계에 두고 있다는 것이 지적되었다.

심스(Sims, 2003: 9)는 "프로세스 연구가 1960년대 후반 이후 지형학의 매우 많은 '성배'가 되었다"라고 지적했다. 지형학에서 수문학의 발달은 유역분지와 집수구역에 중요한 초점을 두었다. 하천 작용에 대한 두드러진 관심은 많은 지형학자들이 관련된 프로세스를 설명하지 않고 온대습윤기후지역의 지형을 연구해왔다는 것을 인식하게 되면서 시작되었다. 그리고 기술이 환경의 프로세스와 세부적인 변화가 일련의 스케일에서 연구될 수 있는 단기간·중기간·장기간의 야외 실험에 유용하게 되고 있다는 것을 인식하게 되면서 시작되었다. 소규모 집수구역에서 언덕 사면에 대한 하천의 작용, 하상의 형태와 패턴에 대한 새로운 관심, 하천에서의 용해 하중과 침전 하중 등에 대한 연구들이 있었다. 이것이 학교에서 일반적으로 발견되는 자연지리학에의 접근이다(4장 참조).

프로세스에 대한 이러한 초점은 자연지리학의 모든 하위 영역에서 뚜렷하게 되었다(그리고 아마도 인문지리학과는 뚜렷하게 차별되도록 했다). 따라서 페식(Pethick)의 『해안지형학에의 입문』(*Introduction to Coastal Geomorphology*)(1984)은 "해안지형학을 프로세스 연구의 확립된 구조틀 속으로 끌어오려는 시도"이며, 쿠크와 워렌(Cooke and Warren)의 『사막 지형학』(*Geomorphology in Desert*)(1973)과 수그덴과 존(Sugden and John)의 『빙하와 경관』(*Glacier and Landscape*)(1976)은 각각의 분야에서 거의 마찬가지로 프로세스 연구를 시도하였다. 자연지리학에서 프로세스 연구의 영향은 계속되었는데, 지형학에서 하위 영역의 파편화를 증가시키고, 고등교육에 있어서 연구자와 교사들에게 정체성의 위기를 경험하게 하였다. 즉, 그것은 다른 학문들과의 연계가 적어도 지리학의 분야 내에서의 연계만큼이나 중요한 인문지리학에서의 그것과 하등의 차이가 없었다. 적어도 만약 프로세스에 관한 강조 그 자체가 목적으로 간주된다면, 프로세스에 대한 강조는 학교에서 유사한 어려움을 초래할지 모른다.

자연지리학의 발달에 대한 이러한 간단한 검토에서 마지막 주제는 인간과 환경의 상호작용에 대한 관심의 증가에 대한 것이다. 토양침식을 다룬 잭스와 휘테(Jacks and Whyte)의 『지구의 파괴』(*The Rape of the Earth*)(1939)와 토마스(Thomas)의 『지표면을 변화시키는 데 기여한 인간의 역할』(*Man's Role in Changing the Face of the Earth*)(1956)에 의해 입증된 것처럼, 비록 이것이 새로운 것은 아니지만 지난 25년 동안 점점 중요해지고 있다. 강수와 지표수 사이의 관계, 하천 집수구역에서 토지이용 변화의 결과, 수질과 오염 쟁점 등에 대해 특별한 관심이 있어왔다.

더 최근의 논의는 켄 그레고리(Ken Gregory)의 『자연지리학의 변화하는 본질』(*The Changing Nature of Physical Geography*)(2000)에서 '더 글로벌한 자연지리학'을 위한 필요성을 언급하고 있다. 이것은 글로벌 환경적 의제에 대한 반응이며, 그레고리는 지난 300만년 간의 자연적·문화적 역사에 대한 개요를 제공하고 있는 매니언(Mannion)의 『글로벌 환경변화』(*Global Environmental Change*)(1997)를 포함하여, 이러한 변화를 반영하는 많은 자연지리 교과서에 관해 논의하고 있다. 로버츠(Roberts)가 편집한 책인 『변화하는 글로벌 환경』(*The Changing Global Environment*)(1994)은 환경적 프로세스를 분석하는데 판에 박힌 다소 추상적이고 기계적인 '시스템' 접근을 고수하고 있는 기존의 자연지리 텍스트들을 교정하려고 하였다. 그리고 미들턴(Middleton)의 『글로벌 카지노: 글로벌 쟁점에의 도입』(*The Global Casino: An Introduction to Global Issues*)(1999)도 그러하다.

요약하자면 어번과 로즈(Urban and Rhoads, 2003)는 현대 자연지리학은 조사하고 학습하는 적절한 방법들을 당연한 것으로 생각하는 명확한 '스타일'에 의해 특징지어진다고 주장한다.

- 대부분 연구(야외나 연구실 연구에서)는 이론적 모델을 개발하거나 경험적 자료를 분석하는 데 계량화를 포함한다.
- 생물시스템, 지형시스템 또는 기후시스템의 발달에 영향을 주는 프로세스 또는 사건을 이해하는 데 강조점을 둔다.
- 이러한 연구들은 일련의 보조적인 학문(물리학, 화학, 생물학)으로부터 배경지식을 끌어온다.
- '자연과학'에서 나온 지식에 대한 의존은 자연과학을 떠받치고 있는 철학적 개념을 맹목적으로 수용하도록 해왔다.

어번과 로즈는 자연지리학에 대한 이러한 접근이 사회와 자연 사이의 잘못된 분리에 기여한다고 우려한다. 인문지리학자들로서는 자연지리학을 의심한다. 왜냐하면 그들은 "20세기 초반에 초기의 지리학이 환경결정론과 사회적 진화론으로 진출한 것에 대해 지적으로 아직도 마음 아파하고 있기 때문이다"(2003: 224). 그들의 분석은 그들로 하여금 자연지리학과 인문지리학이 통합을 목적으로 연구되고 있다는 가정을 검토하기 위한 논의를 향하도록 하였다. 이것은 그레고리가 '문화적 자연지리학'이라는 그의 논의에서 착수한 주제다. 그는 인간주의 지리학자 이푸 투안(Yi-Fu Tuan)의 사례를 활용하였다. 이푸 투안은 "인간이 자연환경과 관련하여 가지는 매우 다양한 태도와 가치를 몇 가지 방식으로 분류하고 정렬할 필요로부터" 그의 책 『토포필리아』(*Topophilia*)(1976)를 썼다(p.v). 자연적 변화에 대한 인문적 차원의 가장 적절한 사례 중 하나는 시몬스(Simmons)의 『영국의 환경사: 10,000년 전에서 현재까지』(*An Environmental History of Great Britain: from 10,000 Years ago to the Present*)(2001)에서 발견된다. 이 책은 광범위한 자연적 시스템에 일어난 변화를 도표로 나타내고, 동시에 이러한 변화의 문화적 중요성을 이해하도록 한 것으로 유명하다.

전망

여기서 우리는 지리학의 발달에 대한 우리의 '짧은' 여행을 끝내기 원한다. 우리는 매우 짧은 시간에 많은 영역을 다루었고, 우리는 다음 장들에서 우리가 현재 논의를 '중단한 것'으로 되돌아가 더 상세하게 설명하기를 원한다. 그러나 우리가 끝내기 전에 다음 장들을 뒷받침하는 몇 가지 일반적인 포인트를 설정하기를 원한다.

첫째, 지리교육학자로서 우리는 지리의 특성을 나타내는 지적인 형성에 관해 매우 흥미 있어 한다는 점을 강조할 것이다. 우리는 지리지식이 사회적으로 형성되었다고 본다. 이것이 의미하는 것은, 지리학자들이 무엇을 연구하려 하거나 하지 않으려고 선택하는 것, 그리고 그들이 그것을 어떻게 연구할 것인지를 선택하거나 하지 않는 것은 많은 이해관계자에 의해 이루어진 결정으로부터 초래된다. 즉, 학교 수준에서 이것은 (어느 정도) 정책결정자, 교수요목을 만든 사람, 학교 경영자 등을 포함하지만, 대부분은 교실 수업을 하는 교사들에 의해 이루어진다. 그러나 보다 큰 학문은 이것보다 훨씬 더 자유롭다. 우리는 지리학자들이 정치학, 문화연구, 예술, 문학, 사회학과 같은 학문의 통찰을 끌어와 선택하려고 하고, 더 민주적인 방식으로 글쓰기를 하고자 한다면, 이것은 교과에 대한 더 개방적인 접근을 반영한다고 제안한다. 게다가 이것은 대학에서 연구되고 있는 것과 같이 교과에 대한 더 넓은 사회적 기초를 반영한다. 물론 다른 사람들은 이것이 '진정한' 지리학이 아니며, 지리학자들 때문에 '학문'의 결핍이 나타난다고 주장할 것이다. 우리의 관점에서 지리학 연구에 대한 다양한 접근법들이 그러한 것처럼, 대학에서 지리를 연구하고 가르치는 것이 점점 정치적·도덕적 기반을 확고히 하고 있다는 사실은 반가운 일이다. 남아 있는 큰 질문—이 책에 활기를 부여하는 질문—은 학교지리 역시 어떻게 '개방'될 수 있을지에 관한 것이다.

둘째로, 최근 지리학의 발달에 대한 우리의 설명은 불가피하게 불완전하다(이 단어의 두 가지 의미 모두에서). 아마도 우리가 이 장에서 구성한 내러티브를 요약하는 가장 간단한 방법은 '지리(geography)'에서 '지리들(geographies)'로 이동했다는 아이디어로 표현했다. 지리는 '제공'되기 위해 미리 결정된 지식의 용기가 아니라 이해와 통찰력을 창안하기 위해 효율적으로 활용될 수 있는 풍부한 자료다. 그러한 진술에 약간 더 살을 붙이기 위해 우리는 '공간과학의 헤게모니'는 (경험적 관찰의) 확실성(certainty), (패턴, 형태, 프로세스 등의) 응집성(coherence), (지식과 발견의) 집적(cumulation) 등의 '3C'에 기초한다는 반즈와 그레고리(Barnes and Gregory)의 아이디어를 사용할지 모른다. 그레고리 등(Gregory et al., 1994: 5)은 "현재 지리의 과업은 단순화만큼이나 복잡성을 만들어내고, 확실성에 대한 선언만큼이나 자주 의구심에 대한 허용을 위해 다른 학문들을 가르치는 것보다 다른 학문들과의 대화에 참여해야 하는 것으로 간주된다"고 강조했다.

셋째, 이 장을 결론지으면서 우리는 지리학을 학교에서 가르치는 교과와 매우 상이하게 재현하고 있다는 것을 의식하고 있다. 우리는 이 장이 교사들을 염두에 두지 않고 쓴 계속적으로 증가하는 문헌을 알고 이해하려고 시도해야 하는 과업 앞에 서 있는 바쁜 교사들이 읽기를 기대하고 있다는 것을 알고 있다. 우리가 스스로 설정한 (그리고 독자들이 관여하도록 촉구하는)

도전은 이러한 (지리학의) 발전이 학교와 교실에서 지리교사들의 활동에 중요하고 긴급한 중요성을 가진다는 것을 확신시키는 것이다. 우리에게 있어 지리는 우리가 살고 있는 세계에 대한 성찰을 자극할 수 있고, '변혁적인 지성인(transformative intellectuals)'으로서 역할을 실현하려고 하는 교사들을 위해 자료를 제공할 수 있는 교과다. 이러한 역할의 일부는 우리가 가르치는 교과를 특징짓는 지적인 논쟁에 관여하는 것을 의미한다. 이 장은 지리교사들이 지리학에서의 최근 논쟁을 이해할 수 있는 출발점을 제공하기 위해 의도되었다. 3장에서 우리는 학교지리의 최근의 역사를 살펴볼 것이다.

더 생각할 거리

01. 지리교사가 되기 위해 면접을 본다고 상상해보라. 패널과 학교 교장 중 누군가가 당신에게 지리에 관해 질문을 한다. 그는 "나는 학창시절에 지리를 좋아했다"라고 말한다. "이 모든 지도와 빙하 그림. 수학과 과학 같은 정말로 중요한 교과로부터의 달콤한 휴식. 왜 당신은 지리를 좋아하는가? 왜 당신은 열정적인 여행가인가?" 당신은 지리에 대해 설명할 필요가 있다고 생각이 드는가! 당신은 어떻게 대답하겠는가?

02. 이 장을 활용하여 지리의 '중요한 개념(big concepts)' 목록을 만들어보자. 서로 그것이 어떻게 교육적 잠재력(젊은이들에게 '세계를 이해'하도록 도와주는)을 가지고 있는지 말해보자.

03. 당신은 '학교지리'가 대학에서 연구하고 가르치는 지리학과 매우 다르다는 것이 중요하다고 생각하는가? 노골적(있는 그대로)으로 말해, 당신은 학문을 선도하는 위치에 있는 이론가들과 연구자들이 지리교사들을 위해 실제적으로 중요하다고 생각하는가?

3장 ▦▦▦ 학교지리 만들기

도입

이 장에서 우리는 이것이 문화와 교육과정 사이의 관계에 관한 더 넓은 이야기의 일부분이라는 아이디어에 근거하여 학교지리를 만드는 것에 대한 해석을 제공하기를 원한다. 더 구체적으로 말하면, 우리는 앞 장에서 인문지리학과 자연지리학에 대한 설명과 함께 읽힐 수 있는 학교지리의 실천에서의 변화를 설명하기를 원한다. 본질적으로 우리는 이 장이 독자들로 하여금 학교 교과인 지리가 어디로부터 오고 어디로 나아갈지에 대한 그들 자신의 심상지도(mental maps)를 구성할 수 있도록 도와주기를 희망한다.

프레드 잉글리스(Fred Inglis)는 그의 책 『무지의 관리』(*The Management of Ignorance*)(1985)에서 문화와 교육과정 사이에는 밀접한 관계가 있다고 주장한다. 그의 책은 1985년에 출판되었으며, 따라서 그 떠들썩한 10년을 특징짓는 몇몇 갈등을 반영하고 있다. 잉글리스는 정치적 변화에 대한 인식(그리고 그는 경제침체의 가속화, 끊임없는 번영이라는 이미지에 근거한 가치의 혼란, 국가 정체성의 분열, 영국의 분열되는 경향 등과 같은 쟁점들의 목록을 제공한다)은 "이 세상에서 그 국가가 알고 있고 알아야 한다고 생각하는 것의 형식과 내용"에 중대한 영향을 끼쳐왔다고 주장한다(p.21). 그는 '위기'의 시기에 어떤 사회의 교육과정은 그 사회의 역사의 산물이고 역사가 변화함에 따라 교육과정도 변화한다고 주장한다.

학교 안팎에서 교육과정의 의미와 기능에 관한 새로운 수준의 자각이 있어왔고, 교육과정이 종종 충돌하는 이해관계자들을 분리하기 위해 쓰일 수 있다는 논쟁이 내가 말한 것처럼 보다 격렬하게 된다(1985: 21-22).

잉글리스는 교사들이 새로운 내용과 어린이들과 학생들의 요구에 대한 그것의 적실성(relevance)을 논의하는 데 어떻게 열중해왔는지에 대해 계속해서 논의한다. 그리고 그는 교육과정 영역(학교 교과)에서의 뿌리 깊은 변화와 그러한 변화에 대한 저항은 "문화적 재해석에 대한 신중하고 단호한 과정"으로 간주될 수 있다고 이야기한다(p.22). 잉글리스에 따르면, 1980년대의 이러한 변화들은 국가 정체성과 개인 정체성에 대해 그들 자신에게 자문하도록 했다. 왜냐하면 이것들은 "새로운 세계경제질서의 영향 하에 놓여 있기" 때문이다(p.22).

이것이 바로 일상적인 교수 경험의 재료다. 잉글리스에 따르면, 영국의 정치경제적 위기, 즉 실업, '폭동', 오래된 인종적·계층적 반감, 새로운 빈곤 등과 같은 사실들은 "교육과정에 신뢰할 수 있는 세계의 그림을 구축하려 하는… 매우 지친 학교 교사들에게 전례 없이 철저하고 상상적인 반응을 요구한다"(1985: 22). 21세기 초반의 위기의 목록들은 현재와 다른 것이라고 말할 수 있다. 그러나 20년 전에 잉글리스가 한 일반적인 지적의 적실성은 변하지 않고 유효하며, 어떤 것은 현재 더욱 절박해지고 있다.

우리는 사회적 변화와 지리교육 사이의 관계에 대한 이러한 논의를 소개하기 위해 선택해왔다. 왜냐하면 그것은 아마 우리가 늘 해왔던 것보다 더 넓은 관점에서 일상적인 교수 경험에 관해 생각하도록 격려할 것이기 때문이다. 그것은 교육과정은 인간의 창조물로써 사회의 변화로부터 성장하고 반응한 것이라는 것을 강조한다. 교사들은 사회적 가치, 의미, 상징을 생산하고 재생산하는 이러한 과정의 행위자들이다. 잉글리스가 지적한 것처럼 "교육과정은 미래를 위한 그리고 미래에 관한 메시지다"(1985: 23). 다른 학자들 역시 유사한 논의를 해왔다. 가장 유명하고 영향력 있는 학자 중 하나인 레이몬드 윌리엄스(Raymond Williams)는 그의 책 『긴 혁명』(The Long Revolution) (1961)에서 이를 논의했다. 교육에 관한 장은 "문화의 질과 그 문화의 교육 시스템의 질 사이에는 분명하고도 명백한 연관이 있다"라는 진술로 시작한다(p.145). 교육과정과 관련해서 교육의 내용은 "의식적으로 뿐만 아니라 무의식적으로 문화의 어떤 기본 요소들, 사실 '어떤 교육'으로 간주하는 것으로 특별히 선택된 것, 특별한 강조와 생략"을 표현한다(p.145).

우리는 이것이 지리교사가 사회, 환경, 문화에 관한 폭넓은 논쟁에 "귀기울이도록" 하는 본질적인 요소라고 생각한다. 왜냐하면 이것이 없다면 우리에게 무엇이 남아 있을까? 학교지리는 가능한 한 포박된 수용자(captive audience: 싫지만 듣지 않을 수 없는 청중)의 입맛에 맞추어 강요하려는 단지 '주어진' 어떤 것인가? 우리는 교과의 교육적 잠재력은 이것보다 훨씬 크며, 학생들의 요구에 특별한 가치를 지니는 선택들을 구체화하고 세련되게 하는 교사들의 창의적인 노력에 의해 제공되는 것이라고 생각한다.

학교지리의 역사

최근에 학교지리의 역사에 관해 기술하려고 하는 많은 시도가 있어왔다. 너무나 자주 이것들은 학문과 그것을 후원하는 제도에 대한 '진보적인 진화'를 연대순으로 기록하는 '무비판적인 내러티브'(Ploszajska, 2000)의 형태를 취하는 경향이 있다. 대학의 교과로서 지리학의 발달에 관해 논의하면서 리빙스턴(Livingstone, 1992)은 이러한 설명들은 "지리공동체를 위한 학문적 발달의 내부적 검토"라고 주장하며(p.4), 그곳에서 영국 지리의 역사에 있어서 영웅적 인물과 영웅적 순간에 대한 탐구는 다음 세대의 학자들(Boardman and McPartland, 1993a, 1993b,1993c, 1993d; Kent, 2000; Walford, 2000)과 관련된다. 이러한 설명이 가지고 있는 문제들 중의 하나는 지리교육학자들이 지리교육학자라는 청중들을 위해 썼기 때문에 교육과정의 변화를 특징짓는 많은 혼란과 혼동을 깔끔하게 정리하는 경향이 있다.

게다가 그것들은 지리교육 공동체 안에서 권위를 얻은 사람들에 의해 쓰이는 경향이 있고, 가능한 매우 높은 지위에 있는 사람만이 이러한 개관을 할 수 있다. 그러나 이러한 설명이 가지는 가장 큰 문제점은 그것들이 일반적으로 교과로서의 지리와 학교지리 사이의 관계를 밝히는 데 실패한다는 것이다. 또한 그것들은 학교지리의 발달을 보다 넓은 문화적 맥락 속에 두기 위한 탐색을 거의 하지 않는다는 것이다. 우리의 설명은 이와 같이 잘 규율된 학교지리의 역사에 대한 대안적인 논평으로서 기능하도록 의도하고 있다.

우리의 출발점은 교육사회학자인 이보르 굿슨(Ivor Goodson)의 연구다. 그의 연구는 몇몇 철학자들이 제시한 합리적 실체가 되지 못하는 학교 교과들은 사실 우선적인 관심을 그들 자신의 지위를 유지하고 확장하는 데 두는 이익집단의 창조물에 불과하다고 논의해오고 있다. 그것은 자신의 교과 집단과 다른 교과 집단 간의 강력한 경계를 존속시키기 위한 각 교과 집단의 집단적인 이익에 있다. 이것은 강력한 정체성을 제공하기 위해 행해지며 위협적인 교육적 자원을 확보하기 위한 기초로서 역할을 한다. 이것은 특히 지리의 경우에 타당한데, 과학과 인문학 사이의 교량(bridge)으로서 지리의 불안정한 지위는 지리의 학문적 지위를 유지하기 위한 투쟁을 이끌어왔다. 인지된 지위의 열세는 지리학자들에게 영구적인 쟁점이며, 많은 면에서 '지리의 존속을 위한 근거(case for geography)'는 '지리를 위한 지리(geography for geography's sake)' 중의 하나가 되고 있다. 비록 이해할 수는 있지만, 그것은 우리가 상상하는 것보다 교육적 원리와 동떨어진 것일지도 모른다.

그러나 많은 사례들을 통해서 교과의 본질이 교과 공동체 내에서의 격심한 논쟁의 문제라는 것을 인식하는 것은 중요하다. "교과는 한 개로 이루어진 전체가 아니라 표류하는 하위 그룹과 전통의 융합이다. 교과 내의 이러한 그룹은 경계와 우선순위에 영향을 주고 변화시킨다"(Goodson, 1983: 3). 이후 이 장을 쓸 때, 우리는 지리가 하나의 학교 교과로서 구성되어온 것처럼 구분, 선택과 생략, 지리의 포섭과 배제를 조명하기를 원한다. 2장에서 우리가 지리학은 '침전된 상황적 산물'로 간주되어야 한다고 한 것처럼 그 사실은 학교지리에서도 마찬가지다.

지역지리에서 공간과학으로

아마도 최근 학교지리의 교육의 역사에 있어서 가장 중요한 사건은 일반적으로 지역학습으로서 지리를 이해하는 것으로부터 공간과학으로 지리를 이해하는 것으로 이동하는 것으로 받아들인 데 있다. 데이비드 홀(David

Hall, 1976)은 이러한 이동이 어떻게 전개되었는지에 대해 설명하고 있다.

1963년 리처드 촐리(Richard Chorley)와 피터 하게트(Peter Haggett)는 케임브리지 인근의 마딩글리 홀(Madingley Hall)에서 교사들을 위한 여름 학교를 후원했다. 그곳에서 강사들은 지형학에서 도시지리학에 이르기까지 무엇이 지리학의 중요한 발달로 간주되어야 하는지를 조명했다. 다루어진 다양한 주제에서 지리적 일반화의 중요성, 모델링과 공간분석이 프로세스에 대한 이해를 위해 제공할 수 있는 지원, 공간기하학 및 지리적 사고에서 측정의 중요성, 공간 데이터의 조직 등이 강조되었다. 이 코스에서 그리고 다음 해에 개최된 또 하나의 코스에서 제공된 강의와 출판한 책의 에필로그에서 편집자들은 모든 수준에서의 교육의 관성(inertia in education)을 변화를 위한 주요한 장애물로 간주하였다… 그러나 열정을 가지고 케임브리지를 떠났던 교사 집단은 학생들과 함께 지리에서의 계량적이고 공간적인 접근을 발전시켰다. 그들의 수업 활동들은 서로 교환되었고, 그들 활동의 일부가 주로 대런던(Greater London)에서 보급되었다.

월포드(Walford, 2000)는 '신모범군(신모델단체)(New Model Army)'의 역사를 상세하게 이야기하고 있지만, 우리가 여기에서 언급하고자 하는 것은 이것이 특수하고 개성기술적인 연구로서의 지리로부터 일반화하고 '법칙추구적인' 공간과학으로서의 지리로 이동하고 있다는 것을 알려준다는 것이다. 이것은 『학교지리에서의 새로운 사고』(New Thinking in School Geography)(DES, 1972)와 같은 '공식적인' 문서와 『지리의 개념』(Concepts in Geography)과 같은 새로운 교과서 시리즈에서도 나타났는데, 이들은 다음과 같은 관점에서 교사들에게 '신지리학'을 장려했다.

교사들은 학교에서 가르쳐지고 있는 많은 것들이 순전히 반복적이고, 학생들에게 지적인 자극과 도전을 거의 제공하지 못한다는 것을 깨닫기 시작하고 있다. 우리가 느끼기에 이러한 변화에서 기본적인 것은 학생들의 측면에서 지리의 기본적인 개념들을 이해할 수 있는 능력에 있다. 이것들은 공간, 입지, 시간을 통한 상호작용 등과 관련된다(Everson and FitzGerald, 1969: ix).

공간과학으로서 지리의 발달에 있어서 핵심은 '적실성'이다. 1960년대부터 지리학자들은 점점 공간계획가로서의 그들의 역할을 주장했는데, 법인형 국가의 요구와 긴밀히 연결되는 공간 문제에 대한 실천적 해결을 제공하는 것이었다. 이러한 '공간 문제'를 해결하기 위한 답변은 "공공결정을 관리하기 위한 더 적실한 구조틀"을 제공하는 계획에 있었다(Chisholm and Manners, 1971: 19). 하비(Harvey, 2000b: 77)는 최근 1960년대 이후 지리학에서 이러한 '실용주의적 초점'의 발달에 관해 논의해왔다. 그는 "영국에서 행정적인 계획의 수단으로써 지리지식을 재구성하려는 시도"는 '기술의 백열(white heat of technology)'이라는 노동당 총리 헤롤드 윌슨(Harlod Wilson)의 수사학에 의해 특징지어진 이 시기의 정치적 기후와 연관된다고 제안했다. 이러한 맥락에서 합리적인 계획의 목적은 "전체 인구를 위한 사회적 개선의 지렛대로서 지역과 도시 계획의 효율성"이라는 사고와 연관되었다(p.77). 대학에서 연구되는 교과(지리학)의 첨단적인 발달이 왜 자동적으로 학교지리의 실천을 불어넣어야 하는지에 대한 어떤 근거도 없다. 그래서 학교에서 신지리학을 도입하려는 이유에 관해 생각하는 것은 중요하다. 학교 교과로서 지리의 역사에 관한 굿슨(Goodson, 1993)의 논의는 학교에서 '신'지리학의 채택은 교과 전문가들 사이에서 지위와 권력을 위한 투쟁을 반영했다고 제안했다. 학교 내에서 지위를 얻는 데 직면한 학교 교과로서 지리의 문제점 중 하나는 학문의 경계가 불명확해진 결과와 함께, 지리의 팽창성, 지리가 계속해서 새로운 교과로 거듭나려는 경향성에 있었다. 이러한 문제에 대한 해결책은 대학의 지리학자들에게 권력을 양도하는 것이었다. 지리학이 새롭게 획득한 방법론적인 엄격성을 통해 '실제적인' 과학으로서 지리학의 위치가 마침내 확실하게 되었다. 신지리학은 '하드' 데이터에 대한 신뢰와 함께 중립적인 과학의 실증주의 버전이 가지고 있는 기술적 합리성으로의 이동을 설명했다. '신'지리학은 '야외조사', '지역학습'을 희생해가며 교과의 '과학적'이고 이론적인 측면을 강조했다. 학교 교사들의 열망은 학교지리가 더 많은 자료를 자유자재로 쓸 수 있고 교사들을 위해 보다 나은 전문적인 향상을 제공할 수 있는 완전히 홀로서기를 할 수 있는 대학 교과로서 받아들여지도록 하는 물질적인 이익에 관한 것이었다. 허클(Huckle, 1985)은 신지리학은 엘리트주의 활동이며, 소수의 학생들의 교육을 더욱 기술지배적이고 직업교육을 중시하는 것과 관련지으려는 시도였다고 주장한다.

이러한 분석에 따르면, 학교지리의 새로운 버전은 아주 소수의 학교 구성원의 요구와 흥미를 반영하여 출현했다. 그러나 과학이라는 장치를 통해 획득한 새로운 지위를 가진 '신지리학'의 확립은 이 이야기의 끝이 아니다.

인간주의의 영향과 학생중심주의

1970년대 이후부터 학교지리는 교육과정 사고(curriculum thinking)의 폭넓은 발달에 의해 영향을 받았다. 현재의 교육과정 편재는 재능의 낭비를 초래한 것으로 인식되었다. 왜냐하면 현재도 계속해서 지속되는 경향이지만 많은 노동자 계급의 학생들이 일정한 자격 없이 가능한 빨리 학교를 떠났기 때문이다. 학교를 떠나는 나이를 끌어올리고, 참여를 증대시키기 위한 움직임이 있었다. 게다가 사회는 변화하고 있고, 이러한 변화가 획일화된 학교교육과정에 반영될 필요가 있다는 것으로 점점 이해되기 시작했다. 1960년대 초반, 즉 1964년 교육과정의 변화를 촉진하기 위해 설립된 학교위원회(Schools Council)는 교사들로 하여금 "학생들의…경험의 본질을 이해하고 존중하도록" 촉구하고 있었다(Jones, 2001: 47에서 인용).

롤링(Rawling, 2001)은 지리가 이러한 교육과정 개발의 시기에 어떻게 중요한 역할을 했는지를 기술하고 있다. 예를 들면 매우 영향력 있는 「조기에 학교를 떠나는 학생들을 위한 지리」(GYSL: Geography for the Young School Leaver)와 같은 학교교육과정 개발은 1960년대와 1970년대의 사회적 변화를 받아들이려고 노력한 시도로 읽힐 수 있다. 조기에 학교를 떠나는 학생들을 위한 지리(GYSL)는 '전통적인' 교육으로부터 '아동중심' 교육으로 이동할 것을 주장하였고, 사회의 다문화적 본질을 반영하려고 하였다. 이것은 '쟁점기반'을 통해 성취되었다.

학교지리의 강조점이 지역적이고 기술적인 활동으로부터 이동하여, 더 활동적인 학습 스타일과 더욱 적절한 주제를 중심으로 한 내용에 초점을 두었다. '신지리학'의 몇몇 양상들(모델, 이론, 핵심 아이디어의 사용)이 포함되었지만, 또한 인문적이고 질적이며 쟁점 기반 접근으로의 강력한 움직임이 있었다(Rawling, 2001: 24).

홀(Hall, 1976)은 내용의 수준에서 이 교재는 마음속으로 '능력이 부족한'[3] 학생들의 요구에 따라 설계되었다고 주장한다. 그래픽과 사진을 강조하고 있으며, 텍스트에 대해서는 사용을 자제하고 있다. 교육과정 설계의 관점에서, "전통적인 지리 자료가 가르쳐지고 전수될 수 있는 새로운 방법들"을 찾는 것에서 "학생들의 요구를 검토하고 지리에 학생들의 요구에 적절할 만한 어떤 것이 있는지를 물어보는" 방향으로 이동하고 있다. 학생들의 요구는 사회에서 사람들에게 영향을 주는 기본적인 쟁점들에 대한 이해를 발달시키고, 미래의 성인으로서 자신의 삶과 연결시킬 수 있도록 하는 데 근거하여 고려되었다. 이 프로젝트는 3개의 단원, 즉 '인간, 토지, 레저(Man, Land and Leisure)', '도시와 인간(Cities and Peoples)', '인간, 장소, 직업(People, Places and Work)'을 만들었다. 이 단원들은 전통적인 지리적 주제들과 직접적으로 연계되지는 않으며, 교수 전략들은 '감성의 지리'를 참조했다. 이 접근은 누가 무엇을 얻는지, 그리고 어디서, 어떻게 얻는지를 질문하는 지리의 복지적 접근에 대한 아이디어와 밀접하게 관련된다(Smith, 1975; Bale, 1983). 독자들은 자연지리에 대해 덜 초점을 두고 있다는 것을 알 것이다. 추측건대 이것은

---

3) 우리에게 특히 이와 같은 역사적 설명의 흥미로운 결과는 부분적으로 상이한 이해의 결과로서 언어가 변화되어온 방식이다. 한 세대 전에 홀(Hall)이 이 글을 쓰고 있었을 때, '능력(ability)'은 더욱 더 단일의 개념이었다. 현재 이것은 더욱 더 복잡하고 다면적이다. 즉, '유능한(more able)' 사람과 '능력이 부족한(less more)' 사람에 관해 이야기하는 것은 더욱 어렵고 납득시키기에도 어렵다. 따라서 우리는 '따옴표(scare marks)'를 사용한다.

어떤 것도 간과하지 않고 있으며, 학생들의 교육적 요구에 대한 교육과정 계획가의 분석에 기초하고 있다. 한편 이것은 또한 그 당시의 시대정신을 반영하고 있을지도 모른다. 오늘날 환경적 관심과 '지속가능성'의 맥락에서 자연지리를 무시하는 것은 덜 정당화된다.

자연지리의 적실성에 대한 유사한 질문은 또 하나의 매우 영향력 있는 학교위원회(Schools Council)의 프로젝트인 「지리 16-19 프로젝트」(Geography 16-19 Project)에 의해 제기되었다. 이것은 소위 '새로운 중등 6학년(new sixth)'의 요구에 부응하기 위해 설계되었다. 이 프로젝트는 변화하는 중등 6학년 (sixth form)의 학생 수와 이 집단을 위해 적절한 교육적 경험을 제공하려는 필요와 같은 교육적 압력에 반응한 것이었다. 이 프로젝트는 개념적 사고 (conceptual thinking)와 핵심 아이디어(key ideas)에 대한 이해가 학습과 '전통적인' 내용의 재생산에 있어서 우선순위를 차지해야 한다고 제안하는 교육적 사고를 끌어왔다. 이 프로젝트는 변화를 위한 2가지 압력으로 간주된 것의 균형을 유지하려고 했다. 하나는 교육에 대한 '실용주의' 관점이고, 다른 하나는 사회적 · 환경적 관심을 인식하는 '관심 지향' 관점이다. 이러한 교육과정 문제에 대한 해결책은 학생들과 교사들이 중요한 사회적 · 환경적 쟁점들을 탐구하도록 하는 '인간-환경 접근'이었다(Naish et al., 1987).

이러한 교육적 대처의 변화와 하나의 학문으로서 지리학 본질의 변화가 가져올 전체적인 효과는 학교지리에 대한 접근의 다양성을 증가시키는 것이었다.

> 몇몇 정당화와 함께 1970년대는 지리를 위한 교육과정 개발의 10년으로 묘사될지 모른다. 전체적으로, 특히 중등 영역에서 지리의 새로운 아이디어, 지리 교과를 위한 새로운 수업의 접근, 새로운 자료와 가이드라인 등에 대한 관심과 활동 등에서 주목할 만한 성장이 있었다(Rawling, 2001: 27).

예를 들면 비록 일부 학교에서 '신지리학'은 학교지리가 계속해서 소규모의 학교 학생들을 위해 설계되어 제공되도록 했지만, 진보주의는 일부 지리교육학자들에게 보다 대규모 학생 집단의 요구에 초점을 맞추도록 허용했다. 1970년대 말에서 1980년대 초에 이르는 시기에 대해 글을 쓰면서 허클 (Huckle, 1985: 301)은 "비록 대다수의 지리교육학자들이 '신'지리학에 열중했지만, 다른 지리교육학자들은 환경적 쟁점, 글로벌 불평등, 도시 재개발과 같은 토픽에 관한 수업을 설계하기 위해 인간주의 및 구조주의 철학을 사용하고 있었다"고 언급했다.

정도는 각각 다르지만, 이러한 접근들은 공통적으로 '신지리학'의 실증주의가 나타내려고 한 추상성, 탈인간화(dehumanisation), 사회적 적실성으로부터의 후퇴 등에 대해 반감을 가지고 있었다(Huckle, 1983; Smith, 2000). 이러한 진보적인 지리학은 행동주의 지리학, 환경지리학, 복지지리학, 급진지리학과 연관된 학문에서 발달된 많은 개념들을 끌어왔다. 이러한 접근들은 교육 내용이 사회적으로, 환경적으로 적절하며, "보다 나은 세계를 위해 지리를 가르치는"4) 지리교육을 발달시키려고 했다(Fien and Gerber, 1988). 이러한 접근들은 '신'지리학의 냉정한 객관성과 보편적인 의미에 대한 반대 입장을 제공하려고 했다.

게다가 일부 지리교사들은 세계학습, 개발교육, 환경교육 등과 같은 소위 '형용사적 학습(adjectival studies)'과 연관된 접근을 발달시키려고 했다. 이것들은 학교 지식의 상대성을 강조하고 전통적인 교과 기반 교육과정을 의문시했던 소위 '신교육사회학'의 발달에 대한 반향이었다. 존스(Jones, 2001: 48)는 "지난 60년대 후반 이후 다른 동학이 작동하기 시작했으며, 교육과정 변화 프로젝트는 더 급진적인 실천 및 비판과 연결되게 되었다"라고 언급했다.

존스는 특히 몇몇 대도시 도심에서의 더 '독단적인' 교육과정 실천의 발달에 대해 언급하고 있다. 문화적 인식과 사회정의의 쟁점들은 수업의 일상적인 의제가 되어갔다. 1970년대 초반부터 일부 교사들은 명백하게 반인종차별주의와 반제국주의 교육과정을 개발하기 시작했다(Gill, 1982). 이러한 교육적 이동은 여학생 교육에 관한 변화된 기대, 그리고 대도시지역에서 신영

---

4) 아마 한 권의 책을 위해서는 약간 과장된 제목이다. '정당한 이유를 위해' 교육을 활용하는 아이디어는 곰곰이 생각해볼 만한 비판을 받아왔다(Marsden, 2001). 왜냐하면 교육의 관심에 우선하는 교화(indoctrination)의 위험이 있기 때문이다.

연방(New Commonwealth)과 파키스탄 출신 어린이들의 출현 등에 부응하여 사회적 · 문화적 변화를 반영했다. 결과적으로 학교지리는 그것의 의미에 대한 정치적 투쟁의 장이 되었으며, 이 장의 시작 부분에서 잉글리스에 의해 논의된 교육과정과 문화적 변화에 관한 보다 큰 대화의 장이 되었다. 학교지리의 본질—그것의 내용과 교수법—에 관한 이러한 논쟁들은 잉글리스가 "문화적 재해석에 대한 신중하고 단호한 과정"이라고 부른 것에 대한 하나의 사례다.

학교지리에 대한 접근법이 계속해서 다양해졌음에도 불구하고, 롤링(Rawling, 2001: 27)은 지리에서 '교육과정 개발의 10년(1970년대)'이라는 그녀의 논의를 다음과 같이 주의를 환기시키면서 끝내고 있다는 것에 주목할 필요가 있다. "돌이켜보면 지리교육학자들은 교육과정에 대한 의사결정이 점점 정치화되고 있는 본질과 뉴라이트(New Right)의 영향력이 증가하고 있는 것을 과소평가하고 있었다."

또한 학교지리는 자신을 위해 너무 절충적이게 되고 있었는지 모른다. 이 시기의 교육과정 개정에도 불구하고, 그것을 떠받치고 있는 사고가 빈틈이 없었던 것은 아니었다. 즉, '순수한' 측면에서 만약 교육과정 정치학이 없다면 폭넓은 정치적 논쟁도 없을 것이다. 이것을 상이하게 적용해보면, 지리의 조직개념과 목적이 다양한 '관심'의 커다란 충돌과 특히 무비판적인 '아동중심주의'에 의해 결정되고 타협되어오지 않았는가? 절충적이지만 어쩌면 이론적으로 빈약한 학교지리가 지나가는 모든 '악대차(인기 교과)'의 소용돌이에 저항할 만큼 충분히 강한 상태에 있었는가?

분리된 지리?

우리가 2장에서 언급한 것처럼 1980년대는 영국의 경제지리, 사회지리, 정치지리, 문화지리에 있어서 시끄러운 변화로 특징지어진다. 이러한 맥락에서 학교지리 내에서 선호되었던 이전의 지리적 재현들이 의문시되는 것은 아마 놀라운 일이 아니다. 일부 지리교사들에게 이것은 많은 학교지리 교육과정이 점점 억압된 도시지역에 살고 있는 어린이들의 삶에 적절한지를 의문시하는 것을 포함한다. 지리교육과정이 "미래에 대한, 그리고 미래에 관한 메시지"가 된 과정은 1980년대에 특히 명확하게 되었다.

지리와 기업

이러한 경제적 · 사회적 '위기'에 대한 하나의 태도 표명은 학교가 젊은이들을 '직업의 세계'를 위해 준비시켜야 한다는 요구였다. 1976년 존 러스킨 칼리지(John Ruskin College)에서 캘러헌(Callaghan) 총리의 연설 이후 소위 '대논쟁(Great Debate)'의 시작은 '직업의 세계'로 학교교육의 적실성을 증가시키는 데 맞추어진 과다한 계획을 초래했다. 따라서 1980년대에 많은 지리교사들은 지리교육의 직업적인 측면에 점점 관계하게 되었다. 예를 들면 영국 지리교육학회가 『지리, 학교, 산업』(*Geography, School and Industry*)(1985)이라는 표제로 편집하여 발행한 책의 서문에서 코네이(Corney)는 지리교육이 학교와 산업 연계 계획에 기여할 수 있는 잠재력에 관해 논의하였다. 학교는 학생들에게 '경제적 문해력(economic literacy)'을 발달시키는 데 훨씬 더 많은 관심을 보여주어야 한다는 분위기가 있었다. 이것은 국가경제에 관한 사실적 지식에 대한 소유, 학생들에게 경제 문제에 관해 균형 잡히고 현명한 판단을 하도록 허용하는 경제적 개념에 대한 교수를 요구할 것이다. 이것은 학생들로 하여금 국가가 어떻게 돈을 벌고 국가의 삶의 표준을 유지하는지를 이해하도록 도와줄 것이다. 그렇게 될 때 학생들은 "그러한 과정에 대한 산업과 상업의 본질적인 역할을 적절하게 평가할 것이다"(DES, 1977, Corney, 1985: 10에서 인용). 간단하게 말하면 학생들은 사회의 경제적 기초에 대한 이해를 비롯해서 부가 어떻게 창출되는지를 습득할 필요가 있었다.

코네이는 지리는 학생들에게 문해력(literacy), 수리력(numeracy), 도해력(graphicacy)과 같은 기본적인 기능뿐만 아니라 유연성, 적응성, 팀의 일원으로서 일하기, 솔선수범하기와 책임성 등과 같이 직업의 세계를 위해 갖추어야 할 사회적 기능을 제공할 수 있다고 제안했다. 게다가 지리는 논쟁을 이해하기, 데이터의 분류와 분석, 시간관리 등과 같이 직업의 세계에 대처하기 위해 필수적인 것으로 간주되는 학습 기능을 제공할 수 있다. 경제적 문해력과 적절한 기능을 발달시키는 데 있어서 다양한 전략들을 반영하고 학습과정에 학생들의 능동적인 참여를 발달시키는 교수전략과 평가절차를 위한 요구가 있었다. 코네이는 다음과 같이 지적했다.

현대 지리교육은 점점 적실하면서도 최신의 지식과 아이디어를 강조하고, 개인적 기능과 역량의 개발과 같은 보다 넓은 교육 목적에 매우 높은 우선권을 부여한다. 그것은 학습에서 학생들의 능동적인 참여를 강조하는 다양한 교수전략을 사용하고, 지식과 기능이 문제해결 상황에서 사용될 수 있는 적절한 기술의 정도를 평가하려고 시도한다(Corney, 1985: 10).

내용의 관점에서 지리 교수요목들은 학생들이 개발하고 있는 경제적 문해력, 기술적 인식, 현명한 판단을 할 수 있는 능력 등에 기여한다고 주장된다. 예를 들면 그것들은 전형적으로 산업과 경제 활동에 영향을 주는 요소들을 강조하고, 로컬리티 또는 지역의 고용 전망에 미치는 변화하는 기술의 영향에 대한 학습, 삶과 환경의 질에 미치는 경제활동의 영향, 계획 시스템에 대한 이해 등을 포함한다. 이러한 활동은 자주 로컬에서 일어나고 야외조사를 포함한다. 「지리, 학교, 산업 프로젝트」(GSIP: Geography, Schools and Industry Project)는 두 가지 목적을 가지고 시행되었다. 첫째, 학생들로 하여금 현대 산업의 본질과 사회에서 산업의 역할을 이해하도록 도와주는 데 있어서 지리교사들의 기여를 구체화하는 것이다. 둘째, 그러한 이해를 촉진하기 위해 설계된 활동들의 개발, 보급, 평가에 있어서 산업체 구성원과 함께 지리교사들을 참여하도록 하는 것이다.

지리와 사회비판교육

'기업 문화'의 촉진에 지리가 일정한 역할을 하도록 한 요구는 동일한 10년 동안(1980년대)에 영국의 많은 제조업의 기반이 사라졌다는 점에서 아이러니였다. 우리가 2장에서 논의했던 것처럼 1980년대에는 영국의 '붕괴'를 보여주는 전체 지리 텍스트 시리즈의 출판이 이루어졌다. 이 책들은 연이은 보수당 정부 하에서 일어난 변화를 이해하기 위한 지리학자들의 시도의 일부분으로 읽힐 수 있으며, 그 결과로 '급진적인' 학교지리의 발달이라는 교육적 부산물을 초래했다. 급진적 지리교육학자들은 폭넓은 사회교육의 발달보다 지리 그 자체의 방어에 덜 관심을 가지는 '사회비판'교육의 형태를 옹호했다(Huckle, 1983). 이러한 대안들의 특성은 1984년에서 1987년 사이에 교육과정개발협회(Association for Curriculum Development)에 의해 출판된 저널 「지리와 교육의 현대적 쟁점들」(Contemporary Issues in Geography and Education)의 간행물에서 발견할 수 있다. 저널의 관심은 지리적 좌파의 관심, 즉 인종차별주의, 성차별주의, 부와 빈곤, 환경파괴, 전쟁과 갈등 등을 반영하였다. 이러한 논쟁에 참여할 때 지리교사들은 학교교육의 본질과 그것이 보다 넓은 교육의 개념과 어떻게 다른지에 관한 폭넓은 논쟁에 참여하고 있었다. 예를 들면 허클(Huckle, 1987)은 지루함과 소외감이 지리수업에 대한 학생들의 우세한 반응이었다는 것을 진술하면서 지리교육이 넓은 층을 가지고 있다고 자기만족을 하는 것에 대해 이의를 제기했다. 지리교수의 이러한 '단정적인' 버전들은 범위와 영향력 면에서 제한되었다는 것을 주목할 필요가 있다.

사회비판지리교사들에 의한 접근은 「지리와 교육의 현대적 쟁점들」(Contemporary Issues in Geography and Education)에 반영되었다.

이 잡지는 해방의 지리학을 촉진하고자 한다. 달리 말하면 이 잡지는 미래는 우리의 것으로 창조할 수도 있고 파괴할 수도 있다는 아이디어를 촉진하고자 한다. 그리고 이 잡지는 교육은 인간의 요구, 다양성, (발전)가능성에 책임 있는 세계를 만들기 위해 일부 책임을 져야 한다는 것을 입증하려고 한다(1983: 1).

더 구체적인 목표는 다음을 포함한다.

- 현행 교육과정에 대한 비판을 발전시키기
- 많은 지리교육의 기저를 이루고 있는 가설을 탐구하고, 이러한 가설을 명확하게 하기
- 지리교육의 정치적 내용과 관련하여 지리교육의 이데올로기적 내용을 검토하기

이러한 급진적인 목적에도 불구하고, 대부분의 지리교사들에게 있어 교실에서의 생활은 '평소와 다름없었다'. '세계를 변화'(50페이지 참조)시키려는 이상에 맞추어진 이러한 이동에서 인지된 정치적 프로젝트는 부적절하거나 적어도 불완전하게 표현되었다. 어쨌든 심각한 경제적·사회적·정치적 변화가 있었던 1980년대에 지리는 보다 오래된 환경결정론 모델, 신고전 경제학, 휘그적(Whiggish) 역사관에 의존하여 세계에 대한 이미지와 설명을 계속해서 제공했다(Gilbert, 1984).

매촌(Machon, 1987)은 지리교사들이 정치교육의 요소들을 요소들의 결합의 결과로서 그들의 교수에 통합하는 데 실패한 이유를 설명한다. 이것들은 교과(내용)의 중요성에 대한 지속적이고 계속적인 강조, 그리고 일부 쟁점들(정치학)은 "어린이들을 위해 적합하지 않다"는 명확한 대중적 수용을 포함한다. 모두 종합해보면 이것은 많은 논쟁적인 쟁점, 설명적인 모델, 급진적 관점 등이 지리수업에 반입이 금지되었다는 것을 의미한다. 이것은 정치적·경제적·사회적 프로세스의 변화 속도를 느리게 하고 현상유지에 동의하게 한다(p.39).

비록 '급진적' 지리가 소수의 학교지리교사들의 영역이었지만, 그것은 지리에 관한 공식적인 선언이 이동하고 있다는 분위기를 만드는 데 도움을 주었다고 논의할 수 있었을 것이다. 지금까지 우리의 분석은 1980년대에 학교지리는 지리를 가르치는 목적에 대해 투쟁하려는 위치에 있었다는 것을 제안한다. 교육을 사회적 변혁을 위한 수단으로 보는 사람들이 있고, 국가의 경제회복에 대한 적실성을 강조하려는 사람들이 있다. 학교지리에 대한 이

러한 두 버전은 모두 1980년대에 전통적인 교과에 기반한 교수로의 '회귀'를 요구했던 뉴라이트(New Right)에 의해 주요 비판의 주제가 되었다.

누구의 국가교육과정인가?

지리교육의 목적에 대한 이러한 논쟁들은 지리를 위한 국가교육과정의 개발 및 실행과 관련하여 점점 뜨겁게 되었다. 지리는 '유리한 위치'를 차지하기 위해 열심히 싸워야 했고, 그러한 과정에서 (인지된) '급진적' 신념들의 대부분을 버려야 했다. 켄 존즈(Ken Jones, 2001: 50)는 "1990년대 초반 보수당의 교육정책은 민족주의와 사회적 권위주의 주제들을 중심으로 교육과정을 통합하려고 했다. 이것은 국가의 역사, 유럽의 예술과 음악, 표준영어 등의 중심적 역할을 주장했다. 이것은 '기본적인 기능'을 우선시했으며, 새로운 종류의 지식, 특히 미디어 문해력(media literacy)을 경시하였다"라고 주장한다.

지리의 관점에서 이러한 '비웃음의 담론(discourse of derision)'(Ball, 1994)은 진보적인 교수방법에 대한 공격의 형태를 취했는데, 그것은 어린이들이 장소가 어디에 있는지 알지 못한다는 것이었다. 학교교육과정에서 지리의 위치는 교육부장관인 케이스 조셉(Sir Keith Joseph)이 영국지리교육학회 (Geographical Association)에서 연설을 한 1980년대에 공적인 논쟁의 주제가 되어왔다(Joseph, 1985). 지리와 관련한 이 논쟁은 내용—그것은 '사실'을 의미했다—에 대한 교수가 가치와 태도에 관한 초점에 의해 기초가 위태롭게 되고 있는 정도에 관한 것이었다. 1991년 국가교육과정의 제정과 시행은 또한 보다 넓은 국가(state)의 관심과 특히 글로벌 사회에서 국가 정체성을 다시 확인하는 것과 연결되었다. 볼(Ball, 1994)에 의하면 오리지널 국가교육과정에 관한 논쟁은 교육과정을 변화하는 경제적 요구와 연결시키려는 보수적인 근대주의자들과 국가 정체성을 거듭 주장하려고 시도하는 보수적인 복구주의자들 사이에 있었다. 볼은 그러한 균형은 복고주의자들 쪽으로 기울어졌다고 간주하였으며, 교육과정이 영국을 "어떤 신화적인 제국의 시대"로 재배치시키는 것으로 보인다고 언급했다.

허구적인 지난 영광으로의 복귀를 중심으로 동화, 민족주의, 합의를 배경으로 한 복고주의 지리국가교육과정은 학생들을 하나의 유럽 시장, 글로벌 경제 의존성, 불평등, 생태적 위기 등의 실체로부터 단절시킴으로써 결국 그들을 시공간에서 고립시키고 있다(Ball 1994: 36).

학교 시스템이 국민국가의 지리를 표현하는 방법은 그 국가와 다른 국가들의 관계에 관한 메시지를 전달한다. 로스(Ross, 2000)가 지적한 것처럼 사회 교과로서의 지리는 모두 '우리'와 '그들' 사이의 경계를 그리는 것에 관한 것이다. 유사하게 소위 지리국가교육과정위원회(Geography National Curriculum Working Group)의 최초 보고서를 논의하면서 홀(Hall, 1990)은 다음과 같이 질문하였다.

중요한 중국에 대해서는 학습을 해야 할 의무에 대해 어떤 요구도 없으면서, 캘리포니아는 왜 그렇게 중요하게 다루는 걸까? 포클랜드 제도의 이름을 명명하는 것은 세부사항 그 자체를 강조하는 것으로 지난 50년 동안에 걸친 힘든 캠페인을 통해 60년대 말에 폐지했던 암기식(Capes and Bays)을 재건하려는 하나의 사례로 간주될 수 있다. 달리 생각하면, 그것의 포섭은 우리의 제국주의 전통을 구체화하는 정치적 진술로서 간주될 수 있을지 모른다. 그것은 상징적으로 유럽공동체 내에서 우리의 경제적 미래와 일치하지 않는다. 코로넬 블림프(Colonel Blimp)[5]가 사실적 지식 그 자체만을 위한 교수요목

---

5) 역자 주: 코로넬 블림프(Colonel Blimp)는 세 번의 전쟁을 겪는 직업군인 '클라이브 캔디'의 일생을 담은 영화로 급격하게 변화하는 20세기 초 영국 사회에서 명예와 의리를 중요시하는 군인의 모습을 보여주는데, 독일 장교와 영국 장교의 전쟁을 초월한 우정은 신선한 감동을 주었다. 이 영화의 제목에 등장하는 '블림프 대령'은 이 영화에 나오지 않는다. '블림프'는 당시 인기 만화가의 캐릭터라고 하는데, 이 영화의 주인공인 캔디의 늙은 후 캐릭터와 비슷하여 제목을 그렇게 붙인 것 같다. 영화는 2차 세계대전 중 이제는 늙은 노병이 된 캔디가 혈기 넘치는 군인과 충돌하며 '자신의 삶'을 되돌아보는 플래시백 형식으로 전개된다.

(specification)을 통해서나 과거의 묘비들이 있는 특정 장소들에 대한 교수요목을 통해서 우리를 영원히 따라다녀야 할까?(p.314).

국가교육과정은 학교교육과정에 대한 중앙정부의 통제를 다시 주장한다는 것을 의미했다. 국가교육과정은 교사들을 위한 부가적인 교육이나 지원이 거의 없거나 전혀 없이 의무적으로 따라야 하는 것이며, 교육과정에 대한 매우 세분화된 규정을 가지고 있었다. 비록 국가교육과정을 도입하는 과정이 복잡하고 이론의 여지가 있었다고는 할지라도, 우리는 국가교육과정이 더 전통적인 지식기반 접근 또는 볼(Ball, 1994)이 '죽음의 교육과정(curriculum of the dead)'이라고 불러온 것을 지지하여 교수에 대한 '진보주의'를 좌절시키려는 시도로 간주되어야 한다는 것을 언급하고 싶다. 국가교육과정의 실행을 둘러싼 '비웃음의 담론(discourse of derision)'에서 교사들은 종종 표준을 지키는 데 실패한 것에 대해 비판을 받았으며 교육과정에 관해 더 이상 의사결정을 하지 못하고 중앙에서 계획된 '명령'을 따라야 하는 단순한 기술자로 전락하게 되었다. 국가교육과정은 교과지식에 관하여 특정한 해석을 점차 강조했으며, 무엇이 학교에서 가르쳐져야 하는지에 대해 중앙에서 명령과 시행을 규정하는 방향으로 나아갔다. 지리과가 국가교육과정 '텍스트'의 구속에 저항할 수 있고 그들이 선호하는 방법으로 교수를 계속할 수 있다는 로버츠(Roberts, 1994)의 주장에도 불구하고, 우리는 학교의 지리교사들이 자신의 '로컬' 교육과정을 명시하고 발달시키는 것이 점점 어렵게 되고 있다고 제안할 것이다. 롤링(Rawling, 2001)이 기술해온 것처럼 이것은 '명령'의 연속적인 개정에도 불구하고, 예를 들면 2000년 국가교육과정이 명령을 약간 개정하여 로컬적 해석이 가능하도록 하였음에도 불구하고 그러했다. 그것은 마치 교사들이 지리를 가르치는데 무엇을 어떻게 가르칠 것인가를 더 이상 결정할 능력이 없다고 믿는 것이었다. 만약 그렇다면 이것은 매우 불행한 일과 마찬가지다.

지리와 새로운 기회

1997년 신노동당 정부는 1998년 이후 발전해온 관리주도, 성과지향 문화를 지지했다. 이 정부는 국가교육과정, 평가기구, 신설학교 장학관, 학교로 재정 관리의 이양 등을 수용한다. 이 정부는 심지어 국가정부에 의한 교육시스템의 중앙통제를 증가시켜왔다. 이러한 경향은 수리력과 문해력을 통한 '기본적인 기능'에의 초점, 기초교과(foundation subjects)를 위한 국가의 Key Stage(KS) 3 전략의 실행에서 보인다. 비록 2003년에 정부가 '교과 전문성(subject specialism)'을 비롯해 교육과정에 대한 '로컬적 해결(local solution)'과 지리가 직면한 교수적 쟁점들을 위해 캠페인을 해온 영국지리교육학회와 같은 교과협회에 대해 칭찬하기 시작했지만, 아마도 지리교사들이 이러한 맥락에서 자신의 활동에 대해 훨씬 많은 통제를 받을 것이라는 일부 신호들이 있다.

반면에 지리교사들이 교육과정 개발에 관해 더 유연적으로 사고하고, 국가교육과정의 요구를 혁신적이고 창의적인 방식으로 해석하도록 격려 받고 있다는 신호들도 있다. 적어도 표면적으로는 교육과정과 관련한 최근의 발표들이 교과에 대한 일련의 대안적인 주장을 위한 공간을 더욱 더 제공하는 것 같다. 예를 들면 소위 "새로운 의제(new agenda)"는 지리학자들(지리교육학자들, 지리교사들)에게 시민성 교육과 지속가능성을 위한 교육에서의 역할을 제공한다. 적어도 이론적으로 시민성 교육은 국가와 정체성에 대한 중요한 질문들을 연결하는 지리학습을 위해 엄정한 구조들을 개발할 수 있는 기회를 제공한다(Lambert and Machon, 2001 참조).

2003년에 정부는 '인문학(humanities)' 전문학교의 출현을 발표했다. 그리하여 인문학 교과 중 하나로서 명명된 지리(역사와 국어와 함께) 전문학교가 가능하게 되었다. 그것은 얼마나 많은 학교들이 지리를 전문적으로 배우기 위해 선택할지는 두고 봐야겠지만, 우리는 지리의 수석교사들이 지리가 인문학의 하나로 지정되는 것에 관해 너무 부끄러워해서는 안 된다고 믿고 있다. 인문학을 횡단할 뿐만 아니라 아마도 지속가능성이라는 통합의 기치 아래에 과학과 예술을 횡단하는 창의적이고 흥미 있는 온갖 종류의 교육과정 연계를 추구하고 발달시킬 수 있는 지리 전문학교를 막을 것은 아무것도 없다.

지리란 무엇인가에 관한 논쟁들은 아마 영원히 계속될 것이다. 그러나 교과의 장벽을 넘어 볼 수 있는 새로운 기회들 때문에 몇 년 내에 새로운 에너지로 충만할 것이다. 단순히 '우리'의 교육과정 세력권을 방어하기 위한 유혹에서 벗어나자! 우리는 많은 동료들과 함께 지리 교과란 다음과 같은 것이라는 데 동의할 수 있어 기쁘다.

- 지리 교과는 자연적 세계와 인문적 환경 모두와 관계가 있다.
- 지리 교과는 장소, 공간, 상호작용에 관한 것이다.
- 지리 교과는 학생들의 마음속에서 발달하고 있는 지리를 포함하여 사람들이 습득하는 지리에 매우 관심이 있다.

이것은 교육과정의 적실성을 협상할 수 있는 강력한 기초가 된다. 또는 만약 당신이 캐치프레이즈를 좋아한다면, 지리는 무엇이 어디에 있고, 왜 그곳에 있으며, 왜 배려인가?(what is where, why there and why care?)이다(Gritzner, 2002).

결론

우리의 설명은 지리교사들이 다룰 수 있는 다양한 전문적 이데올로기를 강조하는 데 있다. 심지어 이 장을 대강 훑어보더라도 학교지리가 대학에서 연구하고 배우는 지리학의 궤적을 매우 추종해왔다는 것을 알 수 있을 것이다. 알리슨 리(Alison Lee, 1996: 31)는 "학교지리는 비록 특정한 영역에서는 다양성과 경쟁뿐만 아니라 중요한 로컬적인 다양성도 있지만, 전체적으로는 매우 보수적인 구조틀 내에서 존속해왔다"라고 진술한다. 2장에서 우리는 지리가 어떻게 경제적 · 정치적 · 사회적 · 문화적 · 환경적 변화에 반응해왔고, 지리지식의 구성에 관한 중요한 질문들에 직면해왔는지를 보여준다. 반면에 이러한 논쟁들이 학교지리에 중요하게 영향을 미치지는 못했다. 따라서 초임 및 현직 지리교사들을 위해 쓰인 가장 최근의 출판물들은 가르치는 방법(how to teach)에 관한 책들이며, 무엇을 가르칠 것인가(what to teach) 또는 왜 가르칠 것인가(why teach)에 대한 질문을 다루지 않는다. 그 결과 대학과 학교에서 가르치고 배우는 지리 사이의 간극이 지금까지 보다 더 넓어진다. 이 책 1부의 마지막 장은 이러한 '간극'을 더욱 상세하게 논의할 것이다. 그레고리와 월포드(Gregory and Walford)는 그들의 책 『인문지리학의 지평』(*Horizons in Human Geography*)(1989)의 서문에 다음과 같이 쓰고 있다.

> 물론 고등교육의 통찰이 중등학교의 중등 1학년(the first form) 교육과정에 직접적으로 반영되지는 않는다. 그것들에 대해 전체적으로 적절한 재평가가 이루어지며, 그것들은 역시 다른 다수의 영향들과의 접촉을 통해 변형되게 된다. 그러나 어떤 학교 교과도 그러한 활기차고 유기적인 연계가 없다면 빈곤하게 된다. 만약 학교지리가 제한된 목표를 가지고, 협소한 도구적 학습을 추구하고, 최근 연구의 자극 및 잠재력과 소통하지 못한다면, 결국 지적인 힘과 학생들을 흥미롭게 할 역량을 잃어버리게 될 것이다(p.6).

이것이 이미 일어나고 있다는 신호들이 있을지도 모른다. 공식적인 시험에서 지리를 공부하려고 선택하는 학생들의 수는 감소하고 있다. 이러한 진술이 제시하는 것은 교사들이 학교에서 무엇을 가르쳐야 하는지에 대한 논쟁에서 적극적인 참여자가 되는 것이 교사의 적절한 역할이라는 것이다. 그리고 지리공동체로서 우리의 역할은 지식과 우리가 가르치는 학생들 사이의 관계에 대해 끊임없이 민감하게 되는 것이다. 이 책 1부의 마지막 장에서 우리는 이러한 질문들이 왜 제기될 필요가 있으며, 현대 지리학의 접근들이 어떻게 교육과정 논쟁들과 긴밀히 들어맞는지를 지적할 것이다.

더 생각할 거리

01. 당신은 선도교과로 지리를 부여한 인문학 전문학교로 지원하기로 결정한 어떤 학교에 근무하고 있다고 상상하라. 교장이 지리과 구성원들에게 "지리가 선도교과가 되면 이 학교는 어떤 뚜렷한 특성을 획득할 수 있을까? 방문객이 학교를 순회할 때 지리가 선도적인 전문교과라는 것을 어떻게 알 수 있을까?"라고 질문한다.

02. 당신은 당신이 근무하는 학교의 학부모 방문회에 있다. 호기심이 많은 학부모가 당신에게 다가와서 "지리는 많이 변화해온 것 같습니다. 내 아들이 세계지도에 관해서 많이 알지 못하는 것 같아 놀랐습니다! 정확하게 오늘날 지리지식으로 간주되는 것은 무엇입니까? 그리고 지리적 사고 방법은 무엇입니까?"라고 질문한다. 당신의 대답은 무엇인가?

03. 당신은 학교 교과와 지리학 사이의 관계의 본질을 어떻게 설명할 것인가?

4장 ■■■ 지리, 지식, 교육

지리지식이 중립적이라는 가정은 최선의 경우에는 현혹적인 허구이고, 최악의 경우에는 완전한 사기라는 것이 증명되어왔다. 지리지식은 항상 강력한 이데올로기적 내용을 내면화해왔다. 지리지식의 과학적(그리고 대개 실증주의) 형태에서 자연적 현상과 사회적 현상은 자본과 국가라는 우세한 영향력에 의해 조작, 관리, 착취의 대상이 되는 실재로서 객관적으로 재현된다(Harvey, 2001: 231).

도입

3장에서 우리는 지리교육의 목적이 고정되어 있지 않다고 논의했다. 지리교육의 목적은 계속되는 논쟁과 개정의 주제가 된다. 지리교사들에게 지리교육의 목적에 대한 질문은 교무실이나 석사과정 세미나를 위해 비축해놓은 비밀의 질문 같은 것이 아니라, "요점이 무엇이에요?"라고 호기심이 있는 학생들에 의해 너무나도 긴급하게 자주 제기되는 질문이다.

이 장에서 우리는 지리교육의 목적에 대한 질문을 탐구할 것이다. 우리는 모든 지리교육이 학생들에게 적절해야 한다고 하는 입장에서 시작한다. 이런 의미에서 지리교육은 지리지식의 적용이라고 할 수 있다. 그러나 적실성에 대한 질문은 그렇게 간단하지가 않다. 지리교육은 젊은이들이 직업의 세계를 준비하는 데 적절해야 하는가? 적실성은 개인들과 관련이 있는가 아니면 사회적 목적과 관련이 있는가? 물론 이런 질문에 대한 최종적이고 명확한 대답은 없다. 왜냐하면 그것들은 지리교육(그리고 사실 모든 교육)의 실천에 있어서 가치의 위치를 비롯하여 3장에서 제시한 교육과정 정치학에 대한 질문들과 관련되기 때문이다. 그러나 우리는 다른 유형의 지리지식이 다른 교육목적을 제공한다는 사례를 제시하고자 한다. 이것은 이 장 시작 부분의 인용문에서 하비가 제시한 입장이다. 만약 하비의 어조가 부정적으로 들린다면, 그는 계속해서 "지리지식이 역사적 진실성과 함께 물적 조건과 사회적 관계를 표현한다고 주장할지라도, 지리지식은 더 예술적이고, 인간주의적이며, 심미적인 실현을 통해서 개인적이고 집합적인 희망과 두려움을 기획하고 명료하게 표명한다"고 말한다(Harvey, 2001: 231).

따라서 인간주의적 지리지식은 우리에게 휴머니티를 깨닫게 도와줄 수 있다. 즉, 타자와 우리 자신들, 그리고 세계와 우리의 관계에 대한 더 깊이 있는 이해를 할 수 있도록 도와줄 수 있다. 유사하게 또한 비판적 지리지식의 형식은 "대안적 지리의 유토피안 버전과 실천적 계획을 표현하기 위한 수단이 될" 수 있다(Harvey, 2001: 233).

이러한 의견들은 이 장에서 논의하고자 하는 장면을 설정한다. 계속해서 우리는 먼저 상이한 교육목적을 내포하고 있는 상이한 지리지식의 목적을 고찰하고, 그것들이 학교지리에서 어떻게 반영되어왔는지를 밝힐 것이다. 이것들은 다음의 것들을 촉진하는 지리지식이다.

① 세계를 예측하고 조작할 수 있는 능력
② 세계에 대한 상호 인식과 이해
③ 세계를 구성하는 영향력에 대한 비판적인 이해

그리고 나서 우리는 이러한 이해의 방식들을 '방해'하려고 위협하는 지리지식의 형식을 계속해서 고찰할 것이다. 이러한 다양한 지식들은 다양한 '포스트(posts)'와 연계된 것으로써 포스트모더니즘(postmodernism), 포스트식민주의(postcolonialism), 포스트구조주의(poststructuralism) 등이 있다. 편의상 우리는 '포스트모더니즘'이라는 표제 아래에서 논의한다. 우리는 지리교육을 위해 이러한 발전이 제시할 수 있는 함의에 대해 토론할 것이다. 이러한 논쟁이 대개 지리학의 인문지리학 분야에서 진전되어온 사례로서 그것에 영향을 끼친 것처럼, 독자들은 이 장이 대개 이러한 논쟁에 초점을 두고 있다는 것을 알게 될 것이다. 그러나 우리는 또한 자연지리학이 이러한 발전을 반영할 수 있는 방법에 대해서도 논의할 것이다.

시작하기 전에 이 장이 지리교사들에게 이러한 쟁점에 입문할 수 있도록 하는 데 초점을 두고 있다는 것을 언급하고 싶다. 우리는 독자들이 지리지식의 구성과 교육을 위한 지리지식의 함의를 둘러싼 중요한 몇몇 쟁점에 대한 의식을 가지고 이 장을 끝내기를 희망한다.

인문지리학 – 예측, 이해, 해방, 또는 무엇?

론 존스톤(Ron Johnston)의 『인문지리학에 관해』(*On Human Geography*) (1986)라는 책에는 "응용되고 응용할 수 있는(Applied and Applicable)"이라는 제목이 붙은 장을 포함하고 있다. 그는 이 장에서 '과학'에 대한 3가지의 상이한 접근법에 근거하여 응용된 지리의 3가지 유형을 논의하고 있다.

- 실증주의(positivist)
- 인간주의(humanistic)
- 실재론(realist)

비록 독자들이 존스톤(Johnston)의 분석을 약간 진부한 것으로 간주할지 모르지만, 우리는 그의 분석을 사용하기로 한다. 왜냐하면 그것은 지리교육의 목적을 명확히 이해하도록 하는 유용한 탐구적 장치를 제공하기 때문이다. 그리고 존스톤의 연구는 지리교육학자들에게 상대적으로 익숙하며, 그래서 그것은 우리의 토론을 위한 유용한 출발점으로서 역할을 한다. 이 장의 첫 부분에서 우리는 학교에서 교수를 떠받치고 있는 지리학의 유형을 분석하기 위해서 이 구조들을 사용한다.

존스톤에 의해 구체화된 응용된 과학의 첫 번째 유형은 경험주의와 실증주의 과학이다. 경험주의 과학은 경험의 세계에서 작동하고 중립성을 가정하며, 즉 관찰자 외부에 존재하는 데이터의 수집을 포함한다. 실증주의 과학은 획득된 데이터를 사용하고 그것을 일반적인 법칙들로 조직화한다. 이 접근의 목적은 설명(explanation)이다. 이 지식의 유형은 기술적 통제(technical control)의 이데올로기와 연결된다. 법칙들이 사건을 예측하는 데 사용될 수 있다. 존스톤은 이런 지식의 적용을 '본질적으로 보수적인' 것으로 간주한다. 왜냐하면 이는 기존의 사회조직을 주어진 그대로 받아들이기 때문이다.

학교에서 가르쳐지는 대부분의 지리는 1970년대 학교지리에서 일어났던 변화의 유산을 반영하고 있다. 실증주의의 과학적 접근은 여전히 강력하게 존재한다. 모델[버제스(Burgess)와 호이트(Hoyt) 같은], 공간이론[베버(Weber)와 크리스탈러(Christaller) 같은], 계량화(최근 린지수와 중력모형과 같은)는 일반적으로 가르쳐지고 있다. 학교에서 가르쳐지는 인문지리는 사람들의 행위에 대한 일반적인 법칙을 확인하려 한다(〈글상자 4.1〉 참조). 학생들은 종종 가설을 검증하고, 현지 설문조사를 통해 양적 데이터를 생산하며, 일반화를 도출한다. 학교지리에서 실증주의 위치는 세계에 대한 실증주의의 가정과 실증주의가 어떻게 이해될 수 있는지를 공유하고 있는 교과서들을 폭넓게 사용함으로써 강화된다. 행동주의 지리학 또는 복지지리학으로부터 새로운 주제들이 도입되어오고 있지만, 이것들은 일반적으로 과학적인 방법론을 사용하여 연구된다.

⊠ 글상자 4.1 ⊠

지리교수에 있어서 자연과학의 유산에 대한 사례

공간과학으로서 인식하기 위해서 지리학은 예외주의(exceptionalism)를 버리는 것이 필요했다. 즉, 일반화를 추구하고 과학적 법칙을 만들기 위해 규범적이게 되었다. 이것을 위해서 공간 분석을 위한 경험주의적 근거보다는 이론적 근거를 확립하는 것이 필요했다.

A. 자연과학은 이론적 모델에 기초를 제공했다. 이것의 훌륭한 사례는 중력모델인데 그것은 국내의 이동을 '설명'하는 데 사용되었다. 지프(Zipf, 1949)는 사람들의 이동 패턴은 그들이 떠맡아야 하는 일의 양을 최소화하기 위한 최소

노력의 원리에 의해서 조직된다고 설명한다. 이 원리는 두 장소 간의 거리가 멀리 떨어질수록 장소 간의 상호작용의 양은 줄어든다고 제안한다. 자연과학에서부터 파생된 지리학적 모델의 두 번째 사례는 알프레드 베버(Alfred Weber, 1909/1929)의 산업입지이론이다. 그것은 원료와 노동력에 의존한 산업의 최소비용입지(the least cost location)를 결정하기 위해 육각형 구조의 원리를 이용했다.

B. 생물과학은 도시들의 주거구조 내에서 공간적 차이를 설명하는 모델을 위한 기초를 제공했다. 시카고대학의 사회학자들은 생물학적 개념을 사용하는 도시주거구조이론을 발달시켰다. 그들은 이웃들을 '자연적인 지역'으로 간주했다. 이웃하고 있는 특정한 사람들의 사회적 혼합이 탁월한 것은 다른 사회집단들과의 거주 공간을 위한 경쟁, 즉 생존을 위한 투쟁의 결과였다. 이웃들은 고정되어 있지 않다. 자연적이고, 인구학적인 변화가 지역의 성격을 변화시키는 것과 같이, 식물군락처럼 그들은 침입과 천이를 받기 쉽다. 이후에 버제스(Burgess, 1925)는 시카고의 '자연적인 지역'에 대한 연구에 기초하여 생태학적인 도시구조 모델을 발전시켰다. 그는 도시들이 동심원 지대에 의해서 조직된다고 제안했다. 생태학적 접근법에 대한 반론은 인간의 거주지 분화에 대한 복잡한 패턴을 설명하기 위해서 사용한 단순한 식물생태학과의 비교에 근거하여 이루어졌다. 이 모델들은 비경제적인 권력에 대한 고려가 부족하였고, 대기업과 주요 토지소유자들의 정치적 권력과 계획가들의 역할을 무시했다. 그러나 이웃에 대한 아이디어는 영향력 있는 개념으로 남아 있다. 여기서 요점은 다른 학문들로부터 공간적 관점을 빌려오는 데 있어서 인문지리학자들은 종종 그들의 결정에 있어서 매우 선택적이었다는 것이다.

C. 인문지리학자들이 자연과학에서의 설명을 끌어온 방법들 중에서 마지막 사례는 진화론적 모델을 채택한 것이라고 할 수 있다. 하나의 예는 사회적·경제적 변화과정을 설명하기 위해 연속적인 진화론적 단계를 제시한 로스토우(Rostow)의 근대화 이론이다. 모든 국가는 동일한 발달 경로를 따라간다고 가정한다. 최종 목적지는 완전고용, 높은 기술 수준과 임금 등에 의해 특징지

어지는 서비스 경제인 선진 자본주의의 실현이다. 미국과 영국은 이러한 최종 목적지의 사례로서 제공되었다. 로스토우에게 근대화는 산업화와 도시화에 기초를 둔 물질적 진보에 대한 '서구식'의 아이디어에 기초를 두었다. 저개발은 '역류'라고 분류되는 '전통적인' 문화적 가치와 실천에 의해서 특징지어진다. 비록 로스토우의 아이디어가 점점 문화적으로 부여된 것으로 인식되고는 있지만, 이러한 유형의 사고가 학교에서 개발(development)에 대해 가르치는 데 있어서 아직도 많은 기초를 떠받치고 있다고 할 수 있다. 가장 중요한 점은 진화론적 모델이 학생들에게 사회가 한 방향으로 움직이고 있다고 제시하고 있다는 것이다. 진화론적 접근에 의존하여 일반적으로 사용되는 또 하나의 모델은 '인구변천'이론이다. 이는 현대의 인구증가를 사망률의 급격한 감소로 인한 결과로 설명한다. 이 모델은 개발과 출생률 사이의 관계에 대해 자민족중심주의의 가정에 의존한다.

자연과학에서 파생된 모델에 근거한 이 접근은 오늘날 학교에서 가르쳐지는 인문지리의 대부분을 계속해서 떠받쳐오고 있다. 종종 저학년에서 이루어지는 교수는 고등 수준에서 가르쳐지는 모델을 보다 단순화한 버전에 근거하고 있다. 우리는 다음과 같이 질문을 던진다.

- 자연과학, 생태학적 개념, 진화론적 이론의 관점에서 인문지리를 이해하는 결과는 무엇인가?
- 이것들은 학생들로 하여금 세계를 이해하도록 도와주는 데 적절한가?

1980년대 중반부터 가치와 태도는 지리를 위한 국가적 준거의 일부분이 되었다. 이론적인 측면에서 이것은 인간주의적 접근법의 발달을 더 장려하였다. 실천적인 측면에서 상이한 관점들은 상이한 의미를 탐구하기 위해 사용되기보다는 종종 분석되어야 할 과학적 증거의 일부로서 간주된다. 대부분 학교지리 교과서들은 모든 종류의 데이터를 세계에 대한 상이한 지각을 가진 사람들이 구성하고 선택한 어떤 것으로 제공하기보다는 학생들이 받아들여야 할 객관적 증거로서 제공한다. 많은 수업 활동들은 교과서의 정보를 재생산할 것을 요구하며, 의미에 대한 해석보다는 분석과 일반화를 요구한다. 따라서 우리는 학교지리가 실증주의 접근법에 의해 지배되고 있다고 진술하는 것이 적절하다고 생각한다[이 문단은 힐레이와 로버츠(Healey and Roberts, 1996)에 많은 것을 의존하고 있다].

존스톤의 과학의 두 번째 유형은 인간주의다. 인간주의 과학은 사건에 대한 이해, 경험의 세계를 만들어내는 행위의 배후에 있는 사고를 목적으로 한다. 인간주의는 무엇이 현재를 만들었는가를 이해하려고 한다. 그러한 이해의 목적은 자기인식(self awareness)과 상호이해(mutual understandings)다. 이것은 보통 지리교육의 목표로서 진술된다. 그것은 다른 문화와 다른 삶의 방식에 대한 존중과 관용을 기르는 것이다. 이것은 종종 감정이입(empathy)과 '장소감(sense of place)'을 발달시킨다는 관점에서 표현된다. 게다가 젊은이들은 세계에서 자신과 자신의 장소에 대해 이해하고, 그들의 환경적 이해를 발달시키는 데 도움을 받을 것이다. 상호이해로서의 지리학에 대한 아이디어는 국가교육과정의 '지리의 중요성(importance of geography)'에 대한 진술에서 발견된다.

학생들은 지리를 공부할 때, 다른 사회와 문화를 접하게 된다. 이것은 학생들에게 국가들이 어떻게 상호 간에 의존하고 있는지를 깨닫게 도와준다. 그것은 학생들에게 세계에서 그들 자신의 장소, 그들의 가치, 다른 사람과 환경에 대한 그들의 권리와 책임성에 관해 생각하도록 할 수 있다 (DfEE/QCA, 1999: 14).

프랜시스 슬레이터(Frances Slater, 1982: 1)는 '과학으로서의 지리(geography as science)'와 '개인적 반응으로서의 지리(geography as personal response)'를 구분하면서, 이 둘은 "지리에 기반한 활동을 통해서 학생들의 이해를 발달시키는 데 역할을 한다"고 주장했다. 개인적 반응으로서의 지리는 "인지적으로 구성되든지 감성적으로 구성되든지 간에, 그렇지만 더욱 중요하게 감성적으로 구성된 일상생활에 대한 우리의 경험과 해석에 주목"하게 한다(p.1).

맥켄(McEwen, 1986)은 '현상학에 기초한 학교지리'가 무엇을 함의하는지를 제시하고 있다. 그것은 인간을 표준적인 진리를 암묵적으로 받아들이는 수동적인 행위자들로 간주하는 모든 입장에 대해 거부한다. 맥켄은 인간주의 지리학을 인간의 태도를 개선하기 위한 하나의 수단으로서 간주하였다. 그러므로 그것은 사회적 관심을 가지는 쟁점들을 다루어야만 한다. 교수를 통해 지리는 사회적 문제를 '끌어들여야' 할 뿐 아니라 '사회적 문제에 대한 의식적 참여'를 목적으로 해야 한다. 맥켄에게 핵심단어는 '의식적'이라는 '단어'다. 왜냐하면 현상학적 관점은 사회적 쟁점과 관련하여 이방인적인 관심의 시스템을 부과하는 것보다 개인의 의식화(consciousness)를 지향한다.

출발점은 학생들에 의해 당연시 여겨지는 인간과 환경과의 관계에 대한 그러한 분야들이어야 한다. 이것들은 로컬 환경에 대한 그들의 지각, 환경에 대한 그들의 심미적이고 기능적인 이해를 포함할지 모른다. 중요한 주제는 의도성(intentionality)이다. '의도적인 지리'를 배우고 있는 '의도적인 학생들'은 사회적 문제와 쟁점을 다음과 같이 정의할 것이다.

후기 산업 대도시의 아노미 현상을 완화시키고 "공공건물의 보호, 이웃의 보호, 도로와 공공 토목공사로 인한 파괴에 반대, 오픈스페이스의 소중함의 촉구 등"을 통해 토지에 대한 의미를 회복시킬 필요성이 지리 교수요목의 일부분이 되어야 한다(p.163).

맥켄은 "사실과 가치는 분리할 수 없으며, 이런 문제들과 관련한 인식의 수준을 높이는 것을 목표로 하면서 교사와 학생 사이의 간주관적인 대화에 초점을 두는" 지리적 패러다임에서 이러한 것들이 모두 다루어져야 한다고 강조한다(p.163).

맥켄은 교육과정과 교수적 접근법 사이에 강한 관계가 있다는 것을 확신한다. 현상학적 태도는 세계에 대한 학생들의 관점과 경험을 중심적인 것으로 간주하기 때문에 지리교사들은 세계에 대한 그러한 관점과 일치하는 방법으로 가르칠 필요가 있다. 맥켄은 교수학적 변환(didactic transmission)의 방법들은 이러한 접근에서 부적절할지 모르며, 학생들의 의도성(intentionality)과 간주관성(intersubjectivity)은 모둠 활동과 토론을 통해 발달될 필요가 있다고 지적했다. 멕켄의 지리교수에 대한 현상학적 접근은 '널리 보급되어 있는 실증주의 패러다임'에 도전할 수 있는 비전을 제공한다. 비록 로버츠(2003)가 개인지리(personal geographies)에 대한 초점이 다양한 측면에서 지리적 탐구의 몇몇 버전에 내포되어 있다고 언급하지만, 인간주의 지리학은 학교지리에서 흔히 발견되지는 않는다. 왜냐하면 특히 그것은 추측컨대 교육과정에 대한 상당한 책임감을 학생들에게 양도하는 것을 포함하고 있기 때문이다.

존스톤의 과학에 대한 마지막 유형은 실재론이다. 실재론적 과학은 사람들에게 세계를 구축하는 메커니즘과 기저에 놓여 있는 영향력에 대한 이해를 제공하는 것과 관련이 있다. 목적은 비판적 인식이며, 그 결과는 사람들의 삶을 억제하는 메커니즘을 확인하고 그러한 메커니즘을 제거하거나 대체하도록 함으로써 사람들로 하여금 잘못된 이데올로기로부터 자유롭게 하는 해방(emancipation)이다. 간단히 말하면, 목적은 사회적 변화(social change)다.

지리적 쟁점에 대한 실재론적 이해가 어떻게 학교에서 발전될 수 있는가에 대한 하나의 사례가 여기에 제공된다. 그것은 정치지리학자인 피터 테일러(Peter Taylor)에 의해 발전된 정치적 스케일 모델을 끌어온다. 테일러는 경험(experience), 이데올로기(ideology), 실재(reality)라는 3개의 지리적 스케일을 제시한다. 경험의 스케일은 우리가 일상적인 삶을 영위하고 있는 스케일이다. 그것은 고용, 주거, 기초 농산물의 소비 등을 포함하여 우리의 모든 기본적인 욕구를 포함한다. 이러한 일상적인 활동들은 국지적으로만 유지되는 것은 아니다. 우리는 경험의 스케일이 훨씬 더 넓은 행동의 반경인 '실재'라는 글로벌 스케일과 연결되어 있다는 것을 의미하는 세계 체제 속에 살고 있다. 테일러는 "현재의 세계경제에서 우리 삶을 구축하고 있는 중대한 사건들은 글로벌 차원에서 일어난다"(1985: 29)고 단언한다. 글로벌 차원은 세계 시장이 우리의 로컬 공동체에 영향을 미치는 가치를 규정하는 '축적의 스케일(the scale of accumulation)'이기 때문이다. 그러나 글로벌과 로컬 사이의 연계는 직접적이지 않다. 왜냐하면 그것들은 이러한 글로벌 프로세스의 정확한 결과에 영향을 줄 수 있는 이데올로기의 스케일(the scale of ideology)인 국민국가를 통해 중재되기 때문이다. 테일러는 글로벌 차원에서 작동하는 축적의 스케일이 전체적인 체제 속에서의 동력을 나타낸다고 명확히 한다. 이것은 '실재'의 스케일이며, 어떤 사건을 이해하는 것은 그러한 차원에서 작동하는 프로세스에 대한 이해를 요구한다. 그러나 테일러는 실재의 본질, 즉 세계를 형성하는 영향력이 불명료한 결과로 인해 사건들은 매우 자주 경험과 이데올로기의 차원을 통해 해석된다고 제시한다.

이런 아이디어에 대한 구체적인 사례는 신문[가디언(*Guardian*), 1998]에 게재된 기사로서, 위틀리 베이(Whitley Bay)에서 바텐더였던 그의 직업을 잃은 그라함 존스(Graham Jones)의 이야기다. 이 이야기는 경험의 스케일과 관련되어 있다. 그라함 존스는 2명의 바텐더를 고용할 만한 일이 없었기 때문에 선술집에서 실직을 당했다. 기사가 실렸을 때 그라함과 같은 노동자들에게는 사정이 냉혹하게 보였다. 이 선술집은 1997년 7월 노스 타인사이드(North Tyneside)에 있는 지멘스(Siemens) 반도체회사가 폐쇄되어 일자리가 줄어들었다. 이 공장은 1,100명을 고용했는데 이 지역에서 중요한 고용주였다. 이 기사는 그라함 존스(Graham Jones)의 사건을 이해하는 데는 세계경제에서 일어나고 있는 사건에 대한 지식을 요구한다는 것을 암시한다. 1997년 몇 개의 부동산회사들이 태국에서 폭락했다. 즉, 부동산 가격과 주식 가격이 떨어지기 시작했다. 태국의 바트(Baht)화는 평가절하되었다. 태국의 수출품은 값싸게 되었고, 다른 동남아시아 국가들은 경쟁력을 유지하기 위해 그들의 통화를 급격하게 떨어뜨렸다. 그 결과 대출금을 갚기 위해 외국 통화가 필요했던 한국의 기업들은 마이크로 칩을 미화 10달러에서 미화 1달러 50센트로 가격을 하락하여 덤핑하기 시작했다. 그 결과는 지멘스에게도 손실이었으며, 그들의 노스 타인사이드에 있는 공장을 폐쇄하는 결정에 이르게 했다. 따라서 이것은 그라함 존스가 왜 바텐더 직업을 잃게 되었는지를 설명하는 것으로 테일러가 실재의 스케일이라 부른 것과 관련한 사건이었다.

　이와 같은 사례들은 지리수업에서 어떤 장소에서의 고용변화에 대한 로컬적 경험을 조사하는 수단으로서 사용될 수 있다. 그러고 나서 국가적인 맥락이 지역 정책을 위한 구조틀을 조사함으로써 검토될 수 있다. 만약 적절하다면 지역들은 내부로 투자를 끌어들이기 위해 경쟁적일 필요가 있으며, 개인들은 '유연적'이게 되고, 훈련을 하고 그들의 노동을 판매함으로써, 그러한 사건들로부터 자신을 안전하게 지켜내야 한다는 정부의 주장과 같은 약간은 불투명한 양상도 검토될 수 있다. 마지막으로, 지멘스와 같은 거대 다국적기업이 내부 투자를 위한 장소를 찾아내고, 수익을 유지하기 위해 공간을 횡단하여 유연하게 작동하는 글로벌 경제체제의 실재에 대한 이해로 이끌 수 있다. 이러한 사례는 비판지리학이 무엇을 포함할 수 있는지를 제안한다. 이것은 학교에서 가르쳐지는 것이 세계를 구성하는 심층적인 영향력 또는 구조를 드러내는 데 (이론적으로) 기여할 수 있다는 것을 제안한다.

　요약을 위해, 이러한 토론이 학교지리와 어떻게 관련이 있을까? 존스톤은 학교지리는 경험주의/실증주의 접근법에 의해 지배되어왔고, "경험적인 문제의 해결에서 훈련이라는 개념과 연결되어"왔다고 제시한다(Johnston, 1986: 155).

　그는 다음과 같이 계속해서 논의한다.

　오늘날 학교교육에서 지리는 균형 잡혀 있지 않다. 즉, 고등교육에서처럼 학교지리는 문제해결을 위한 훈련을 강조하고, 많은 좋은 의도에도 불구하고 이해를 회피하는 다분히 경험주의적이다. 인문지리학 내에서 학교지리는 상호이해와 사회의 구성에서 장소의 중요한 역할을 소극적으로 다룬다. 보다 중요한 것은 학교지리가 자연적 환경의 변화 외에 무엇이 사회를 만드는지를 탐구하는 데 실패한다. 사회를 이해하려고 하지 않고, 그러나 그것을 단지 정교하게 묘사함으로써, 학교지리는 사람들을 교육하는 것에 실패하고, 그들로 하여금 그들의 삶을 지배하는 것이 무엇인지를 알도록 하는 데 실패한다. 학교지리는 그러한 생산양식의 지배 아이디어들을 촉진하는 자본주의 이데올로기의 일부분이다(p.157).

이러한 논평이 다소 얼마 전에 쓰였지만, 우리는 이것이 지리가 학교에서 어떻게 가르쳐지고 있는가에 대한 아직까지도 유효한 반성이라고 생각한다. 존스톤의 분석은 지리교사들에게 그들의 교수를 형성하는 가치와 관심에 대해 생각하도록 도와주는 데 유용하다. 존스톤의 분석은 학교에서 가르쳐지는 지리의 대부분은 학생들에게 세계에 대해 부분적이고 비실제적인 관점을 제공하는 데 기여하며, 학생들로 하여금 세계를 이해하도록 도와줄 수 있는 더 깊은 수준의 이해를 발달시키는 것을 방해한다고 제안한다.

포스트모던적 전환과 지리학

우리는 여기서 무엇을 하고 있는지에 대해서 명확하게 하기를 원한다. 우리는 2차 세계대전 이후의 인문지리학의 궤적을 기술해왔다. 지리학은 사회과학에 늦게 합류하였고, 그들의 주장을 뒷받침하기 위해 지리학자들은 공간행동 모델에 초점을 둔 공간과학의 특정한 버전을 강조하기 위해서 모든 노력을 다했다(Johnston, 2003). 3장에서 우리가 기술한 것처럼 학교의 지리학자들(지리교육학자들, 지리교사들)은 공간과학으로서의 지리학의 출현을 환영했다. 그리고 그것은 지리교육과정과 학습방법에 영향을 미치고 있다. 다른 지리학자들은 '신지리학'의 사망을 선고했고, 인간주의와 마르크스주의 분석에 뿌리를 둔 다른 접근법으로 눈을 돌렸다. 지금까지 이 장에서 우리는 이러한 논쟁들을 명확히 하고, 지리교육에 대한 그것들의 적실성을 논의하려고 노력해왔다. 이 절에서 우리는 인문지리학에서 계속해서 발달되고 있는 것에 대한 이야기를 하려고 한다.

반즈와 던컨(Barnes and Duncan, 1992)은 전후 인문지리학 발달에 대한 이야기와 관련된 존스톤(Johnston)의 책 『지리학과 지리학자』(*Geography and Geographers*)(1997)는 "3가지의 모더니즘에 대한 이야기"라는 부제를 붙일 수 있었을 것이라고 주장한다. 이러한 부제가 의미하는 것은 전후 인문지리학이 명백하게 차이를 지니고 있음에도 불구하고 실증주의, 인간주의, 실재론(구조주의)은 세계에 대한 기저 '진리' 또는 '질서'가 있으며, 그것은 폭로될 수 있다는 신념을 공유하고 있다는 것이다. 그것들이 차이가 있다면 '진리'가 어떻게 획득될 수 있는가에 각각의 관점에 있다. 반즈와 던컨은 '포스트모더니즘'이라고 명명되어온 관점에서 글을 쓰고 있다. 이것은 정의 내리기에 너무도 어려운 개념이며, 현재 포스트모더니즘이 중요하다고 논의하는 것은 유행에 매우 적절한 것이다. 그러나 '포스트모던적 도전'을 맞이한 최초의 지리학자 중 한 사람인 마이클 디어(Michael Dear, 1988; 2000)는 포스트모더니즘이 상당한 영향을 끼쳐왔다고 설득력 있게 주장했다. 이 장의 나머지 부분에서 우리는 이러한 아이디어들이 지리학 연구에 영향을 끼쳐온 방법에 관심을 가진다. 왜냐하면 그것들의 영향은 학교지리 그 자체에 더욱 더 충분하게 확장시킬 필요가 있을지도 모르기 때문이다. 디어는 포스트모더니즘의 관심과 흥미를 반영하여 지리학 내에서의 7개의 토픽적인 주제를 구체화하고 있다.

① 문화적 경관과 장소 만들기
② 경제적 경관과 경제의 문화
③ 특히 공간과 언어의 문제와 관련하여 철학적 · 이론적 논쟁
④ 지리, 예술과 영화, 지리적 글쓰기에서 재현의 문제
⑤ 페미니즘 지리학, 오리엔탈리즘, 포스트식민주의
⑥ 몸과 섹슈얼리티를 포함하여, 개인의 구성과 자아의 경계
⑦ 자연과 환경적인 문제에 대한 재언명

이것은 결코 완벽한 목록이 아니다. 그리고 다른 주제들 사이에 상당히 일치하는 부분도 있다. 그러나 이것은 현대 지리학적 관심을 설명하는 데 기여한다. 포스트모던 논쟁의 중심에는 페미니스트 학문의 발달이 있다. 페미니스트 지리학자들은 지리학이 남성을 우월시하는 학문이며, 지리학의 연구대상은 진부하게 남성들의 삶과 매우 관련 있는 토픽에 집중하고 있다

고 주장한다. 그 결과 여성들은 대개 지리학적 연구의 주체로서 결여되어 있다. 따라서 페미니스트 지리학자들은 여성들과 직접적으로 관련되는 일련의 쟁점들, 즉 가사일의 패턴, 육아의 준비, 이동과 접근 등에 관한 연구를 수행했다. 그리고 여성들의 삶을 소매업과 도시 형태와 같은 더 진부한 지리학적 주제의 중심에 두었다. 페미니스트 지리학의 두 번째 '단계'는 여성들의 삶에 대한 연구로부터 관찰된 차이와 불평등에 대한 이유를 설명하기 시작하는 것으로 옮겨갈 필요성과 관련된다. 이러한 설명은 여성들의 삶만을 관찰함으로써 드러날 수 있는 것이 아니라, 그들의 삶을 보다 넓은 젠더 차이의 패턴 내에 위치시켜야 한다. 이것은 생물학적 범주로서 여성을 생각하는 것으로부터 일련의 사회적으로 구성된 권력관계로서 젠더에 대한 관심으로 이동해야 한다는 것을 의미한다. 이러한 초점의 이동은 지리학적 연구를 위한 새로운 방향과 토픽에 반영되었다. 예를 들면 직장에서 남성 권력에 대한 연구, 가정에서 여성 노동력의 착취, 생산과 소비 사이의 관계 등이 있다. 이것은 또한 사회 안에서 남성 권력의 본질 및 재생산과 관련한 새로운 이론적 논쟁을 포함했다. 더 최근의 세 번째 단계는 '남성'과 '여성'이라는 보편적인 범주를 깨뜨리려고 해왔으며, 대신 젠더 내에서의 다양성과 차이에 초점을 두려고 해왔다. 페미니스트 지리학의 초기 버전들은 '여성'이라는 범주에 초점을 두는 경향이 있었다. 그러나 최근의 연구들은 이 범주 내에 존재하는 차이를 강조해왔다. 이것은 여성들의 경험은 계급, 인종, 연령, 섹슈얼리티 등에 의해 영향을 받는다는 것을 인식한다.

이러한 연구로부터 '위치성(positionality)'에 대한 폭넓은 관심이 출현했다. 위치성은 사회에서 젠더의 구분뿐만 아니라 민족적·인종적·국가적, 게다가 성적 기원, 그리고 연령과 장애와 같이 개인들의 정체성이 근거하고 있는 다른 차원을 인정하고 받아들인다(2장에서 언급된 것처럼). 지리지식은 상대적으로 특권을 가진 학자들 집단에 의해 생산되어왔다고 점차 주장되고 있다. 그들은 자신의 목소리를 지우려 하는 경향이 있으며, 따라서 모든 사람들을 위해 말한다고 주장한다. 지난 15년간 인문지리학에서 가장 현저한 발달 중에 하나가 폭넓고 다양한 지리(geographies)가 눈에 띄게 증가해왔다는 것이다.

지리학에서 포스트모던 논쟁에 쉽게 접근할 수 있는 개론적인 글은 클로크 등(Cloke et al., 1991)에 의해 제공된다. 그들은 연구 대상으로서의 포스트모던 (postmodern as an object of study)['포스트모더니티(postmodernity)' 또는 '포스트모던(the postmodern)']과 태도로서의 포스트모더니즘(postmodernism as an attitude)을 구별한다. 포스트모더니티는 20세기 후반 세계의 경제적 · 사회적 · 정치적 · 문화적 프로세스의 복잡한 상호작용과 관련이 있다. 그리고 태도로서의 포스트모더니즘은 우리가 프로세스에 적용할 수 있는 방법, 연구에 영향을 미치는 이론, 이러한 지식을 재현하는 방법 등을 위해 세계에 관해 습득할 수 있는 지식과 관련이 있다(〈글상자 4.2〉 참조).

포스트모던적 태도(the postmodern attitude)는 세상에 관한 '진리'를 들려줄 수 있다고 주장하는 마르크스주의, 인간주의, 구조화 이론과 같은 '거대한 (grand)' 지적인 전통을 본질적으로 의심한다. 포스트모던적 태도는 지식에 대한 요구가 더욱 겸손하고, 절충적이며 경험에 근거할 것을 요구한다. 무질서, 비논리성, '일어나고 있는' 모든 것들을 결정하는 중심성의 결여 등의 관점에서 생각할 필요가 있다. 질서와 '똑같음'을 구체화하는 데 덜 관심을 두며 '차이'에 더 주목한다.

이러한 차이에 관한 초점은 우리로 하여금 인문지리학자들에 의해 연구되고 있는 많은 '부류'의 인간 사이에 존재하는 무수한 변용, 즉 여자와 남자 사이의 변이, 사회계층 사이의 변이, 민족집단(ethnic groups) 사이의 변이 등을 존중하도록 만들며, 이러한 다양한 인간들이 '사회공간적' 프로세스 속에서, 그리고 그것에 대해 가지고 있는 매우 상이한 투입과 경험들을 인정하도록(그리고 어떤 면에서는 재현하도록) 만든다(Cloke et al., 1991: 171).

클로크 등은 포스트모던적 태도는 지리학자들에게 호소력이 있다고 생각한다. 왜냐하면 전통적으로 지리학은 상이하고 독특한 장소, 구역, 지역,

국가 사이에서 발견될 수 있는 특별한 종류의 차이에 대한 민감성을 표현해 왔기 때문이다. 그들은 포스트모더니즘은 세계의 지리에 대해 민감하게 되는 학문적 연구를 주장하는 태도이며, 그로인해 지리학이라는 학문이 수년 간에 걸쳐 이러한 민감성을 함양하고 발달시키기 위해 수행해온 아마도 수많은 모든 방법으로부터 배우는 것이라고 제안한다.

⊠ 글상자 4.2 ⊠

태도로서의 포스트모더니즘

클로크 등(Cloke et al., 2004)은 포스트모더니즘은 훨씬 해롭고 오해를 받는 용어가 되어왔다고 지적한다. 그들은 포스트모더니즘을 세계에는 무엇이 존재하며, 우리는 세계에 관해 어떻게 알 수 있는지에 대한 질문에 대해 많은 학자들(지리학자들을 포함한)이 취한 태도로 보는 것이 아마도 최선이라고 간주한다. 태도로서의 포스트모더니즘은 어떤 하나의 이론이 세계가 어떻게 작동하는지를 설명할 수 있다는 것을 거부한다. 이것은 자연이 어떻게 작동하고 인간이 어떻게 행동하는지에 대한 이해를 성취할 수 있다고 가정하는 유럽의 계몽주의 프로젝트에 대해 완전히 반대한다. 포스트모더니스트들(post-modernists)은 하나의 해석만을 주장함으로써 지배하려는 시도로 간주하는 '거대 이론(grand theories)'을 의문시한다. 대신에 포스트모더니스트들은 설명의 다원성을 주장한다. 이러한 거대 이론에 대한 문제제기는 소위 재현의 위기로 이어지고, 그리하여 다른 사람과 장소를 이해하거나 표현하도록 주장하는 것은 극히 어렵게 되었다. 포스트모더니즘을 위한 핵심단어는 '차이'이며, 포스트모더니즘은 "사물, 사람, 상황 등이 실제로 언제나 서로 간에 동일한 것으로 간주되는 것을 막는 차이의 모든 선분"에 대한 민감성을 반영한다(Cloke et al., 2004: 233). 이러한 민감성은 세계의 '혼란스러움'과의 관계로 이어지며, 현상의 거친 모서리(홈 파인 것)를 '매끈하게' 하려는 경향을 거절한다. 이것은 확실히 포스트모더니즘에 대한 단지 하나의 간단한 설명에 불과하다. 지리교육에서 포스트모더니즘이 어떻게 교수와 연결될 수 있을지에 대한 질문에 대답하려는 약간의 시도들이 있어 왔다.

그들은 포스트모더니즘의 태도를 취하는 것은 "우리로 하여금 지금까지의 인문지리학을 '쓰는' 과정 ─ 우리의 결과를 단어, 소리, 그림으로 재현하는 과정 ─ 보다 훨씬 더 진지하게 받아들이도록 요구한다"고 지적한다(1991: 197). 그들은 이것은 특히 지리학자들이 매우 '과학적인' 방법으로 쓰기를 하도록 요구하는 관행이 사실이라는 것을 지적한다. 그러나 또한 내러티브 재현(narrative representations)에서 '전개되어가는 이야기', 사건들의 연대기, 원인과 결과의 역사 등은 검토되고 있는 주제에 질서와 중립(indifference)을 부과할 위험이 있다고 지적한다(p. 198).

지금까지의 논쟁이 모든 지식은 부분적이고 생산자의 위치성을 반영한다면, 두 번째(그리고 연결된) 주제는 더 넓은 정치학, 글쓰기의 시학, 재현에 관한 것이다. 논문집의 서문에서 반즈와 그레고리(Barnes and Gregory, 1997)는 지리학적 연구의 '시학(poetics)'에 관해 논의한다. '시학'이라는 용어는 모든 지리적 설명이 '수사적 구성'이라는 것을 강조하기 위해서 사용되었다. 즉, '학문적' 장르와 '문학적' 장르의 혼합을 통해서 그들의 요구를 우리에게 설득시키고자 하는 텍스트적 인공물이다. 지리적 글쓰기는 세계에 대해 정확하게 묘사할 수 없다. 왜냐하면 언어가 더 이상 모방으로 간주되지 않기 때문이다. 단어는 단순히 세계를 재현하는 것이 아니다. 또한 단어는 세계를 만들고 가능성을 제공하며 행동을 만들어낸다. 따라서 언어학적 전환(linguistic turn)은, 언어는 명쾌하고, 자기를 내세우지 않는 매개체이며, 개인적인 심리와 세계 사이의 다소 중립적인 교환의 수단이라고 가정하는 것에 도전한다. 반즈와 던컨(Barnes and Duncan)이 편저한 『세계를 쓰는 것』(Writing Worlds)(1992)은 이런 아이디어들과 논쟁에 대한 유용한 입문서이다. 반즈와 던컨은 다음과 같이 논의한다.

세계의 부분들은 자신의 이름이 붙여져 있지 않다. 따라서 청중에게 '저기에(out there)'라고 재현하는 것은 언어의 조각들을 단지 올바른 순서대로 일렬로 정렬하는 것 이상을 포함함에 틀림없다. 대신에 사물을 재현하는 방법을 선택하는 것은 사물들 그 자체가 아니라 인간들이다(p. 2).

경제지리학자 트레버 반즈(Trevor Barnes)의 연구는 사회적 · 경제적 생활의 기저에 놓여 있는 기초적인 질서의 가능성을 부정하는 '구성주의' 접근에 의해 형성된 인문지리학의 새로운 접근법 중에서 대표적이다. 이것은 미리 결정된 질서와 합리성(실증주의, 인간주의, 구조주의 등에 의해 제안된 유형들과 같이)을 드러낼 수 있다고 하는 어떤 지리적 인식론의 관점도 거부한다. 반즈(Barnes, 1996)는 이것을 다음과 같이 지적하고 있다.

연구를 위한 하나의 시작점은 없으며, 하나의 논리적 포인트도 공간적 포인트나 그 밖에 다른 어떤 것도 없다. 우리가 희망할 수 있는 최선의 것은 파편화된 것들이다. 하나의 지리(geography)가 아니라 많은 지리(geographies)이며, 하나의 완전한 이야기가 아니라 일련의 파편화된 이야기들이다(p. 250).

이러한 유형의 후기구조주의 논쟁(〈글상자 4.3〉 참조)은 '있는 그대로의 세계(world as it is)'를 재현한다고 주장하는 어떤 유형의 지리학에 대해 급진적인 동요를 불러일으킨다. 이것들은 도전적인 아이디어들이다. 왜냐하면 특히 그것들은 상식적인 수준에 반하는 것 같기 때문이다. 그러나 이 책에서 우리는 후기구조주의 접근들은 지리교사들이 그들의 활동에 관해 생각할 때 유용하다는 것을 제안하고 싶다. 허바드 등(Hubbard et al., 2002)은 다음과 같이 지적하고 있다.

흐름, 이동, 혼돈으로 구성된 세계에서 후기구조주의자들은 고형성(solidity)은 환상이라고 제안한다. 그러므로 후기구조주의 지리학을 위한 하나의 과업은 이러한 환상을 유지하는 실천들을 폭로하는 것이다. 결과적으로 지리학 그 자체는 세계에 이러한 질서에 대해 가치를 부가하고, 동일성을 위해 차이를 줄이는 개념(예를 들면 장소, 공간, 자연)을 고안하는 데 몰두하여 잠재적으로 사물의 복잡성을 정당화하는 데 실패한다(pp. 86-87).

지리학의 최근 연구는 지리학에 대한 후기구조주의 접근이 실천적인 측면에서 어떤 모습일지에 대해 보다 분명한 아이디어를 제공해왔다. 그러한 연구는 당연하게 받아들여지는 범주들을 해체하는 것을 목적으로 한다. 하나의 사례는 개발(development)이라는 용어다. 지리학자들은 개발이라는 용어가 이해되는 방식과 관련을 맺어왔다. 크러시(Crush)는 그의 책 『개발의 권력』(*Power of Development*)(1995)의 서문에서 개발을 다음과 같이 지적하고 있다.

무엇이 개발이고 무엇이 개발이 아닌지, 또는 개발이 어떻게 더 정확하게 정의될 수 있고, 보다 잘 '이론화'될 수 있는지, 또는 지속가능하게 실천될 수 있는지를 물어보기보다는 오히려 이 책의 저자들은 일반적으로 상이한 종류의 질문에 더욱 더 관심을 가지고 있다… 개발 담론(discourse), 즉 개발 담론이 논쟁을 만들고 권위를 확립하는 형식, 개발 담론이 세계를 구성하는 방식 등은 보통 자명하고 주목할 가치가 없는 것으로 간주된다. 이 책의 가장 중대한 의도는 자명한 것을 의문시하는 것이다(p.3).

⊠ 글상자 4.3 ⊠

구조주의와 후기구조주의

'구조주의'는 인간 세계에서 발생하는 모든 일들은 개인에 의해서가 아니라 우리 자신의 통제와 실행 범위를 넘어서 있는 익명의 구조에 의해서 그것의 형태와 기능이 궁극적으로 결정된다고 주장하는 철학이다. 예를 들면 우리는 말을 할 수 있지만, 우리의 말하기 패턴의 형태와 기능은 심층적인 언어의 패턴에 의해 구조화된다. 또한 좀 더 '지리적'인 사례를 들자면, 우리는 개별적인 여자와 남자로서 도시 주변에서 행동하고 이동할지 모르지만, 우리의 활동의 본질은 우리의 삶을 구성하는 젠더 관계라는 보다 심층적인 구조에 의해 결정된다.

후기구조주의는 인간 세계는 구조에 의해서 '만들어진다'는 관점을 공유하고 있지만, 이것들이 객관적인 실체라는 아이디어에는 도전한다. 계급, 젠더, 인종 등과 같은 구조들은 이전부터 존재한 실체가 아니라 그것들 자신은 인간의 구성물이며, 그리하여 다른 방식으로 만들어질 수도 있다. 인문지리학의 관점에서 이것이 제안하는 것은 '장소', '공간', '문화', '자연' 등과 같은 범주들은 더 이상 견고하거나 고정된 것으로 간주될 수 없다. 대신에 후기구조주의는 그것들이 어떻게 특별한 맥락 속에서 구조화되었는지를 보여주기 위해서 이러한 범주들을 매우 엄격하게 분석할 필요가 있다고 강조할 것이다.

이러한 유형의 접근에 대한 하나의 사례는 북아메리카 보고서 『지리를 재발견하기』(*Rediscovering Geography*)(National Research Council, 1997)에 대한 야파(Yapa, 2000)의 리뷰에서 발견된다. 이 보고서는 지리학이 사회에 대한 유용한 지식을 제공할 수 있는 몇 개의 비판적인 문제들을 기록하고 있다. 이것들 중에는 경제적 건전성, 환경파괴, 민족적 갈등, 보건, 글로벌 기후변화 등이 있다. 이러한 문제들은 '세속적'이다. 즉, 그것들은 '저기에서 (out there)' 지리학자에 의해 조사되기를 기다리고 있다. 반면에 지리학자들은 단순히 그러한 문제들을 연구한다. 그들의 지도와 설명은 거울로서 세계를 비춘다고 가정된다. 예를 들어 1인당 국민총생산(GNP)을 나타낸 세계지도를 사용해보자. 이것은 세계에 대해 문제가 없는 '사실', 즉 세계에 대한 재현으로 간주된다. 그러나 1인당 국민총생산(GNP) 지도는 하나의 구성, 즉, '개발(development)'에 대한 어떤 추론적인 논리 내에서 세계의 국가들을 재현하려고 선택한 특별한 하나의 방법이다. 지리 교과서에 있는 지도를 읽거나 교실 벽면에 전시된 지도를 볼 때, 독자는 개발 담론의 관점에서 '받아들이'거나 생각하도록 요구를 받는다.

야파(Yapa)는 이러한 '수업'은 학교 학생들에게 이해를 얻지 못한다고 제안한다. 그들은 방글라데시나 아프리카 사람들은 '저개발된' 국가에 살고 있다고 알고 있다. 그들은 후진국[또는 경제적으로 덜 발달된 국가(LEDCs)]에 사는 그러한 '다른' 수백만 명의 사람들보다 자신들이 '지위가 높다'는 자의식에 안심한다. 그는 1인당 국민총생산(GNP) 지도에 새겨놓은 자아와 타자의 위계적 논리 속으로 젊은이들을 사회화시킨 후, 다른 가능한 대안적인 관점 혹은 우세한 결과를 상상하는 것은 불가능하다고 논의한다. 야파가 한 지적은 이 학교 학생들은 '잘 알려진 사실들'이라는 뜻을 가진 '저기에' 있는 세계에 관해 단순히 학습하는 것이 아니라는 것이다. 오히려 그들의 주관성은 문자 그대로 동일한 담론을 통해 구성된다는 것이다. 이것은 우리가 우리의 행로를 멈추어야 한다는 중요한 주장이다.

우리가 지리학습을 수행하는 단어와 이미지를 '세계를 비추는 거울'로서가 아니라 세계를 구성하는 데 포함된 것으로 볼 수 있으려면, 지리교사들은 저기에 있는 세계에 대한 권위적인 유일한 설명에 대한 한계를 인식하고, 의미 만들기에 비판적으로 참여할 것을 격려할 필요가 있다. 그것은 심지어 가장 기본적인 '신성한' 지리적 개념인 스케일을 포함한다. 우리는 이미 스케일의 선택이 어떻게 우리가 현상 또는 문제를 이해하는 방법에 영향을 줄 수 있는지 보아왔다. 스케일 그 자체도 사회적 구성이라고 간단히 강조할 만한 가치가 있다.

우리는 이 장의 시작과 함께 지리교육의 목적에 관해 탐구했다. 우리는 지리지식이 기술적 통제, 상호 인식과 이해, 해방을 촉진하는 데 기여하는 역할을 탐구하기 위해 응용된 지리학의 세 가지 유형에 대한 존스톤(Johnston)의 논의를 활용했다. 이 장의 두 번째 절은 '포스트모던적 도전'을 계속해서 탐구했다. 만약 공간과학이 예측하고 통제하는 것을 추구하고, 인간주의 지리학이 상호인식과 이해를 추구하고, 급진적 지리학이 해방을 약속했다면, 직전에 토론해온 다양한 지리지식들은 우리가 세계에 대해 당연히 받아들이는 이해를 '해체'하거나 분해하도록 우리를 위협하고 있다. 이 장의 마지막 절에서 우리는 이러한 논쟁들이 지리교육을 위해 제공할 수 있는 몇몇 가능한 함의를 논의할 것이다. 그러나 그 전에 우리는 우리의 주의를 자연지리학으로 돌린다.

학교에서 자연지리의 목적

우리가 이 장에서 기술해오고 있는 것은 어떻게 하여 인문지리학이 자연과학과의 초기의 밀접한 관계로부터 멀어져 왔고, 인문지리학을 인문학과의 연계와 함께 사회과학으로서 위치지운 과정으로서 해석될 수 있다. 이러한 변화는 인문지리학이 자연과학의 방법과 가정을 가지고 계속 가르쳐지고 있는 학교지리에서는 덜 명백하다. 우리는 학교에서의 인문지리는 사회과학의 발달을 더욱 더 충분히 반영할 필요가 있다고 논의해왔다. 이것은 학교에서 가르쳐지는 자연지리를 위해서도 함의를 지닌다. 달리 말하면 우리는 학교에서 자연지리를 가르치는 목적에 대해 질문을 제기할 필요가 있다.

만약 학교에서 지리를 배우는 목적이 대학에서 지리 공부를 계속하고자 하는 소수의 학생을 훈련시키고 준비시키기 위한 것이라면, 이 질문은 우리를 더 이상 머뭇거리게 하지 않는다. 학교에서 자연지리는 고등 수준의 지리학을 보다 쉽게 한 '축소판'이어야 한다. 즉, 지리학을 공부할 잠재적 대학생들에게 물리학, 화학, 생물학 등과 같은 자연과학으로부터 필요한 배경지식을 제공하여 그들로 하여금 자연적 시스템을 상세하게 공부할 수 있도록 해주면 된다. 대학의 자연지리학자들은 학생들이 어느 정도로 이러한 '기본적인' 지식을 적절하게 훈련받으면 대학에 갈 수 있는지에 대해 질문을 들어왔다.

그러나 이러한 주장은 지리교육학자들, 심지어 대학에서도 널리 받아들이지 않는다. 그들은 자연지리를 가르치는 것은 흥미가 있어야 하고, 고등 수준(대학)에서 지리학을 공부하지 않을 대다수의 학생들에게도 적절해야 한다고 인식한다. 이러한 주장은 자연지리의 비전통적인 버전들이 개발되었던 1970년대와 1980년대의 교육과정 개발에도 영향을 주었다. 이것들은 자연지리 그 자체를 위한 학습에는 덜 초점을 두었으며, 인간과 자연의 상호작용이 주는 함의에 더 초점을 두는 경향이 있었다.

이러한 논의의 좋은 사례는「왜 자연지리를 가르치는가?」(Why teach physical geography?)(Pepper, 1985)라는 제목의 논문에서 발견된다. 페퍼(Pepper)는 런던위원회(London Board)의 A레벨 시험 교수요목과 시험지를 분석하고, 자연지리 시험지들이 학생들로 하여금 인간 사회와 문제의 맥락 내에 지식을 설정하도록 허용하지 않는다고 주장했다. 자연환경은 또한 인간 사회를 구성하는 시스템의 한 부분으로 간주되지 않는다. 학생들은 종합적이기보다는 분석적이 되도록, 전체론적이기보다는 환원주의적이 되도록 격려받는다. 이러한 질문들은 하천의 하중과 유출량이 관련되는 방법 또는 해안선 발달의 5가지 단계와 같이 지식을 작은 정보의 '조각'으로 쪼갠다. 이러한 정보의 조각들이 어떻게 결합되는지를 볼 수 있는 여지는 거의 없었다.

> 당신은 시험을 보는데 전문적인 기능, 비판적인 능력, 포괄적인 개관, '관련성'에 대한 지각능력, 적용, 종합, 무엇보다도 어떤 것에 관한 의견 등은 모두 필요 없다. 당신에게 필요한 것은 오직 교과서의 정보를 암기하고 회상하며, 그 책의 몇 페이지를 되풀이하도록 요구받고 있는지를 인식할 수 있는 능력이다(Pepper, 1985: 64).

페퍼는 왜 우리는 어떤 토픽에 관해서 알 필요가 있는지를 질문하면서 몇 가지 사례를 제공한다. 토양구조, 조직, 공극률, 양이온 교환용량 등은 중요하다. 왜냐하면 이것들은 장기적인 토양 비옥도의 구성요소이며, 현대적인 기업적 농업으로 인해 손상을 입고 있는데, 아마도 미래에는 '사막화'가 될 것이기 때문이다. 그러나 지리학의 자연적 기초가 학습을 위해 중요하다고 논의하면서도, 페퍼는 사회적 목적이 없다면 자연지리를 가르칠 정당성이 없다고 거듭 지적한다. 페퍼는 런던위원회의 시험(London examination)은 "사회경제적 맥락과 매우 분리되어 있는 자연환경에 대해 무비판적이고 원자화되고 기능적인 접근을 촉진한다"(1986: 69)고 논의했다.

페퍼에 의해 기술된 자연지리는 (의사)결정이 이루어지는 사회학적 맥락을 검토하는 데 실패한 지배적인 과학교육의 모델들에서 끌어왔다. 이런 유형의 교육은 '사실' 수집과 암기학습에 초점을 두고, 학생들을 패러다임 자체에 대한 조사자보다는 주어진 패러다임 내에서 퍼즐을 해결하는 사람으로 만드는 것에 초점을 둔다. 이러한 교육과정에 대한 비판은 학교에서 자연지리의 가치중립적인 본질에 도전하는 데 중요해지고 있다. 사실 페퍼가 그의 논문을 발표한 이래로 수년간 학교지리는 환경에 관한 논쟁과 관련되어왔고, 지리교육학자들의 주된 관심사는 자연지리와 인문지리 사이의 관계에 있어왔다. 지리교과의 명백한 통합을 인식해야 한다는 요구들이 있어왔고, 그것은 계속되고 있는 전통으로 회귀하기 위한 요구로 들릴지 모른다. 이러한 접근에 대한 가장 명백한 진술 중 하나는 학교위원회(School Council)의 지리 16-19 프로젝트(Geography 16-19 Project)에서 발견되는데, 그것은 '인간과 환경'을 중심 주제로 선언했으며, 이것의 첫 번째 '지식의 원리'는 "인간은 자연적·문화적 시스템이 밀접하게 상호 관련되어 있는 글로벌 시스템과 분리될 수 없는 일부분이다"라고 진술했다(Naish et al., 1987: 55에서 인용됨).

그러나 이러한 '인간-환경'이라는 구조틀의 제목 하에서 생산된 지식은 본질적으로 '기술지배적'이다. 이 프로젝트는 포괄적인 인간-환경 '접근법'을 더욱 선호하여 매우 공개적으로, 그리고 의도적으로 어떤 특정한 지리학의 패러다임과 연합하는 것을 거절했다. 이것은 인간과 환경의 관계에 대한 질문을 상대적으로 덜 이론화된 것으로 남겨두었고, 그 결과 지리교사들은 안락한 실증주의자 입장으로 이행하지 않으려는 경향이 있었는지 모른다.

따라서 지리 16-19(Geography 16-19)는 아마도 '환경적인 문제'를 강조하려 했을 것이지만, 자연을 변형시키는 근본적인 사회·경제적인 과정들은 거의 논하지 않았다. 대신에 그것은 먼저 그러한 문제에 대해 책임 있는 더 심층적인 원인을 검토하지 않고 환경적인 문제를 개선시키는 데 맞추어진 정책으로 유도하는 지식의 관점을 선호했다. 이것에 대한 하나의 사례는 지리수업에서 지속가능한 개발과 같은 개념이 "평상시와 다를 바 없이 행동하라"는 것에 지나지 않는다는 것을 의미하려고 하는 호소력 있는 이상으로서 간주되도록 하는 방식이다.

그래서 심지어 지리학의 인간-환경 접근법에서도 결국에는 자연은 인간의 외부에 있고 인간으로부터 분리되어 있으며, 자연은 변화될 수 없는 어떤 것이라고 흔히 생각된다. 인간은 자연을 '파괴'하거나 '변화'시킬 수 있을지 모르지만 자연을 만들거나 창조할 수는 없다. 반면에 카스트리(Castree, 2001)는 비판 지리학자들이 어떻게 점점 자연을 불가피하게 사회적인 것으로 보게 되는지를 논의한다.

여기에서 논의는 자연은 특정한, 그리고 흔히 지배적인 사회적 관심에 종종 기여하기 위해 상이한 사회에 의해 정의되고, 한계가 설정되고, 심지어 자연적으로 재구성된다. 달리 말하면 사회와 자연은 사고나 실천에서 그것들을 분리할 수 없게 하는 방식으로 뒤엉켜 있는 것으로 보인다(p.3).

지리학자들은 페퍼의 논의와 유사하게 사회적 자연(social nature)이라는 아이디어를 발전시켜왔다. 그러나 어쩌면 학교 차원에서 학생들에게 어떤 점에서 이렇게 잠재적으로 매우 유용한 아이디어를 파악할 수 있는 가능성을 제공하는 교육과정을 개발하기 위해서는 해야 할 일이 있다(Whatmore, 2003 참조).

그러나 물론 이것을 학교에 도입하는 데 있어서 잠재적으로 중요한 결과가 있다. 비평가들은 이러한 아이디어들은 지적으로 잘못 인도되고 실천적으로나 정치적으로 무기력하다고 말한다. 지구온난화에 대해 비판적인 사회적 자연 접근의 예를 들어보자. 만약 지구온난화가 단지 허구, 즉 과학자들이 그들 연구에 대한 승인을 확보하기 위하여 꾸며낸 신화라면, 우리는 대기를 오염시켜도 문제될 게 없다는 결론에 도달하게 된다. 왜냐하면 우리는 온실가스의 '실제적인' 기후 효과를 모를 수 있기 때문이다. 만약에 우리가 인간이 아닌 가치(non-human values)를 지닌 안정된 외부 자원으로서 자연에 더 이상 호소할 수 없다면, 고래를 죽이거나 아마존을 파괴하는 것이 잘못된 것이라고 사람들이 어떻게 주장할 수 있는가? 이것은 또한 도덕적인 질문이다. 몇 세기 전에 서유럽의 삼림은 파괴되었음에도 브라질 사람들에게 '환경적인' 이유로 나무를 더 이상 베지 말라고 주장하는 서유럽의 학교 학생들(그들의 교사와 교과서의 안내에 따라)은 뭐란 말인가? 확실히 지리교육학자들은 이러한 논의에 참여할 필요가 있다. 그렇지 않으면 도그마, 신화, 일반적으로 인정되는 생각을 가르쳐서 도덕적 부주의로 비난받게 된다(〈글상자 4.4〉 참조).

환경윤리 : 도덕적 부주의를 피하기 위한 사례

이 사례에서 우리는 사회적 구성에 관한 아이디어가 환경적 쟁점에 대해 이해하는 데 어떻게 영향을 미치며, 지리를 가르치는 윤리에 관해 어떻게 질문하도록 하는지를 탐구하고자 한다. 이것은 제임스 프록터(James Proctor, 2001)의 논문에 근거하고 있다. 자연을 이해하는 사회적 구성주의 방법의 윤리적 함의는 무엇일까?

프록터는 환경적 쟁점에 관한 뉴스 기사의 사례에 대해 논의한다. "최근 캐나다에서 조사된 바에 따르면, 일부 민물 종들이 열대우림 종들보다 빠르거나 훨씬 더 빠른 비율로 멸종되어가고 있다. 하지만 그러한 상황은 대개 무시된다." 프록터는 이 이야기 속에서 제기되는 주장에 대한 윤리적 기초를 고찰한다. 이 이야기는 사람들이 북미에 사는 민물 종들의 멸종을 막기 위해 노력해야 한다고 제안한다. 이것은 멸종 비율, 열대우림 종들의 멸종 비율과의 비교, 글로벌적 생물다양성에 미칠 영향에 대한 언급 등과 관련하여 제시된 사실에 근거하여 정당화되고 있다. 이 이야기는 인간들은 이러한 멸종에 책임이 있고, 멸종을 막기 위해 일부 경제적 비용을 들여서라도 어떤 조치가 취해질 수 있다고 가정한다. 이 이야기 속에 도덕적 근거들이 아주 견고하게 나타난다. "단지 한 가지의 해석만이 있다. 즉, 생물다양성은 중요하고, 사람들은 북미지역 민물 생태계의 생물다양성을 철저히 감소시켜오고 있다. 따라서 빠른 시일 내에 어떤 조치가 취해질 수 있고 그렇게 해야만 한다"(p.228). 프록터는 이러한 종류의 이야기와 이것이 근거하고 있는 도덕적 윤리의 구조는 매우 전형적으로 알려져 있는 환경적 아이디어라고 제시한다. 이것은 지리교육에서도 아마 매우 전형적인 환경적 쟁점이다.

그리고 나서 프록터는 사회적 구성주의(social constructivism)의 아이디어를 소개한다. 그는 사회적 구성주의를 세계에 자연은 '없다'고 주장하는 것이 아니라고 명확히 한다.

오히려 사회적 구성주의는 사람들이 자연에 관해 부여하는 기술적 또는 규범적인 선언은 자연의 인간적 기원에 대해서는 결코 결백하지 않다는 것을 우리에게 상기시킨다. 확실히 '저기에' 자연이 있다. 그러나 우리는 인간의 개념적 기관에 호소하며, 인간의 욕구와 욕망을 포함하는 인간의 지각 방식에 의존하지 않고는 자연에 관해 더 이상 어떤 것도 말할 수 없다. 간단히 말하면 우리가 자연에 대해 이야기할 때 우리가 자연에 부여하는 의미인 문화에 대해서도 이야기한다(p. 229).

사회적 구성주의는 그것의 사회적 기원에 부여된 이러한 사실과 가치가 많은 환경주의자들이 표현하는 것만큼이나 견고하고 논쟁의 여지가 없는지를 의문시한다. 프록터는 실재론의 철학적 전통을 언급하며 이 사례에 대해 논의한다. 실재론은 세계는 실제적이고 알 수 있다는 입장을 취한다. 사실은 단지 만들어지는 것이 아니라 오히려 이러한 실재에 일치하는 정도에 따라 진실이 되는, 실제 세계에 관한 주장이다. 비록 실재론은 원래 사실에 관한 어떤 입장이지만, 또한 단지 선호나 맥락의 문제가 아니라는 점에서 가치에 관해서도 유사한 태도를 제시하도록 요구받을 수 있다. 실재론은 보편성에 근거한 철학이다. 즉, 이러한 관심은 보편적으로 진실을 간직하고 있는 사실과 가치에 근거한다. 사회적 구성주의는 사실과 가치에 관한 이러한 실재론적 태도인 보편성에 도전한다. 보편성을 가치화하는 것에 대한 구성주의적 도전은 덜 논쟁적이다. 왜냐하면 대부분의 사람들이 자연을 가치화하는 방법은 인간의 기원과 같으며, 개인마다 다르며 문화마다 다를 수 있다는 것을 어느 정도 기꺼이 인정하려 하기 때문이다. 사실에 대한 도전은 약간 더 어렵다.

> 만약 구성주의 관점으로부터 과학적 사실에 대한 주장들이 원래 인간이 만든 것으로 간주한다면, 그후 중요한 의심의 척도가 이러한 주장들이 정확하게 실재와 연결시키고 있는지 아닌지에 대한 우리의 고려 속으로 들어오게 되고, 따라서 누가 진실-진술(truth-statement)을 만들거나 믿는지에 관계없이 진실이 된다(p. 231).

프록터는 민물 종이 높은 비율로 멸종하고 있다는 것이 '사실'로 간주되는 것에 대해 분명하게 불확실하다는 것을 보여주고자 한다. 프록터는 연구자들이 어떻게 다량의 자료를 조합하여 결론에 도달했는지를 묻는다. 연구자들은 많은 다른 연구와 관찰로부터 결론을 구성해야 했거나, 대안적으로 어떤 제한된 연구로부터 추론해내야 했다. 프록터는 연구자들이 이러한 경향을 평가하기 위해 얼마나 상세하게 모델을 구성했는지에 대해 의문시하며, 연구자들은 멸종을 평가하기 위한 그들의 모델들이 '불완전'하다고 그들 논문에서 스스로 인정하고 있다고 언급한다.

프록터가 지적한 중요한 점은 사실을 발견하는 과정이 실제로는 구성의 과정이라는 것이다. 즉, 사실을 구성하기 위해 과학자들은 "그 과정에서 많은 중요한 가정과 단순화"를 해야만 했다. 또한 프록터는 실재에 대한 단순한 재현으로서 사실에 대한 이러한 사회적 구성주의의 의혹은 이러한 사실들이 더욱 복잡한 것처럼 더욱 더 두드러지게 된다고 논의한다. 지구온난화, 생물다양성의 상실, 산성비, 삼림파괴, 사막화 현상 등에 관해 생각해보라. "그것들은 진실인가? 사회적 구성주의자는 그들의 인간적 기원을 잊어버리지 못해 힘들 것이다"(p.232).

그렇다면 이것은 우리를 어디에 도달하게 하는가? 프록터는 아주 복잡한 것을 보다 다루기 쉬운 것으로 단순화시키려는 시도가 나쁠 것은 없다고 말한다. 단, 우리가 이것들은 "실제 내용이 전혀 없는 동화(가공의 이야기)가 아니라 오히려 어떤 의미와 교훈을 제시하기 위해 증거에 대한 의도적인 선택과 구성", 즉 사실 내러티브 또는 스토리라고 분명히 할 때 그러하다(p.232). 그 후 구성주의 관점으로부터 담수 종 이야기는 실제로 문자 그대로 만들어지고, 구성되고, 형성된다는 점에서 거짓이 아니라 부분적으로 진실이다. 이것이 호소하는 것은 보편성에 대한 주장이며, 이것은 사회적 구성주의가 도전하고 있는 것이다. 즉, 사회적 구성주의는 보편적 사실과 가치에 대한 주장들이 사실 어떻게 매우 특별한지를 보여주려고 한다.

이것은 사람들에게 환경을 구하기 위해 조치를 취하고 행동하도록 호소하려는 누군가에게 문제를 불러일으킨다. 프록터는 이러한 교착상태를 위해 4가지의 해결책을 제시한다.

■분리(Separation)—그들(과학자와 구성주의자)은 각자의 위치를 유지하고 있는 한 서로에 대해 정말로 반대하지는 않는다. 따라서 과학자는 우리에게 실재에 관해 들려준다. 반면, 구성주의자들은 우리에게 실재에 관한 진실이 만들어져 온 사회적 상황에 관해 들려준다.

- ■배제(Exclusion)—그러한 상황에서 사람들은 그들이 가장 좋아하는 측면을 선택하고, 다른 측면은 무시하거나 반증하기 위해 애쓴다.
- ■타협(Compromise)—두 측면은 양극단에 있는 것으로 보인다. 그러나 그것들이 덜 극단적인 방향에서 해석되는 경우에는 아마도 중재될 수 있다.
- ■역설(Paradox)—이것은 프록터가 선호한 것이다. 두 측면 모두가 존속하고 있는 것처럼 기본적으로는 옳다. 그러나 다른 한 측면이 없이는 어떤 것도 완전히 옳지 않다.

프록터는 다음과 같이 결론짓는다.

> 우리는 민물 종을 구하기 위해 반드시 행동해야 한다고 우리에게 들려주는 사람들의 말에 귀를 기울여보자. 역설의 관점이라고 가정하면, 그들은 어떤 수준에서 실재에 관해 합법적이고 보편적으로 구속력이 있는 주장을 하고 있다. 동시에 자주독립적인 한계(particularistic limitation)의 정신으로 그들 주장의 구성성(constructedness)과 그들의 주장에 반대하는 자신의 주장의 구성성에 도전하기 위해 준비해보자(p.236).

우리는 지금까지 프록터의 주장에 대해서 살펴보았다. 왜냐하면 그의 주장은 지리에서 환경적인 쟁점을 가르치는 데 중요한 함의를 가지기 때문이다. 우리가 복잡한 질문에 대해 "정답도 없고 틀린 답도 없다"(거의 항상 잘못된 입장이 있다. 즉, 명확한 결론에 도달하는 데 어려움이 있다)라고 학생들에게 제시하는 것은 도덕적으로 부주의하다고 주장한 것처럼 모든 것에 '답변'이 있다고 가르치는 것 또한 도덕적으로 부주의한 것일 것이다. 지리에서 환경적 쟁점을 가르치는 데 있어서 도전은 도그마적인 치료를 피하는 것이다. 신중한 교수는 사고 전략에 집중할 것이다. 그렇게 될 때, 우리는 우리 자신에게 건전하고 지속가능한 입장을 취하게 하는 방법을 훌륭하게 구분할 수 있고 결정할 수 있다.

그럼에도 불구하고 이러한 강력한 비판은 사회적 자연(social nature)에 관한 지리학적 연구가 사회가 '자연적'인 것으로 정의하는 그러한 것들의 존재를 부정하는 극단적인 초구성주의 관점(extreme hyperconstructionist view)에는 결점이 있다고 주장하는 아이디어에 의존한다. 대부분의 지리학적 연구, 특히 학교에서의 지리학적 연구는 그러한 태도를 취하지 않는다. 그러나 중요한 것은 사회적으로 특정한 지식과 실천을 포함하지 않는 자연에 접근하거나 그것을 평가하거나 그것에 영향을 미칠 수 있는 방법은 결코 없다는 것이다. 이러한 주장이 의미하는 것은 우리가 자연에 대한 몇몇 지식과 실천은 다른 지식과 실천보다 낮거나 못하다는 아이디어에 여전히 전념하고 있는 동안 "진정으로 있는 그대로(as it really is)"의 자연을 알지 못한 채 살아가야 한다는 것이다.

결론

지리지식에 관한 포스트모던적 비판은 어떤 지리지식도 그것이 구성되고 순환되는 상황들로부터 완전하게 분리될 수 없다는 아이디어를 우리에게 환기시켜주고 있다. 린다 맥도웰(Linda MacDowell, 2002: 298)은 이러한 주장을 다음과 같이 표현하고 있다.

일련의 입장을 가진 학자들은…지식은 권력관계를 반영하고 유지하며, 특별한 시간, 장소, 환경에서 부분적이고 맥락적이며 상황적이라고 주장한다. 이러한 부분적인 진실에 대한 재현은 세계를 특별하게 보는 방식(particular way of seeing)을 가진 '인종적'이며, 젠더적이고, 계급적인 존재인 저자들에 의해 생산된다. 게다가 이렇게 사회적으로 생산된 텍스트는 어떤 필수적이거나 고정된 의미를 가지고 있지 않다. 즉, 독자는 의미의 구성에 밀접하게 관계되어 있다.

지리교육학자들은 이러한 주장에 대해 신중해왔고, 그러한 주장을 고찰해왔다. 우리는 이 책의 기여 중 하나가 이러한 주장이 좀 더 상세하게 논의될 수 있기를 희망한다. 우리의 희망은 "요점이 무엇이에요?"라는 학생들의 우연적인 질문에 대답하기 위한 이론적 기초가 지리학의 구조로부터 더 확보

되고 더 층위를 이루고 계발되는 것이다. 하나의 출발점으로서 우리는 이러한 논쟁을 이해하는 것이 가지는 장점 중 하나가 우리로 하여금 지리적 쟁점들에 대한 더 정교한 이해를 발달시키도록 하는 것이라고 논의할 것이다. 지리지식의 혼란스러움(messiness)과 복잡성(complexity)을 학생들로부터 감추어져야 할 문제들로 간주하기보다는 오히려 상이한 입장들에 대한 인정이 우리 교수의 출발점이 될 수 있다. 이것은 '올바른 길, 올바른 관점'이라는 좁은 시각을 가진 '답변 문화'와 정반대다.

모든 수준에서 학구적인 교사들을 위한 도전은 가르친 교육과정은 단지 특정한 주제에 접근하는 수많은 방법들 중의 하나라는 것을 학생들이 이해하도록 도와주는 것이다. 이것이 지리교육과정에 관해 생각하는 현재의 방법과는 매우 동떨어져 있는 것 같아 보일지 모른다. 즉, 현재 학생들은 너무 자주 교육과정 입안자와 교과서 저자의 해석에 의해 공인을 받은 지식과 기능이라고 하는 제한된 선택으로 안내된다. 그러나 그것을 위한 주장들은 학문적인 엄정성에 기초한다. 이것은 확실히 가치 있고 소중하며 야심찬 교육시스템을 떠받치고 있음에 틀림없다.

간단히 이야기하면 쟁점에 접근하는 대안적인 방법을 탐색하지 않고, 자신의 가정에 반어적이지도 않으며, 성찰적이고 자기비판적이지도 않은 교수는 낮은 수준의 인지적 활동과 학습 중인 현상에 대한 제한된 관점만을 생산하는 경향이 있을 것이다. 교육과정에 대한 급진적이고 페미니스트적인 관점은 모든 교육과정이 어디에선가로부터 온다는 사실을 우리에게 상기시켜준다. 그러한 관점은 특정한 이해, 철학적 가정, 정보의 해석, 문화적 각인(cultural inscription)에 의해 특징지어진다. 이것은 '자기의식적(self-conscious)' 교육과정을 발달시킬 필요가 있다는 것을 제안한다. 자기의식적 교육과정이란 교육과정을 형성하는 권력관계, 교육과정이 포함하고 있는 포섭과 배제에 대해 알아차리는 것이다.

이러한 주장은 매우 높은 정도의 (그러나 방종적이지도 무제한적이지도 않은) 상대주의를 내포하고 있으며, 교육과정 선정의 기초를 형성하는 것이 지식의 구조(structure of knowledge)라는 아이디어에 대해서는 거절한다.

실로 이것은 교육과정이란 존재할 수 없다고 제안한다. 왜냐하면 교육과정은 항상 만들어가는 과정이기 때문이다. '중핵' 교육과정에 대한 아이디어는 적어도 '내용'의 수준에서 거부된다. 이것은 지리교육과정을 '고정'시키려는 어떤 시도도 운이 다한다는 것을 인식한다.

데니스 칼슨(Denis Carlson)은 그의 교육철학에 관한 책인 『안전한 항구를 떠나기: 미국 교육과 공적 생활에서 신진보주의를 향해』(*Leaving Safe Harbors: Towards a New Progressivism an American Education and Public Life*)(2002)에서 지식에 관한 사고에서 이러한 변화가 가지는 교육적 함의를 간결한 용어로 기술하고 있다.

> 여기서 급진적인 변화란 지식과 진리를 그것을 기술하고 재현하는 언어에 앞서, 그리고 언어와 독립적으로 존재하는 어떤 것으로 이해하는 것으로부터 벗어나는 것이다… 언어가 세계를 상징적으로 뿐만 아니라 물질적으로 생산하는 데 형성적 또는 생성적인 역할을 한다는 것을 인식하는 것이다. 이러한 모든 것은 패러다임의 변화, 변혁적인 사고(transformative thinking), 세계를 상이하게 '사고'하는 학습의 중요성이라는 언어와 연결된다(pp. 179-180).

칼슨은 교육학자들이 교육이란 수동적인 학생들에게 지식의 총체를 전수하는 것이라는 아이디어를 벗어나 교육이란 지식이나 진리가 활동적으로 구성되는 과정, 즉 추론과정을 중요시하고 촉진시키는 시스템이라는 아이디어로 향해 이동하고 있다고 주장한다. 우리는 잘 가르치고 잘 배운 지리는 학생들로 하여금 세계에 관해 더 지적으로 사고하고 반응하도록 할 수 있다고 주장한다. 만약 성공적이라면 이것은 개인들로 하여금 보다 뛰어난 이해와 인식에 근거하여 이루어진 더 많은 선택과 함께 더욱 만족스러운 삶을 살 수 있도록 할 수 있다. 이 책의 2부에서 우리는 지리교육의 그러한 버전이 어떻게 실현될 수 있을지를 고찰한다.

더 생각할 거리

01. 당신은 '과학적 발견'으로서의 지리와 '개인적 반응'으로서의 지리 중에서
어느 쪽에 더 가치를 두는가? 둘 다 중요하고 이 질문이 어느 한 쪽을 선택하라
고 하는 것이 아니라는 것을 명심하라. 당신은 이러한 접근들을 결합할 수
있는 지리수업(또는 수업의 계열)을 생각해낼 수 있는가?

02. 어떤 측면에서 '태도'로서의 '포스트모더니즘'이 학교지리교사들을 위해
유용한 참고틀이 될 수 있는가?

03. 동료들과 함께 몇 시간을 보낸 후, 자연지리를 공부하기 위한 목적의 목록을
작성해보라.

제 2 부
수 업

2부는 3개의 장으로 구성되어 있으며, 전체적인 목적은 지리와 교육에 관한 우리의 생각을 제시하고 우리가 '학교지리'로서 언급했던 교육과정 현상을 수업으로 끌어오는 것이다.

우리는 '교육과정 계획-교육과정 사고'(5장)로 시작한다. 교육과정이라는 단어는 몇 가지의 의미로 받아들여진다. 우리가 교육과정으로 간주하는 것은 지리를 위한 지리과의 계획을 의미한다. 자연적 관점에서 교육과정은 항상 (지리)과의 열망이 투영된 일종의 목적에 대한 진술을 포함하고, 이어서 연간 단위의 활동 계획(schemes of work)이 따라오는 문서의 형태로 나타난다. 교육과정은 주 단위로 내용과 활동의 계열(sequence of content and activity)을 제공한다. 이것은 보통 자료, 야외조사, ICT, 포함의제(inclusion agenda)(영재 학생들과 학습에 어려움을 겪는 학생들에 반응한), 평가계획 등을 나타낸다. 교육과정은 도로지도(길잡이)와 유사한 활동문서다. 물론 도로지도는 당신이 가고 있는 곳을 알고 있을 때만 단지 유용하다. 당신이 그것을 알고 있는 한 지도는 그곳에 도착하는 방법에 대한 대안과 선택을 제공할 수 있다.

　'지도'에 대한 비유는 우리로 하여금 '목적(aims)'(우리가 어디로 가고 있는가?)과 '목표(objectives)'(우리는 어떻게 그곳에 도착할 계획인가?)를 구별하도록 도와주는 데는 유용하지만 완전하지는 않다. 아마도 그것은 마치 학습이 미리 정해진 경로를 따라가는 것처럼 지리에 대해 너무 '선형적인' 느낌을 가지게 한다. 아마도 그것은 또한 학생들로 하여금 자신을 학습의 행위자로 인식하도록 하는 데 실패한다. 이 장은 개발, 석회암 경관, 범죄, 수용소(asylum) 각각에 관한 몇몇 교수 사례의 도움으로 교육과정 사고를 기술적 고착(technical fix)으로서가 아니라 매우 창의적인 인간의 프로세스로서 명확히 할 것이다. 우리가 교육에서 '창의성'에 대해 이야기할 때, 카리스마적인 수업의 '수행'과 엉뚱한 활동에 열중하고 있는 학생들을 상상하기 쉽다. 그러나 진정으로 중요하고 창의적인 영역은 무엇을 가르치고, 이것을 어떻게 가르칠 것인가를 결정하는 것이다.

5장 교육과정 계획-교육과정 사고

학생들에게 제공되는 교육환경을 창조하는 과정인 교육과정 설계는 원래 정치적이고 도덕적인 과정이라는 것을 명확히 할 필요가 있다. 교육과정 설계는 가치 있는 교육적 활동에 대해 경쟁하고 있는 이데올로기적·정치적·개인적 개념화를 포함한다. 게다가 교육과정 설계의 주요한 구성요소들 중 하나는 다른 사람, 즉 학생들에게 영향을 끼친다는 사실이다. 그러나 우리의 교육에 대한 상식적인 생각은 도덕적이고 정치적인 고려와는 매우 상반된 방향으로 나아가는 경향이 있다. 대신에 의사결정의 영역은 도구적 전략과 기술적인 전문가(technical experts)에 의해 생산된 정보를 필요로 하는 기술적인 문제들(technical problems)로 인식된다(Apple, 1990: 111).

이러한 진술은 마이클 애플(Michael Apple)의 책 『이데올로기와 교육과정』(*Ideology and Curriculum*)(1990)에서 발췌한 것이다. 애플은 북미 교육학자로서 그는 정치학과 교육적 지식 사이의 밀접한 관련성을 지적하는 데 주요한 기여를 해왔다. 누가 무엇을 누구에게 어떤 방법으로 가르치느냐 하는 것은 결코 중립적이지 않지만, 항상 지식의 흐름을 통제하려는 투쟁을 반영한다. 위의 인용문은 애플의 주장 중에서 중요한 진술이다. 애플은 우리에게 교육과정 설계가 교육과정 계획가들의 가치와 관심을 반영하는 것으로, 본질적으로 인간의 활동이라는 것을 상기시켜준다. 그러나 애플은 사람들이 이를 망각하는 경향이 있다는 것과 교육과정 계획을 단순히 기술적인 행위(technical act)로 간주하거나 해결되어야 할 실천적인 문제로 간주하는 것을 경고하고 있다.

이 장에서 우리는 지리교육과정 설계가 어떻게 "가치 있는 교육적 활동에 대한 경쟁하고 있는 이데올로기적 · 정치적 · 개인적 개념화를 포함하는지"
를 설명하려고 한다(p.111). 우리의 주장은 앞 부분에서 논의한 지리지식에
관한 논쟁에 의해 충만하게 된다.

다음 절에서 우리는 먼저 신임 지리교사들이 종종 사용하도록 요구받는
교육과정 설계의 표준적인 모델을 기술한다. 우리는 지리지식의 본질에 관
한 주장에 근거하여 이 모델에 대해 몇 가지 비판을 할 것이다. 이 장의 본론에
서는 교육과정을 구성하는 데 있어서 교사들의 선택의 중요성을 입증하기
위해 사례들을 사용한다.

교육과정 문제를 다시 생각하기

지리교수에 관한 대부분의 책들은 지리교육과정 계획에 관한 부분을 포
함하고 있다. 1970년대 중반 이래로 확립된 지리교육과정 계획 모델이 사용
되어왔다. 이 모델은 교육과정 문제들에 관한 노먼 그레이브스(Norman
Graves)의 논의에 근거하고 있다. "교육과정 문제의 본질은 무엇인가? 그것
은 본질적으로 어떤 학교에서, 어떤 구조틀로, 어떤 방법으로 어떤 것을 가르
칠 것인가, 그리고 학습에 대한 평가는 어떻게 이루어질 수 있는가를 결정하
는 문제다"(p.106).

이러한 모델에 따르면, 교육과정 계획은 3가지 단계로 구성된다.

① 목표를 설정하라.
② 필요한 학습상황을 만들라.
③ 목표 성취를 평가하라.

이러한 과정은 선형적인 과정으로 보이지만, 실제로 이것은 그렇게 명확
하게 구분되지 않고 계획, 행동(실천), 반성은 계속해서 진행 중인 과정이다.
이러한 '합리적' 교육과정 계획은 경험주의적이고 실증주의적인 과학의 인
식론적 가정들과 잘 부합된다(실로 합리적 교육과정 계획과 실증주의와 행

동주의에 근거한 '신'지리학이 동시에 인기를 얻은 것은 결코 우연한 일이 아니다). 달리 말하면 이것은 우리가 접근할 수 있는 객관적인 세계가 존재한다고 주장하는 지리지식의 관점과 일치한다. 이것은 또한 우리가 일반화와 핵심 아이디어를 찾아낼 수 있고, 단순한 순차적인 인과관계의 과정을 발견할 수 있으며, 명백한 방법으로 '실재'를 재현할 수 있다는 아이디어와는 잘 들어맞는다. 쉽게 접근할 수 있고 안정적인 지리적 내용을 제공한다는 이러한 관점과 함께 교육과정 계획은 본질적으로 기술적인 활동(technical exercise)이 된다. 즉, 교사는 내용을 선정하고, 이렇게 선정된 내용을 학생들의 정신에 전이시킬 방법을 찾고, 이러한 교육적 처치들에 대한 결과를 평가(예를 들면 목표 달성 여부 평가)하는 문제에 관여한다.

이것은 교육과정 계획에 대한 이 접근법과 관련이 있는 지리지식의 관점을 고찰하는 데 유용하다. 합리적 교육과정 계획은 폴 허스트(Paul Hirst, 1974)와 같은 교육철학자들의 아이디어와 밀접하게 연관된다. 그들은 인류는 완만하게 다양한 지식의 유형을 차별화시켜왔다고 주장한다. 지식의 형식(forms of knowledge), 지식의 분야(fields of knowledge), 실천적 이론(practical theories)이 있다. 지식의 형식은 7가지 종류의 개념적 구조, 즉 수학, 자연과학, 인문과학, 도덕적 지식, 종교적 지식, 철학적 지식, 미학 등과 관련이 있다. 피터스와 허스트(Peters and Hirst)는 우리가 아는 모든 것은 이 영역 내에 있다고 주장한다. 그것들 외부에는 어떤 지식도 없다. 지식의 분야는 7가지 지식의 형식이 하나의 교과를 구성하는 영역과 관련되는데, 예를 들면 지리가 이에 해당된다.

교육에 대한 자유주의적 관점은 모든 어린이들이 지식의 형식에 입문할 수 있다고 주장한다. 지리에서 합리적 교육과정 계획가들은 지리의 지위를 하나의 지식의 분야로 받아들이는 것에 행복해 한다. 그렇게 함으로써 그들은 지식은 인간 사회의 자연적인 발달과 함께 출현한 것으로 간주된다는 아이디어를 받아들였다. 그들은 지식이 사회적으로 구성되고, 공적인 학교지식으로 간주되는 것은 사회에서 권력 있는 집단의 관심이 반영된 것이라는 교육사회학자들의 주장을 거부했다. 예를 들면 그레이브스(Graves, 1975)는 신교육사회학자들이 교육과정과 권력집단 사이의 관계에 대한 '계몽적인' 설명을 제공했지만, "그것은 교육과정을 계획하는 데 사용되어야 하는 준거에 관한 규범적인 질문에 답하지 않았기 때문에" 거부했다고 언급했다(p.71). 그레이브스의 해결책은 지리지식(지리학자들에 의해 정의된 것으로서)은 중립적이며, 교사들은 무엇을 포함시킬 것인가에 대해 단순히 선택할 필요만 있다고 가정하는 것이었다. 이 장이 문제시하고자 하는 것이 교육과정 계획에 대한 이러한 실용주의적 접근이다. 우리는 선택의 과정이 중요하다고 주장한다.

지식의 구조에 대한 이와 같은 주장은 여전히 교육에서 심오하게 영향을 미치고 있다. 이러한 아이디어가 힘을 얻는 이유는 그것이 지식의 구조를 '논리적'이거나 합리적인 것으로 간주하기 때문에 정치학 또는 단순한 인간의 관심에 대한 질문 위에 있다고 주장할 수 있다는 데 있다. 이러한 설명에는 교육과정의 논리에 관해 상당히 영원하고 근본적인 어떤 것이 있다는 것이다.

이것은 지리교육과정 계획에 대한 대부분의 논의들이 시작하는 기초다. 지리에서 가르쳐져야 할 지식은 지식의 구조로부터 유래한다. 지리를 공부하는 예비교사들은 이러한 교육과정의 내용을 숙지해온 것으로 간주되고, 교사가 될 때까지 '확실한' 교과지식[이것은 교사자격을 위한 표준(Standards for Qualified Teacher Status)에서 언급하고 있다는 것에 주목하라]을 가지도록 간주된다.

교육과정 계획의 과업은 이러한 '순수한' 형식적 지식을 학생들을 위해 의미 있는 형태로 전환하는 것이다. 그러나 교과지식이 거의 고정되거나 변하지 않는 것으로 간주될 수는 없다. 이 책의 1부에서 논의한 것처럼 지리학에서의 설명은 역동적이다. 교육과정 계획의 관점에서 이것은 지리교사가 매우 불안정한 세계를 학생들에게 재현해야 할 과제에 직면해 있다는 것을 제안한다. 따라서 어떤 지리학습을 계획하는 첫 번째 단계는 교수의 초점이 될 지식의 본질을 주의 깊게 검토하는 것이다. 이것은 명백하게 들릴지 모르지만, 때때로 수업을 서둘러 계획할 때 그것을 간과하게 된다. 이 장에서 우리의 접근은 우리가 생각하기에 더욱 만족할 만한 교육과정 계획을 이끌어낼 수 있는 교육과정 담론의 유형을 입증하기 위해 교육과정 계획의 사례들을 검토하는 것이다.

개발[1]이란 무엇인가?

이전의 절에서 우리는 종종 수업에서 학생들에게 제공해야 할 지리지식의 본질에 대해 너무도 주의를 기울이지 않는다는 것을 제시했다. 왜 이러한 일이 일어나는지를 확인하는 일은 어렵지 않다. 즉, 학교는 매우 바쁜 장소이고, 교사들은 매우 바쁜 사람들이며, 종종 교과서와 다른 상업적으로 생산된 교재가 교육과정의 내용에 대한 '독창성이 없는' 해석을 제공한다. 우리는 만약 그러한 '임시방편'의 접근이 오랜 시간동안 계속된다면, 교사들은 자신의 전문성 기반을 잃어버리는 결과를 초래할 것이라고 주장할 것이다. 이 절에서 우리는 '개발(development)'이라는 토픽이 학교지리 교육과정의 '중핵'의 일부분이라는 것에 근거하여 이를 사례로 하여 교육과정 계획에 대한 논의를 제공하기를 원한다.

'개발'에 관한 일련의 학교 수업이 어떤 모습일지는 명확하지는 않고, '개발'에 관한 활동단원(unit of work)을 구성해야 하는 지리교사는 개발이 무엇을 의미하는지에 대한 질문에 스스로 답변할 필요가 있을 것이다. 『현대지리사전』(*A Modern Dictionary of Geography*)(Witherick et al., 2001: 72)은 개발을 다음과 같이 정의하고 있다.

인문지리학에서 개발은 특정 사회의 상태와 그 안에서 경험되는 변화의 과정과 관련된다. 개발은 일반적으로 4가지 주요한 방향들, 즉 경제성장, 기술 사용의 향상, 개선된 복지, 근대화 등에서 어느 정도의 진보를 포함하는 것으로 간주된다. 이러한 차원들은 제1세계(First World)와 제3세계

---

1) 역자 주 : 여기서 개발이란 영어 development를 번역한 것으로서 발달, 발전 등과 동일한 의미를 지니며, 상황과 문맥에 따라 적절한 우리말을 사용한다.

(Third World), 그리고 경제적으로 더 발달된 국가(MEDCs)와 경제적으로
덜 발달된 국가(LEDCs)를 구분하기 위해 널리 사용된다.[2] 개발의 의미는
20세기 후반기 동안 급격하게 변화해왔다. 원래 개발은 경제적 발달 또는
경제적 성장을 의미하였다. 요즘 개발에 대한 관점은 전체적으로 더욱 광
범위해졌는데, 전체 사회를 포함하고 경제적 발달과 기술적 발달뿐만 아니
라 문화적 발달과 사회적 발달을 포함한다.

　이 사전은 '개발'에 대한 관점이 특정 사회에서 발견되는 특성의 혼합물과
관련된다고 제안한다. 이것들은 일반적으로 일련의 '개발' 지표에 의해 측정
된다. 대개 경제적 지표에만 근거한 개발에 대한 통화 척도는 인간개발지수
(Human Development Index)를 생산하기 위한 사회적 지표와 균형을 이룬다.
위의 정의에서 제시하고 있는 것처럼 개발의 의미는 고정되어 있는 것이 아
니라 계속해서 재해석된다.
　토픽 속에서 하나의 방법으로서 개발 지표를 사용하는 것의 명백한 문제
점은 인간의 삶의 실재를 얼버무리고 넘어가거나 단순화시키려는 경향이
있다는 것이다. 그것은 '평균적인' 통계를 제공한다. 학생들은 인간과 장소
에 대한 그들 자신의 '심상지도(mental maps)'를 가지고 지리 수업에 오며,
이것들은 개발에 관한 교수를 시작하는 기초를 형성한다. 대부분의 교사들
은 학생들의 '개발'에 대한 상식적인 이해[괜찮다면 학생들의 오개념(mis-
conceptions)]가 변하지 않고 그대로 있는 것에 불만스러워할 것이고, 이러한
'개인지리'를 학문으로서의 지리에 의해 제공된 구조틀에 연결하려고 할 것
이다. 이 단계에서 명백한 정보의 원천은 교과서에 제시된 개발과 관련한
토픽의 재현이다. 비록 우리가 꽤 많고 다양한 텍스트를 일반화할 위험은

---

2) '경제적으로 더 발달된 국가(More Economically Developed Countries)'와 '경제적으로
덜 발달된 국가(Less Economically Developed Countries)'라는 용어는 현재 지리시험위원회
(exam boards in geography)가 선호하는 것들이다. 즉, 이것은 시험 문제지와 교과서가 이
용어를 채택하고 있고, 학생들은 글쓰기 활동에 이 용어를 사용하도록 격려받는다는 것을
의미한다. 이것은 우리가 이 책에서 하려는 논의의 일부분에 대한 흥미 있는 사례다. 그것은
학생들로 하여금 지리지식에 대한 비판적인 태도를 가지도록 격려할 필요에 관한 것이다.
즉, 이러한 용어는 누가 만들었는가? 왜? 이 용어는 누구의 관심에 기여하는가?

있지만, 우리는 교과서가 많은 일반적인 특징을 보여주고 있다고 생각한다.

학교 지리교과서는 근대화 모델 또는 개발 이론에 의존하는 경향이 있다. 이것에 대한 사례는 로스토우(Rostow), 미르달(Myrdal), 프리드먼(Freidman)의 모델을 포함한다(66-68페이지의 〈글상자 4.1〉에서 로스토우에 관해 논의하고 있다). 그것들은 공통적으로 다음을 공유한다.

동일한 종류의 경제적 · 사회적 · 정치적 구조를 향해 진행되고 있는 선형 과정이 서부유럽과 북미를 특징짓는 것처럼, 그것들은 간섭(개입)주의 경제학과 현재 서구의 경제적(함축적으로는 문화적) 모델의 우수성의 지배 하에 있는 강한 신념을 공유하고 있다(Dickenson et al., 1983: 15).

만약 학생들이 이러한 텍스트 배후에 놓여 있는 가정을 검토할 기회를 제공받지 못한다면, 학생들은 '개발'에 대해 단순하고 유럽중심적인 관점에 빠지게 될 것이다. 이들 모델과 접근에 대한 비판은 여기에서는 간단히 진술된다. 1960년대와 1970년 기간에 '제3세계를 후퇴와 합치하는' 것으로 특징짓는 종속이론이 발달했다. 하나의 사례는 안드레 군더 프랑크(Andre Gunder Frank)(1967)의 '저개발의 개발'이라는 아이디어다. 프랑크는 개발과 저개발은 동전의 양면이며, 둘 다 자본주의 개발 시스템의 모순에 대한 필연적인 결과와 태도 표명이라고 주장하였다. 후진국의 상황은 관성, 불운, 기회, 기후변화 등으로 인한 결과가 아니라 그들이 글로벌 자본주의 시스템으로 어떻게 통합되는지에 대한 반영이다. 종속이론가들은 지배적인 자본주의의 권력은 그들의 이익에 기여하도록 하기 위해 정치적 · 경제적 구조의 변형을 조장했다고 주장한다. 식민지 영토들은 최소의 비용으로 1차 제품(농산물)을 생산하고 동시에 산업 제품을 위한 시장이 되도록 조직되었다. 잉여가치는 못사는 지역에서 잘사는 지역으로, 그리고 후진국에서 선진국으로 유입되었다.

지리교과서가 교사와 학생들에게 개발에 대한 부분적인 설명만을 제공하는 경향이 있다는 자각에 의해 중요한 질문이 제기된다. 예를 들면 어떤 재현이 어떻게 규준으로서 받아들여지게 되는가? 무엇이 다른 더 비판적인 관점에 대한 토론을 방해하는가? 그러한 재현은 누구의 관심을 반영하고 있는가? 분명하게 지리교사가 "개발이 무엇인가?"라는 질문에 어떻게 답하는가 하는 것은 그것들이 그 토픽을 학생들에게 어떻게 재현하는가에 대한 중요한 함의를 지닌다. 예를 들면 근대화 이론의 관점을 사용하는 교사는 저개발은 일시적인 현상이라는 관점을 가지고 수업을 진행하는 경향이 있을 것이다. 안정적인 정치적 시스템, 1차산업에서 2차산업으로의 이동을 촉진시키려는 정부, 국제적 공동체로부터의 원조 등과 같은 적절한 조건만 주어진다면 국가들은 발전을 경험할 수 있다(사례들은 이러한 과정을 설명하기 위해 선택될지 모른다). 대안적으로 급진적인 개발 관점을 지닌 교사는 이것에 대해 의심할 것이고, 교육적 경험은 학생들에게 다음을 제시할 것이다.

자본주의는 제3세계의 개발을 촉진할 수 없거나 촉진하지 못할 것이다. 즉, 오로지 그러한 자본주의는 궁극적으로 세계의 인구학적 · 환경적인 병폐의 원인이 된다. 그러한 자본주의는 후진국의 독자적인 산업화를 촉진시킬 수 없다. 그리고 자본주의 세계 시스템을 형성하는 근본적인 분열이 선진국과 후진국 사이에 놓여 있다. 이것의 요지는 그러한 결정은 교과에 대한 교사 자신의 해석에 근거하여 이루어지며, 그것은 수업에서 교사들의 관점에 영향을 미치거나 그것을 형성한다는 것이다(Corbridge, 1986: 3).

그러나 어떤 교사나 알고 있는 것처럼 성공적인 교수는 단지 교과에 대한 명확한 이해에만 달려 있는 것이 아니라, 그러한 지식을 학생들에게 재현하는 방법에 대한 결정에 달려 있다. 이것은 위험한 과업이다. 1990년대에 지리를 가르쳤던 우리 중의 한 명[모건(Morgan)]은 글로벌 자본주의 시스템에 대한 신마르크스주의(neo-Marxist) 해석을 끌어와서 개발에 관한 수업을 했던 것을 기억한다. 나는 학교지리 텍스트에서 발견되는 대부분의 관점은 '성장의 한계'에 관한 신맬더스(neo-Malthusian) 주장을 채택했으며, '개발주의자'의 관점을 따르고 있다고 생각했다. 학생들은 항상 왜 '우리'는 부자고 '그들'

은 그렇게 가난한가에 대한 질문에 관심이 있었다. 그리고 나는 해외원조의 유효성에 관한 의문을 제기하고 이러한 쟁점에 관한 신마르크스주의 관점을 알리기 위한 기회로서 '빨간 코의 날(Red Nose day)'[3]을 사용했다. 비록 많은 학생들이 이러한 주장의 논리를 인식하였지만, 진정으로 '무언가를 하고', '차이를 만들기'를 바라는 많은 학생들이 이러한 해석이 꽤 혼란스럽고 울적하게 한다고 생각한 것이 나를 난처하게 했다. 사실 코브리지(Corbridge, 1986)는 '급진적인 개발 지리의 난국'에 관해 이야기하고 많은 근거를 들어 그것을 비판했다.

- 급진적 개발 지리는 사물을 '흑백' 논리로 보는 경향이 있다. 자본주의는 의미상 개발을 촉진하거나 아니면 의미상 저개발을 촉진한다. 중간적인 입장을 위한 여지는 거의 없다.
- 비록 급진적 개발 지리는 환경결정론에 대한 아이디어를 거부하지만, 무엇이 어떤 장소에서 일어나는 것은 강력한 글로벌 시스템의 구조 안에서 그 장소의 위치로 인한 결과라고 제시하려고 한다.
- 세계는 '선진국'과 '후진국'에 의해서든지, 아니면 '핵심'과 '주변'에 의해서든지 간에 명백한 블록으로 구분되는 경향이 있다. 다시 말해 장소의 다양성에 관해 거의 인식하지 못한다.
- 급진적 개발 지리는 개발에 대한 다른 이론에 대해 거만하거나 경멸하는 특징이 있어왔다. 그것은 단순히 세계에 관한 하나의 관점을 다른 하나의 관점으로 대체시키려는 경향이 있다.

'개발'에 대한 나의 교수를 회고해볼 때, 나는 이러한 문제의 양상을 인식할 수 있고, 수업에 대한 학생들의 반응을 고려하여 비정부기구(NGO)로부터 끌어온 많은 로컬 또는 '상향식' 계획의 사례들을 통합하려고 시도했다. 이러

---

3) 역자 주: '빨간 코의 날'은 1985년 영국에 세워진 코믹 릴리프(Comic Relief)라는 자선단체에 의해 시작되어 도움이 필요한 영국과 아프리카의 사람들을 위해 성금을 모아 전달해주는 날로 2년마다 열린다. '빨간 코의 날'이라고 한 것은 성금을 모으면서 재미를 주기 위해 모금하는 사람들이 빨간 코를 쓰기 때문이다. 이 빨간 코는 행사 때마다 다양한 디자인을 선보인다.

한 수업을 할 때, 나는 약간 불안한 마음이 들었다. 왜냐하면 작은 스케일의 계획에 대한 초점이 그러한 프로젝트들이 글로벌 자본주의 시스템에 의해 생산된 문제를 완화시키는 데 기여할 수 있다는 인상을 줄 위험이 있다고 느꼈기 때문이다. 이것은 지리교사들이 지리지식을 어떻게 재현할 것인가에 대해 결정하는 선택에 관심을 끌게 한다. 아마도 내가 지리 수업을 계획할 때 직면하는 기본적인 쟁점은 경제결정론을 향한 나 자신의 성향과 이것이 내가 가르친 학생들에게 비관적인 메시지를 제공할 위험이 있는 방법 사이에 균형을 맞추는 것이었다. 그러한 교수에서 사람들의 삶을 자본주의 경제의 구조적인 영향력에 비해 부차적인 것으로 간주하는 경향이 있었다. 그건 그렇고 특히 '사실적', 즉 논란의 여지가 적은 지식도 있을 수 있다고 주장하는 사람들 앞에서 지리교사들은 수업에 제시한 관점을 정당화할 수 있고, 만약 필요하다면 방어할 수 있어야 한다는 것이 더해져야 한다. 우리의 신념은 학문으로서의 지리가 지식을 구성하는 방법을 확실히 이해하는 것이 이러한 질문에 답하는 최선의 방법이라는 것이다.

우리가 여기서 기술하고 있는 것은 교사들이 '가치 있는 교육활동'의 개념화를 결정하는 과정이다. 이러한 쟁점은 쉽게 해결되지 않는다. 그러나 우리가 지적하는 것은 그것들이 (지리)교과에 대한 학문적 이해에 의해 제공되는 교육과정 계획 과정의 중요한 부분이라는 것이다. 게다가 그러한 교육과정 계획은 세계가 변화함에 따라 항상 변화의 대상이 되고, 세계의 변화에 대한 학문적 해석의 대상이 된다. 예를 들면 현시점의 '개발'에 대한 어떤 수업은 '후기 개발'(post-development)에 관한 논쟁에 대한 인식을 통해 영향을 받을 필요가 있다. 삭스(Sachs)는 『개발의 사전』(*Dictionary of Development*)(1992)에서 후기 개발에 대한 아이디어 또는 개발이 사회의 전반적인 서구화를 초래하려고 하는 식민지화의 새로운 형태를 포함하고 있는 근거에 대해 논의한다. 이러한 관점에 따르면, 개발은 개방적인 역사적 관점을 필연적이고 불가피한 운명의 아이디어로 대체한다. 일거에 개발은 "전 세계 사람들의 2/3가 의심할 여지없이 열등한 것으로 정의하고, 또한 그들의 합리적인 사회적 목적은 서구의 산업화된 사회를 따라잡는 프로젝트가 되는 것으로 정의

한다"(Porter and Sheppard, 1998: 111).

독자들은 이러한 지적을 고려하여 '개발'에 대한 원래 정의를 다시 읽기를 원할지 모르며, 그것이 삭스의 분석과 어느 정도로 차이가 있는지에 관해 생각하기를 원할지 모른다. "개발이란 무엇인가?"라는 주제로 일련의 수업을 계획하는 교사의 관점에서 후기 개발에 관한 이러한 논쟁은 매우 심오하다. 그러한 논쟁은 매우 신중하게 고려될 필요가 있다. 왜냐하면 그것들은 개발에 대한 사고가 지리 수업에 앉아 있는 학생들에게 '우리'는 개발되었고, '그들'은 개발되지 않았다는 인상을 심어줄 운명에 처해 있기 때문이다. 따라서 개발이라는 바로 그 언어는 우리를 '그들'과 '우리'라는 담론 내에 위치시키는 데 기여하며, 그것은 이동하기에 매우 어렵다. 이러한 사례는 애플(Apple)이 교육과정 계획을 도덕적·윤리적·정치적 행위라고 이야기했을 때 의미한 것을 보여준다. 실증주의 관점에서 개발에 관한 교수는 개발을 정의한 문제로서 개발을 구체화하고 그것을 측정하기 위한 방법을 결정하며, 그러고 나서 개발의 분포에 대한 몇몇 설명을 지도화하여 제공한다. 그 결과는 경험의 복잡성을 제거한 개발에 대한 관점이다. 더 인간주의적인 접근은 이러한 현상에 부착되어 있는 가치와 의미를 강조하는 것 같다. 물론 인간주의 접근을 채택하는 교사들은 인간이 통계보다 더 중요하다는, 즉 숫자들 배후에는 어떤 이야기가 있다는 것을 강조하려고 하는 윤리적 선택을 할 것이다. 덜 명백할지 모르지만 설명(explanations)을 제공하는 대신에 기술(descriptions)에 초점을 두는 것은 또한 정치적 선택을 하는 것이다.

그렇다면 이러한 논의는 우리를 어디에 도달하게 할까? 지리교사들은 "개발이란 무엇일까?"에 근거하여 그들의 수업을 어떻게 계획해야 할까? 우리의 주장은 지리교사들이 국가들 사이의 차이를 설명하는 데 환경결정론에 근거한 텍스트를 거부해온 것처럼, 그들은 또한 기저에 놓여 있는 가정 때문에 환경결정론에 근거한 텍스트를 대신할 모델을 검토할 필요가 있다. 이것을 우리는 이전 장의 마지막 부분에서 사용한 용어에 적용하면, 교육과정은 재현적인 텍스트로 간주될 필요가 있다. 지리교사에게 이것은 다음과 같은 질문을 하는 것을 포함할 것이다.

- 상이한 집단은 이 텍스트에 어떻게 재현되어 있을까?
- '개발'에 관한 어떤 메시지가 제공되어 있을까?
- 현상들은 어떤 지리적 스케일에서 학습되어야 할까? 로컬 사례학습이 어떻게 글로벌 스케일에 관한 아이디어와 연결될 수 있을까?
- 교육과정은 사람들 자신의 목소리가 들리도록 허용할까?
- 어떤 이론이 '개발'에 대해 설명하기 위해 사용되었나? 누가 어떤 상황에서 이러한 이론을 생산했나?
- 이러한 토픽을 재현하는 대안적인 방법이 있나?
- 세계에 대한 텍스트로서의 교육과정과 행동으로서의 교육과정 사이의 관계는 무엇일까? 교육과정은 행위와 변혁을 위한 공간을 만들고 있나? 혹은 교육과정은 사람들이 그들의 상황을 거의 변화시킬 수 없다는 메시지를 제공하나?

우리는 이와 같은 질문과 관련한 과정을 검토하고 있는 지리교사들은 개발 토픽에 대해 엄정하고 학문적인 접근에 기초한 학습 경험을 계획할 수 있을 것 같다고 제안한다. 그들은 지식 생산의 정치학을 이해하는 데 능숙하게 될 것이며, 교과서에 의해 제시된 재현을 액면 그대로 받아들이기보다 오히려 그들 자신이 지식 생산의 행위에 참여하는 것으로 간주할 것이다. 그들은 학생들이 "개발이란 무엇일까?"라는 질문에 대해 하나의 간단한 답이 있다는 인상을 훨씬 덜 받도록 수업을 할 것이다. 게다가 그러한 교사들은 또한 그들이 생산한 교육과정 텍스트와 그들의 독자들(즉, 학생들) 사이의 관계에 대해 잘 알 것이다. 이것은 우리가 이 장의 다음 절에서 논의하고자 하는 것이다.

석회암 경관을 가르치기

이 절에서 우리는 초점을 전환하여 초임교사가 석회암 경관에 관해 만든 교육과정 단원에 관해 논의한다. 마크(Mark)는 "왜 석회암 경관은 보호될 필요가 있는가?"라는 주제로 8학년 학급 학생들을 위한 단원을 만들었다.

이 단원은 지구과학에 대한 마크 자신의 관심을 반영한 것이다. 이것은 국가교육과정(지형적 프로세스, 그것들이 경관과 사람에게 미치는 영향, 상충하는 요구 또는 어떤 환경이 어떻게 발생하며, 환경을 관리하기 위한 시도들이 어떻게 왜 이루어지는가)과도 명백하게 연관이 있다. 이 단원은 학생들에게 지리적 탐구와 기능을 실천하도록 할 것이다.

마크는 그가 만든 단원의 배후에 놓여 있는 사고를 설명하면서, "이 단원은 대략적으로 주제와 관련된 전개(석회암 경관)를 따르도록 설계되었다. 그리고 만약 그렇지 않다면 무미건조한 토픽이 될 것을 우려하여 몇몇 관련된 가치를 고려하여 쟁점들의 요소(개발과 관리)를 부가하였다"라고 썼다.

탐구 구조틀(enquiry framework)을 사용해 마크는 수업의 계열(sequence of lessons)을 고안하였다.

① 왜 석회암 경관은 보호될 필요가 있을까?

② 우리는 잉글랜드와 웨일즈 지역의 기복을 어떻게 묘사할 수 있을까?

③ 잉글랜드와 웨일즈의 고원 지역은 무엇으로 만들어져 있을까?

④ 거대한 석회암이란 무엇일까?

⑤ 석회암 경관에서 특별한 것은 무엇일까?

⑥ 체다 고즈(Cheddar Gorge)와 우키 홀(Wookey Hole)[4]에 관해 독특한 것은 무엇일까?

⑦ 석회암 경관은 어떻게 변화/손상되어오고 있을까?

⑧ 이러한 경관을 관리/보호할 수 있는 방법은 무엇일까?

마크의 단원에 관해 여기에서 논의할 수 있는 것보다 훨씬 많은 것들이 있다. 그의 단원에서 중요한 초점은 학생들이 활동에 참여하여 문해 능력

---

4) 역자 주: 체다 고즈는 영국 잉글랜드 서머싯(Somerset) 주의 체다(Cheddar) 마을 인근의 멘딥힐스(Mendip Hills)에 있는 석회암 협곡(limestone gorge)으로 체다 치즈로도 유명한 곳이다. 우키 홀은 영국 잉글랜드 서머싯 주의 웰스(Wells) 인근의 멘딥힐스 남쪽 경계에 있는 우키 홀 마을의 상업적 석회암 동굴이자 관광지다.

(literacy skills)을 발달시킨다는 것이었다.

마크는 인터넷에서 가져온 석회암 경관의 사진을 사용하였고, 학생들에게 사진들 사이의 관계를 추측하도록 요구했다. 그런 다음 그는 학생들에게 이러한 경관이 어떻게 형성되었다고 생각하는지 물었으며, 풍화와 침식이라는 용어를 소개했다. 그는 다이어그램을 그려 풍화의 3가지 유형에 대해 설명했다.

다음 수업은 잉글랜드와 웨일즈의 기복에 초점을 맞추었다. 주요 단어(기복, 고지, 저지)가 소개되었고, 학생들은 지도책을 비롯하여 마크가 잉글랜드와 웨일즈의 단순화된 기복도를 만들기 위해 준비해왔던 시트를 사용했다. 그리고 나서 학생들은 그들의 지도를 사용하여 기복에 관한 참 또는 거짓 연습을 했으며, 마침내 그 기복을 기술하는 문장(단)을 완성해냈다.

다음 차시 수업에서 학생들은 지도책을 사용하여 영국 지도에서 7개의 이름이 적혀 있는 고지대를 확인하고 라벨을 붙였다. 이러한 활동을 한 후, 3개의 주요 암석 유형이 수정되었으며, 마크는 지질 연대에 대해 간략하게 설명했다. 그리고 나서 학생들은 지질주상도를 사용하여 각각의 7개의 고지대를 형성하고 있는 암석을 확인하였다.

결론적으로… 학생들은 고지대에 있는 암석의 연대와 유형을 저지대에 있는 것과 비교하도록 요구받았다. 몇몇 학생들은 고지대를 형성하는 더 오래된 경암과의 연관성을 도출해냈는데, 이것은 저지대에 있는 더 최근에 만들어진 연암보다 침식에 더 강하기 때문이라고 제안했다.

다음 수업은 석회암의 정보에 초점을 두었으며, 마크는 영국이 한때 어떻게 적도 가까이에 위치하여 얕은 열대 해양으로 덮여 있었는지에 대한 스토리를 이야기했다. 학생들은 교과서를 사용하여 석회암의 견본을 관찰하고 석회암의 정보에 관한 질문에 답했다.

학생들은 석회암의 특징(예를 들면 건곡)에 관한 프레젠테이션을 준비하기 위해 짝으로 활동했다. 몇몇 학생들은 석회암 샘플에 산성이 미치는 영향을 알 수 있었다. 학생들은 교과서와 사전 지식을 사용하여 그 특징을 다이어그램에 적었으며, 전문적 용어를 사용하여 특징을 기술하고, 그러한 특징이 어떻게 형성되었으며, 왜 그러한 특징이 석회암에서 독특하게 나타나는지를 설명하였다. "능동적인 학습의 효과성을 보여주는 것으로서 발표자들이 종유석, 석순과 같이 새롭고 익숙하지 않은 단어들을 회상하고 정확하게 사용할 수 있는 것을 보고 만족스러웠다."

다음 수업에서 학생들은 체다 고즈(Cheddar Gorge)와 우키 홀(Wookey Hole)에 대한 관광안내책자를 사용했다. 이 수업은 이러한 지형적 특성이 어떻게 만들어질 수 있었는지에 대해 토론했다. 마크는 학생들에게 비록 이 이미지들은 훌륭하지만, 그것들은 이러한 특징이 어떻게 형성되었는지에 대한 어떤 설명도 포함하지 않다고 말했다. 학생들의 과업은 "그러한 특징을 무엇이라 부르며 어떻게 형성되었는지를 다른 학생들에게 들려주기 위해 유용한 정보를 제공하는 소책자를 만드는 것"이었다. 학생들은 교과서, 노트, 인터넷 사이트 등으로부터 정보를 선택하여 소책자를 만들었다.

마크는 질 높은 일련의 수업을 만들었다. 이 단원에 대한 그의 평가는 이 수업이 진행된 방법, 학생들이 그 활동을 즐거워했는지 아닌지, 학생들이 어떻게 활동했다고 느꼈는지, 학생들이 어떤 개념들에 대해 어려워했는지에 초점을 두었다. 마크는 또한 이것이 '경외감과 감탄'을 증가시킬 수 있었던 것처럼 몇몇 석회암 경관을 실제로 방문했더라면 더 유용했을 것이라고 언급했다. 비디오는 공급이 부족했다. 마크는 또한 탐구 질문을 통해 내러티브 줄거리를 확인하는 것이 어려웠다고 언급했다. 실로 여러분은 대안적인 계열을 생각할 수 있을지 모른다.

이전 장들에서 우리가 한 논의에 비추어 우리는 지금 마크의 단원에서 가르쳐진 지리의 유형에 대해 몇몇 논평을 하기를 원한다. 데이비드 페퍼(David Pepper)에 의해 제기된 "왜 자연지리를 가르치는가?"라는 질문은 특히 여기에서도 적절하다. 실로 이것은 교사자격인증석사(PGCE) 기간 동안 마크에게 직접적으로 제기되었던 질문이며, 그는 마음 속 깊이 이것을 염두에 두고 이 단원을 고안했다. 주의사항으로서 페퍼는 "우리는 자연지리를 가르치는 이유에 관해 더 주의 깊게 생각할 필요가 있다. 사회적 맥락을 벗어나서 자연지리를 가르치는 것은 요점이 거의 없거나 흥미가 거의 없다"고 진술했다 (1985: 69).

마크의 단원은 훨씬 더 자연지리와 인문지리 사이의 전통적인 구분 내에 속한다. 아마도 그의 교과 전문지식을 성찰해볼 때, 이 단원은 석회암 경관의 자연지리에 대해 강조하고 있으며 인문지리는 거의 보족으로서 나중에 나온다. 이것은 마크의 계획에 대한 비판이 아니다. 왜냐하면 그것은 학문이 구성되어온 방법의 일부분이기 때문이다. "우리가 세계에서 우연히 마주치게 되는 모든 것은 이미 '문화'에 속하거나 아니면 '자연'에 속한다는 가정이 '인문'과 '자연' 지리 사이의 구분으로 굳어져 왔다"(Whatmore, 1994: 4).

사실 마크는 석회암 경관이 보호되어야 하는지 어떤지를 질문함으로써 자연지리와 인문지리를 함께 연결하려고 한다. 이것은 페퍼의 질문에 대한 어떤 답변을 제공할 것 같다. 이 질문에는 가치에 대한 진술이 내포되어 있다. 즉, 석회암 경관은 소중하며, 따라서 보존할 가치가 있다는 것이 당연한 것으로 간주된다. 이것은 이 단원에 대한 마크의 교수에서도 그렇게 진행되어온 것 같으며, 비록 가치에 대한 더 상세한 논의(그것들 중에서는 더 긴 시간 동안)를 위한 기회가 있었는지 모르겠지만, 학생들이 체다 고즈와 우키 홀에 관해 생산한 활동 결과에서는 명백하다.

마크가 앞으로 이 단원에서 취할 수 있는 하나의 방향은 학생들이 어떻게 이러한 경관으로부터 의미를 만드는지를 탐구하는 것일 것이다. 사회적 자연(social nature)에 관한 4장에서의 논의와 유사하게, 석회암 경관은 인간의 의미 체계 밖에 존재하는 객관적인 목록이 아니다. 예를 들면 교육과정 설계자들과 교과서 저자들이 석회암 경관을 학교지리의 일부분으로 포함한다는 바로 그 사실이 그것들의 가치에 관한 어떤 진술이다(화강암 경관에 관해서는 덜 강조되는 것 같다. 〈글상자 5.1〉 참조).

게다가 개념으로서의 '경관'은 인간의 구성물이다. 이것을 탐구하는 하나의 방법은 미국 지리학자 메이닉(D. W. Meinig, 1979: 34)의 충고를 따르는 것이다.

도시와 시골의 어느 부분을 바라보고 있는 어떤 편리한 조망 장소로 작지만 다양성을 가진 한 회사를 선택하라. 그리고 각각 차례로 그 '경관'이 무엇으로 구성되어 있는지 상세하게 묘사하고, 볼 수 있는 것의 '의미'에 관해 무언가를 말해보라. 비록 우리가 함께 모여 동일한 순간에 동일한 방향을 바라본다고 하더라도, 우리는 동일한 경관을 보지 못할 것(볼 수 없을 것)이라는 것이 곧 명백하게 될 것이다. 우리는 많은 동일한 요소들— 집, 도로, 나무, 언덕—을 숫자, 형태, 크기, 색깔 등과 같은 외연적인 관점에서 볼 것이라고 확실하게 동의할지 모른다. 그러나 그러한 사실들은 연합을 통해 단지 의미를 가지게 된다. 즉, 그것들은 어떤 아이디어들의 응집력 있는 일체감에 따라 적합하게 될 것임에 틀림없다. 따라서 우리는 가장 중요한 문제에 직면한다. 즉, 어떤 경관은 우리 눈앞에 놓여 있는 것으로 뿐만 아니라 우리의 머릿속에 놓여 있는 것으로 구성된다.

⊠ 글상자 5.1 ⊠

말함탄(Malham Tarn)[5]으로 가는 길…

7페이지 분량의 석회암 노면에 대한 연구는 야외조사에 대한 지리학자들의 지속적인 헌신을 보여주는 인상적인 지표다. 그럼에도 불구하고 이 논문은 하나의 질문에 대한 답변을 제공하고 있지 않다. 석회암 노면을 왜 그렇게 상세하게 연구하는가?

이 분석에 사용된 단어인 "거대한, 판석질의, 덩어리가 많은"은 전체 토픽을 특징짓는 것 같다.

한편 도시는 폭발적으로 증가하고 있다. 3백만 이상의 사람들이 영국에서 일자리를 구하지 못하고 있다. 포클랜드(Falklands)에서 전쟁이 일어나고 있다. 폴란드에서 사람들이 영양실조에 걸리고 있고, 원자력발전소에 대한 찬반이 점점 시급한 쟁점이 되고 있다. 이러한 모든 토픽들은 지리학자들, 학생들, 일반 대중들에게 화급한 사안이 되고 있다. 그에 반해서 석회암 노면은 영국의 육지 면적의 1%도 훨씬 미치지 못한다. 대부분의 학생들은 석회암 노면을 결코 보지 못할 것이다. 어떤 사람도 그곳에 살고 있지 않다. 느린 용해

를 제외하고는 석회암 노면에서 별로 대단할 것이 없다…석회암 노면은 아마
한 차시 수업을 할 가치가 있다. 그리고 만약 당신이 스킵턴(Skipton)에 살고
있다면, 그것들을 보러 갈 가치가 있다. 그러나 다른 나머지 사람들에게 말함
탄(Malham Tarn)으로 가는 길은 정말로 막다른 길이다. 반드시 노면에 대해
공부해야 한다. 그러나 도시 노면이 훨씬 더 중요하다.

— 데이비드 라이트(David Wright)(1983)가 『*Teaching Geography*』에 투고한 글

"우리 머릿속에 있는 그러한 아이디어"는 이데올로기이며, 경관에 대한
매우 상이한 독해를 재현한다. 메이닉은 적어도 10가지를 제시했다[자연,
서식지(주거환경), 인공물, 시스템, 문제, 부, 이데올로기, 역사, 장소, 미학
등으로서의 경관]. 메이닉의 10가지 '보는 방법(ways of seeing)'은 마크의 학
생들이 "석회암 경관은 왜 보호되어야 할까?"라는 질문을 분석하기 위한 유
용한 방법을 제공할 수 있다.

마크의 단원은 학생들이 어느 정도로 참여해야 하는지에 대한 교육과정
계획에서 중요한 질문을 제기한다. 그는 학생들이 이것을 '무미건조한' 토픽
으로 간주할 것이라고 견해를 밝혔다. 암스트롱(Armstrong, 1973: 51)은 교사
로서 우리가 학생들에게 이야기하는 방법, 즉 그들에게 질문하거나 칭찬하
는 방법에 숨겨진 권위주의의 형식을 언급하고 있다. 그는 이것을 교육과정
계획으로까지 확장한다.

어떤 주제가 선택되고, 전략이 학생들의 경험과 관심과 관련하여 작동되
며 소재가 준비되며 자료가 동원된다…아이러니컬하게도 이 프로그램을
의도한 학생들을 위해 보여주려고 준비되었다 싶으면, 교사들로서의 우리
자신의 열정은 종종 절반을 사용했거나, 너무 자아도취에 빠져 우리는 그것을
어떤 다른 사람들과는 공유하지 못할 것이라는 것을 이해할 수 없게 된다.[6]

---

5) 역자 주: 말함탄은 잉글랜드 요크셔데일스(Yorkshire Dales)에 있는 말함탄 마을 근처에
있는 빙하호다. 즉, 말함(Malham)은 지명이고, 탄(tarn)은 작은 호수를 의미한다. 해발 377m
에 위치한 것으로서 잉글랜드에서 가장 높은 호수다.

6) 우리에게 이 참고문헌에 대해 알려준 제시카 피케트(Jessica Pykett)에게 감사드린다.

암스트롱의 경고는 시기적절하다. 왜냐하면 특히 그것은 우리가 애플 (Apple)의 요구를 진지하게 고려하려고 한다면, 학생들이 교육과정의 계획에 포함될 가능성을 고려할 필요가 있다는 것을 제안하기 때문이다.

범죄를 구성하기

우리의 세 번째 예는 교육과정평가원(QCA: Qualifications and Curriculum Authority)이 지리국가교육과정을 위한 활동 계획(schemes of work)의 사례로 출판한 것 중의 하나에 초점을 둔다. 이것은 교육과정에서 학습해야 할 '문제(problems)'를 선택할 때, 계획가로서 교사들은 일반적으로 학생들로 하여금 사회를 형성하는 구조에 대한 깊이 있는 이해를 할 수 있는 구조들을 선택하지 않는다는 길버트(Gilbert, 1984)의 주장에 대한 훌륭한 사례다. 이 학습 단원의 제목은 '범죄와 지역사회(crime and the local community)'다. 이 단원을 학습할 때, 학생들에게 기대할 수 있는 것은 다음과 같다.

- 범죄에는 상이한 유형이 있고, 모든 범죄가 기록되는 것은 아니며, 범죄를 저지르는 것이 왜 잘못인지를 이해하게 될 것이다.
- 로컬 지역과 그 밖의 지역에서 일어나는 범죄의 입지적 패턴을 기술하고 설명하기 시작할 것이다.
- 환경을 개선하고 보다 안전하게 만들 수 있는 방법을 제안할 것이다.
- 학생들이 범죄를 조사하는 데 필요한 기능과 증거의 원천을 선택하고 사용할 것이다.
- 학생들은 그럴듯한 결론을 제시하고 발견한 결과를 발표할 것이다.

이 단원을 위한 '탐구 경로(route for enquiry)'는 다음과 같다.

—우리는 범죄에 관해 무엇을 알고 있나? 모든 범죄는 기록될까?
—상이한 유형의 범죄에 대해 어떻게 느끼나? 범죄에 대해 어떤 두려움이

있나?

- 지역사회에서 다소 범죄가 예상되는 지역들이 있나?
- 우리의 로컬리티에서 어떤 범죄를 지도화하는 것이 가능할까?
- 범죄의 지리에 대한 보다 나은 이해가 범죄가 발생하는 것을 줄이는 데 도움이 될까?
- 전국적인 범죄의 패턴이 있나? 도시와 농촌에서 일어나는 범죄에는 어떤 차이가 있나?
- 범죄에 대한 국제적인 비교가 이루어질 수 있을까?

이 단원은 현대적이고 적절한 지리적 경험을 제공하고 있는 것처럼 보인다. 이것은 시민성을 위한 국가교육과정의 요구사항과 명백하게 관련이 있다. 이 단원은 지리에 대한 '복지적 접근'의 전통을 명백하게 따르고 있으며, 삶의 질과 누가 무엇을, 어디에서, 어떻게 얻는지에 관한 중요한 질문에 초점을 둔다. 교육과정 계획의 한 부분으로써 이것은 "가치 있는 교육적 활동에 대한 경쟁하고 있는 이데올로기적·정치적·개인적인 개념화"에 관한 결정을 포함한다. 지리교육과정 내에 범죄를 포함시키려는 결정은 교사 또는 지리과가 무엇이 가치 있다고 간주하는지에 관해 어떤 것을 말해준다. 그러나 우리의 분석을 통해 우리는 교육과정 계획에 대한 이러한 접근에 심각한 한계가 있다는 것을 제안하기를 원한다. 왜냐하면 이것은 정확하게 교육과정 설계에 대한 이데올로기적·도덕적·정치적 요소로부터 기술적이고 도구적인 요소로 너무 빠르게 옮겨갈 수 있는 위험이 있기 때문이다. 달리 말하면, 왜 가르치는가에 대한 질문에 너무 빨리 대답하려고 하여 결국 어떻게 가르칠 것인가를 황급히 결정하는 꼴이 된다. 우리는 이것이 하나의 교과로서 지리의 교육적 잠재력에 대한 명확한 이해에 기반하지 않는 지리적 경험을 초래할 수 있다고 주장한다.

이러한 주장을 발전시키기 위해 우리는 지리학자들이 '범죄의 지리'를 어떻게 개념화하고 연구해오고 있는지를 고찰할 필요가 있다. 범죄의 지리에 초점을 둔 연구분야는 사회지리학 연구의 한 분야로서 1970년대 초반부터 발전해오고 있다. 이 시기에 지리학자들은 이 교과의 '적실성'을 강조하기를 원했다. 이 시기의 주요 철학적인 방향과 비슷하게, 그들은 범죄 문제를 연구하기 위해 실증주의와 행동주의로 부터 통찰력을 사용했다. 범죄에 대한 지리학적 연구에 접근할 수 있는 입문서로는 데이비드 허버트(David Herbert)의 『도시 범죄의 지리』(*The Geography of Urban Crime*)(1982)다. 허버트는 범죄의 지리에 대한 두 가지의 주요 접근을 언급한다.

첫째 접근법은 지역연구(areal studies)다. 지역연구는 위법행위와 위법행위자의 분포와 관련된다. 지역연구는 범죄 분포에 관한 가설을 발전시킨 범죄학자 쇼와 맥케이(Shaw and McKay, 1942)의 연구와 가장 관련된다. 지역연구는 범죄 통계를 지도화하고 관찰된 패턴에 관해 일반화하는 것을 포함한다.

생태학적 연구(ecological studies)는 범죄율과 환경적 측정 사이의 관계와 관련이 있다. 생태학적 연구는 불량주택, 빈곤, 외국인의 수, 이동의 수준 등과 같은 패턴을 설명하는 요소를 구체화하기 위해 통계적 분석을 포함한다.

비록 범죄 패턴을 지도화하는 것이 지리학자들에게 범죄에 접근할 수 있는 방법을 제공했지만, 다른 지리학자들은 취약한 환경 그 자체의 본질을 관찰했다. 그것은 위법행위가 일어나는 맥락이다. 허버트는 이것들을 주로 건물 디자인의 질, 배치, 접근성 등과 같이 자연적인 것으로 요약했지만, 또한 로컬 공간이 통제되고 관찰되는 방법을 포함할지도 모른다. 예를 들면 뉴먼(Newman, 1972)은 위법행위를 조건지우는 장치로서 환경에 관한 연구에서 지역이 목격자의 눈에 잘 띄고, 이웃들이 중립적인 영역을 보호하려는 공동체 정신이 잘 발달되어 있고, 잠재적인 목격자의 끊임없는 흐름이 있도록 설계되고, 사유재산이 자연적으로나 상징적으로 명확하게 경계지어진다면 잘 방어될 수 있을 것이라고 제안했다.

허버트는 위법행위의 지리에 관한 문헌을 검토하여 다음과 같이 연구할 가치가 있는 많은 질문을 구체화했다.

① 특별히 취약성을 가진 도시 환경이 구체화되고 분류될 수 있나?

② 어떤 핵심적인 요소들이 상이한 유형의 위법행위가 일어날 수 있는 도시 환경의 취약성에 기여할까?

③ 공간에 취약성의 정도를 부여할 때 자연적 요소와 사회적 요소 사이의 균형은 무엇이며, 이것들이 어떻게 관련될까?

④ 이러한 지역의 질이 거주자나 위법행위자에 의해 더 주관적인 용어로 특징지어질 수 있을까?

허버트는 왜 이러한 범죄의 밀집지역 또는 '문제 지역'이 발생하는지 질문하기 위해 범법자의 거주 패턴에 대한 지역연구와 생태학적 연구를 벗어날 필요성을 구체화하고 있다. 이 연구는 지리의 지배적인 패러다임을 반영했다. 그러나 허버트는 다른 분석의 수준을 무시하고 있다는 것을 알고 있었다. 따라서 그는 정치 · 경제적 접근에 관한 연구를 인식했지만, 이것이 "'지리적'이라고 이름붙일 수 있는 연구를 거의 생산하지 못했"고 언급한다. 이것은 또한 "경제 또는 사회적 구성체가 권력과 자원을 할당하는 프로세스를 작동시키는 방법"과 관련된 자원 할당과 공급에 대한 연구에서도 사실이다. 예를 들면 이 접근에서 경찰들이 그들의 자원을 어떻게 배치하는가에 관한 질문이 제기될지 모른다. 즉, 경찰들이 어떤 지역에 자원을 집중시킬 것인지, 어떤 범죄를 계속해서 추적할 것인지, 그들의 행위가 커뮤니티에 얼마나 실제로 명백한 영향을 끼치는지 등에 관해 의사결정을 하는 질문들이 제기될 수 있다. 결과적으로 이러한 질문의 유형에 대한 답변은 사회에서 경찰의 역할, 그들이 제기하는 우려 등에 대한 이해를 요구할 것이다. 비록 1982년에 범죄를 정치 · 경제학적 관점에서는 거의 설명할 수 없다는 사례가 있었을지는 모르지만, 이것은 현재 덜 그러하다(예를 들면 Pain, 2001 참조). 허버트의 논의로부터 우리는 교육과정 저자들이 범죄를 학습하는 특별한 방법에 초점을 두기 위해 선택해왔다는 것을 알 수 있다. 강조해야 할 많은 요점들이 있다.

첫째, 이 단원에서 발견되는 지리는 실증주의와 행동주의의 구조틀 내에 놓여 있다. 이것이 제공하는 질문과 활동은 학생들로 하여금 분포를 지도화하고 도표화하는 데 더욱 더 참여하도록 하고 있다. 또한 학생들이 상이한 유형의 범죄에 대해 어떻게 느끼는지를 표현하도록 할 뿐만 아니라 지각에 대한 아이디어(이러한 장소들은 어떤 모습일까?)에 초점을 두고 있다. 학생들은 그들의 로컬리티에서의 범죄에 관한 데이터를 수집하고 기술하는 것을 통해 "어떤 범죄는 건물 설계와 거리 배치를 개선함으로써 줄어들게 할 수 있다"는 것을 배울 것이다. 이 텍스트에 제공된 사례들은 도심에서의 CCTV, 거리와 건물의 재설계, 조명, 식물환경의 변화 등을 포함하고 있다. 이러한 아이디어들은 환경결정론의 개념과 연결되며, 범죄를 관리와 통제의 패러다임 내에 둔다. 학생들이 이 단원을 학습하는 과정에서 배우고 사용해야 할 것 같은 단어의 목록은 이 접근에 대한 강조점을 드러낸다. 이 목록은 범죄를 관리와 통제를 받게 되는 개인적 쟁점으로 간주한다는 것을 제안한다.

범죄	경찰	설계와 건조환경
공공기물파손(vandalism)	탐문	예방
범죄의 두려움	타겟 하드닝(target hardening)	빗장 공동체
방어공간	희생자	범죄자
마을 방범대	CCTV	낙서(graffiti)
의사결정		가치와 태도

두 번째는 위와 관련된 것으로 교육과정 설계자들이 '로컬' 문제로서 범죄에 초점을 두려는 결정이다. 게다가 로컬은 '건조환경(built environment)'으로 개념화된다. 이것은 관찰될 수 있고 측정될 수 있는 것에 가장 초점을 둔다는 것을 의미한다. 물론 로컬은 집 또는 국가 스케일과 같은 다른 스케일과의 관계 내에서 존재한다. 범죄를 줄이기 위한 로컬 정책은 국가적 의제 및 전략과 연결된다. 스케일 사이의 관계에 관해 질문을 함으로써 상이한 쟁점들이 발생한다. 로컬 스케일에 초점을 두는 것은 보다 넓은 그림을 그리지 못하게 하는 경향이 있다. 예를 들면 어떤 요인들이 로컬의 '마을 방범대' 계획을 늘리도록 하는가, 그러한 계획은 사회의 더 넓은 영향력 또는 경향과 관련되는가? 교육과정평가원(QCA)의 활동 단원(unit of work)은 범죄가 일어나는 사회구조에 대해 질문하는 데 실패하고 있다. 따라서 이것은 피트(Peet, 1975)가 "지

리학자들은 더 뿌리 깊은 사회적 병폐의 표면적인 결과에 불과한 특정 유형의 범죄, 즉 '하류층' 범죄의 유형에 초점을 두어왔다"고 논의하면서 제기한 비판에 민감할 수밖에 없다.

범죄는 사회적 시스템에 깊이 뿌리내려져 있는 불만에 대한 하나의 표면적인 표출이다. 어떤 표면적인 징후와 같이 범죄는 그것을 유발하는 특별한 영향력에 대한 실마리를 제공할 수 있다. 즉, 차례로 이러한 실마리는 사회적·경제적 시스템의 본질적인 부분에서 뒤틀려 있는 보다 심층적인 모순들로 거슬러 올라갈지 모른다… 표면적인 것에서 시작하여 끝을 맺는 연구는 아마도 원인을 다룰 수 없다(p. 277).

달리 말하면 범죄지리학자들은 범죄에 대한 공무적인 정의를 받아들이고, 범죄를 사회적 죄악으로 다루면서, 현상유지와 범죄가 선호하는 엘리트의 이익을 효과적으로 지원하고 있다. 허버트는 『도시 범죄의 지리』(1982)에서 이 문제에 대한 폭넓은 분석을 할 필요가 있다고 주장했다.

범죄율이 도시화·산업화·경제적 부의 흥망성쇠, 전반적인 자원의 균등한 분포의 문제 등과 같은 사회의 거시적인 경향 및 영향력과 관련되는 정도에 따라 범죄 규제와 관련된 특별한 정책은 제한적인 영향을 끼칠 것 같다(p. 105).

교육과정평가원(QCA)의 '범죄와 지역사회(Crime and the local community)' 단원은 학습을 계획하는 데 왜 학문적인 접근이 필요한지에 대한 적나라한 사례를 제공한다. 이 단원은 "범죄에 관해 무엇을, 그리고 어떻게 가르칠 것인가"라는 질문에 대해 이미 만들어진 답변을 제공한다. 이것은 수업을 계획하려는 지리교사들에 의해 사용될 수는 있지만, 그들에게 어떤 수업을 계획할 것인가에 관해 생각하도록 요구하지는 않는다. 이것은 교육과정 선정을 위한 이론적 근거를 제공하지 않는다. 지리지식이 사회적 구성물이라는 명백한 이해가 없다면, 교사들은 그들이 가르치도록 요구받고 있는 지리를 평가할 위치에 있지 않게 되며, 그들은 학생들로 하여금 이 토픽을 이해하는 다른 방법, 즉 세계를 다른 관점에서 보도록 하는 방법을 발견하지 못할 것 같다. 어떤 계획을 연습하는 첫 번째 행위는 문제제기임에 틀림없다. 이러한 맥락에서 우리는 다음과 같은 질문을 고려할지 모른다. 어떤 유형의 범죄가 포함되어야 할까? 이 학습의 초점은 어디에 있나? 만약 우리가 지역사회에 초점을 둔다면, 이것이 국가 스케일을 무시하도록 이끌지는 않을까? 우리는 범죄를 어떻게 개인적 쟁점으로 또는 사회적 문제로 간주할까? 얼마나 많은 교사가 이러한 질문들이 교육적 과정(educational process)에 심오한 영향을 끼칠 것이라고 답할까!

수용소(asylum)에 대한 권리는?

이 장의 마지막 사례는 교사자격인증석사(PGCE)과정의 예비교사였던 메그스(Megs)가 만든 것으로, 그녀가 9학년 학급을 위해 망명신청자(asylum seekers)[7]에 관해 만든 교육과정 단원이다. 메그스는 시민성과 지리를 결합하여 새로운 활동 단원을 계획하고 가르치도록 요구받았다. 그녀는 학습 계획을 글로벌 쟁점(지구온난화), 국가적 쟁점(망명신청자), 로컬 쟁점(신 공항을 위한 계획) 등 세 부분으로 나누었다.

메그스는 국가적 사례를 위해 난민(refugees)을 선택한 것을 다음과 같이 설명했다.

첫째, 이 쟁점은 매우 최근의 일이며, 사람들에게 많이 알려져 있으며,

---

7) 역자 주: 이주자(migrant)는 말 그대로 자신의 거주지를 떠나서 다른 곳으로 이동 또는 정착하는 모든 사람을 의미한다. 그리고 이 가운데는 경제적·종교적·사회적·문화적 이 유로 인한 이주민 등이 포함되는 가장 폭넓은 범주다. 망명신청자(asylum-seeker)에 이르면 정치적·시민적 권리로 인한 이주자의 범주로 좁혀진다. 자신의 안전과 안녕을 위해 이주한 모든 사람을 의미하며, 법적 지위에 상관없이 넓게 쓰인다. 이 가운데 망명자(exile)가 존재한 다. 망명신청자 가운데 타국에서 일정한 법적 지위와 보호를 누리게 되는 사람들을 모두 망명 자라고 한다. 망명신청자 가운데 난민(refugee)이 가장 핵심에 위치하게 된다. 난민은 반인도 적 범죄자나 비정치적인 사법적 단죄의 대상에 대해서는 적용되지 않지만, 망명자는 이러한 사람들을 포함하고 있다.

이라크 전쟁의 여파와 함께 매우 중요한 쟁점이 될 것 같다. 둘째, 9학년 학생들의 대다수는 어떤 관점에서 망명신청자에 관해 광범위하게 기사를 쓰고 있는 신문인 『데일리메일』(*Daily Mail*)의 구독자들이다. 게다가 이것은 이들 학생들과 직접적으로 관련되는 쟁점이다. 왜냐하면 최근에 몇몇 난민이 [이] 학교에 입학하고 있기 때문이다.

메그스의 단원은 설명과 분석을 요하는 '무엇이, 어디에'라는 질문으로부터 궁극적으로 학생들 자신의 의견과 가치에 대한 질문으로 옮겨가는 구조화된 탐구(structured enquiry)의 형태를 취하고 있다. 이 단원을 계획하면서 메그스는 연속성을 위한 필요성을 인식했다. 이 토픽은 인구 분포와 변화에 관한 이전 활동과 연결되었으며, 그녀는 이전의 학습을 보다 강화할 수 있었으며, '실제 세계'의 사례학습을 제공하고 있다. 또한 메그스는 이 단원을 계획하는데 국가교육과정이 학생들의 '지리를 통한 사회적·문화적 발달'과 정치적·사회적 쟁점들을 촉진하려고 한다는 사실에 지원을 받았다. 메그스는 "학생들은 이 쟁점에 관해 강력한 관점을 가지고 있는 것 같았으며, 많은 학생들의 의견은 '반 망명신청자(anti-asylum seekers)'라는 것"을 알았다. 그녀의 접근은 "망명신청자에 관한 사실들을 조사하기 전에 먼저 이러한 상이한 관점과 오개념(misconceptions)을 다루는 것"이었다. 즉, "나는 옳고 그름은 잘 모르겠으나 그들이 망명신청자와 관련하여 접하지 않았던 관점을 약간 강조하려 했다는 것을 느꼈다."

매그스가 이 단원을 계획하는 데 직면했던 또 하나의 실천적인 쟁점은 '균형 있는 관점을 가르치기' 위해 그녀가 많은 상이한 자료를 수집하고 설계해야 했다는 것이었다.

이 장 내내 우리는 교육과정 설계가 정치적·도덕적 과정이라는 애플의 진술에 초점을 두고 있으며, 교육과정 설계를 기술적 문제(technical problem)로 축소하려는 경향은 해결되어야 한다고 주장하고 있다. 메그스의 교육과정 단원은 매력적인 자료다. 그녀는 교육자격인증석사(PGCE)과정 동안에 용감하고 도전적인 계획과 교수를 시도해왔다. 그녀의 계획을 위한 출발점은 가치 있는 교육적 활동에 대한 그녀의 개인적인 개념화에 있었다. 실험에 대한 몇몇 여지와 성원을 고려해볼 때, 메그스는 교사로서 그녀의 몇몇 문제점을 야기할 수 있는 잠재력을 가진 주제와 관계를 맺으려고 선택했다. 메그스는 대학에서 폭넓은 지리교육을 받았지만, 결코 이 토픽에 대한 전문가가 아니다. 이 단원을 계획하고 가르치는 것은 그녀가 학생들의 지식과 이해를 발달시킬 수 있도록 하기 위해 이 토픽에 관한 이러한 쟁점과 학습에 대한 그녀의 지식을 발달시키는 것을 포함했다. 메그스의 사례는 애플의 관점에서 교육과정 계획의 다른 양상을 보여준다. 그녀의 단원은 "다른 사람들, 즉 학생들에게 영향을 주기" 위한 목적으로 설계되었다. 처음에는 이것이 평범하게 보일지 모르지만, 종종 '사실'을 고수하고 중립을 지키려는 교사들에게 커다란 압박이다(또한 많은 교사들이 그들의 교수를 '자체 검열'하려는 경향이 있다는 데 주목할 필요가 있다). 메그스는 이 단원에 대한 그녀의 설명에서 이것을 논의하지는 않았지만, 우리는 그녀가 이 단원을 교수하기 전과 교수하는 동안에 그녀 자신의 관점과 가치에 관해 주의 깊게 생각할 필요가 있지 않았나 생각한다. 결국 메그스는 '균형된 관점'을 제공할 필요성을 결정하고, 학생들에게 일련의 관점을 제공했다. 이것은 메그스가 교육과정 설계를 도덕적 과정이라고 인식해가고 있는 훌륭한 사례다.

메그스의 교육과정 설계에 의해 야기된 많은 쟁점이 있다. 다시 우리는 이것들이 메그스의 계획과 교수에 대해 비판하는 것이 아니라는 것을 명확히 한다. 오히려 우리는 그것들을 우리가 이 책에서 제안하고 있는 교육과정 담론의 유형에 대한 사례로 간주한다. 실로 다음 주장들은 우리가 메그스와 함께 했던 토론에 대한 사례다. 첫째는 난민(refugees)과 망명신청자(asylum seekers)의 개념과 관련되며, 따라서 학생들에게 몇몇 개념적 명료성을 가지도록 할 수 있다. 그러나 이와 같은 개념들은 꽤 복잡한 역사를 가지고 있으며, 이것의 결과들 중의 하나는 '여행자(travellers)', '이주자(migrants)', '망명신청자'와 '난민' 사이의 아주 미세한 구분이 있다는 것이다.

이 쟁점의 일부는 범주화의 문제다. 그래서 어떤 국가 출신의 '경제적 이주자'가 되는 것은 영국으로의 접근이 거부되는 것을 의미한다. 메그스의 단원은 이것이 '글로벌 차원'을 가진 문제라는 사실을 암시하고 있지만, 그녀의 단원은 국가적 경계를 횡단하는 이동의 문제와 관련한 훨씬 폭넓은 쟁점의 특별한 양상에 초점을 두고 있다고 제안할 수 있을지 모른다. 다시 이것은 메그스의 단원에 대해 지나치게 비판적인 것 같아 보일지 모르지만, 이것은 개념이 어떻게 정의되고 개념이 학교교육과정에서 어떻게 재현되는가에 관한 중요한 요점의 일부분이다. 메그스의 단원은 개인들에 의해 이루어진 이동과 결정에 초점을 두고 있으며, 이 문제를 불러일으키는 보다 넓은 원인 (종종 정치학과 권력이라는 보다 넓은 질문과 연계된)을 경시하고 있다고 주장할 수 있을지 모른다.

난민과 망명신청자에 관한 지식의 구성과 관련된 이러한 논쟁은 현학적으로 보일지도 모른다. 그러나 그것들은 이러한 토픽에 관해 가르치는 데 있어서 교수적 함의와 명백하게 관련된다.

가치란 사회적으로 특별한 것이다. 즉, 가치는 우리가 사회를 합법화하기 위해 사용하는 개념으로부터 파생된다. 가치를 진지하게 고려하는 것은 동일한 환경에 관해 상이한 관점을 표현하거나(예를 들면 원자력발전소는 좋은가 나쁜가?), 심지어 대안적인 환경을 평가하는(예를 들면 이러한 분포의 결과가 저러한 분포의 결과보다 더 나은가 더 나쁜가?) 자유로운 조치보다 훨씬 더 많은 것을 내포하고 있다. 오히려 이 쟁점은 그들 자신의 관점에서 완벽하게 타당한 이러한 평가를 가치에 대한 측정이 정의되는 매개변수(예를 들면 이윤, 인간의 욕구, 생태적인 지속가능성)를 결정하는 보다 넓은 사회적 구조틀 및 담론과 연결시키는 것이다(Lee, 2000: 886).

매그스의 단원의 관점에서 개별적인 사례들이 망명(asylum)으로 승인되어야 하는지 아닌지에 관해 학생들이 판단해야 하는 이 활동은 지리수업이 어떻게 때때로 가치와 의견을 더 넓은 사회적 구조틀과 담론에 연결시키지 않고 가치와 의견 그 자체에만 초점을 두는지에 대한 하나의 사례로서 간주될 수 있을 것이다. 예를 들면 시민성을 위한 기존의 법적인 구조틀은 불변하고 고정되어 있으며, 이 법령은 의사결정을 위한 중립적인 구조틀로서 존재한다고 가정된다. 매그스가 그녀의 단원을 더욱 발전시키기 위해서는 급속하게 글로벌화되고 있는 경제적 맥락 내에서 시민성이 의미하는 것이 무엇인지에 관한 정치지리학자들 사이의 일부 논쟁에 대해 이해하도록 격려받을지 모른다. 우리는 이러한 경향과 세분화된 비교 사례들에 대해 보다 깊이 있게 이해할 수 있게 되는 것이 이 단원을 가르칠 수 있는 그녀의 능력을 증가시킬 것이며, 그러한 논쟁적 토픽이 복잡한 몇몇 교수적 쟁점을 다룰 수 있을 것이라고 제안한다.

결론

이 장에서 한 가지 간단한 요점을 만들려고 노력했다. 즉, 지리교육과정 설계를 위한 출발점은 교사들이 학생들에 대한 지식과 이해의 관점에서 가르쳐야 할 주제를 엄정하게 선정하고 논리적으로 옹호할 수 있어야 한다는 것이다. 이것은 명백하게 보일지 모르지만 우리가 제공한 사례들은 무엇을 어떻게 가르칠 것인가에 관해 엄정하고 논리적으로 옹호할 수 있는 결정에 도달하는 데 포함된 복잡성을 보여준다. 결론적으로 우리는 이 장에서 강조한 교육과정 사고의 유형을 발달시키는 데 있어서 한계와 가능성에 관한 몇몇 생각을 제공하기를 원한다.

우리는 교육과정평가원(QCA)의 활동 계획(schemes of work)과 함께 시작한다. 많은 측면에서 그것은 지리의 교수와 학습에 관한 많은 통찰을 반영하는 교육과정 계획의 모델이다. 그것들은 의무적인 것이 아니고, 지리에 관한 신선한(심지어 현대적인) 관점을 제공하며, 중요하게도 교실에서 '활동'으로 만들어질 수 있다. 그러나 '범죄' 단원에 대한 우리의 논의(그리고 '개발'에 관한 함의에 의해)가 제안했던 것처럼, 그것들이 교육목적에 대한 엄정하고 논리적으로 옹호할 수 있는 설명을 제공하고 있는가 하는 준거에 의해 판단한다면 그것들은 실패하고 있다는 것이다. 이것은 아마도 이 교육 소재들이 이 활동 단원(units of work)의 배후에 놓여 있는 지리적 사고에 대해서 현재 어떤 논의도 하지 않는 것으로 교사들의 활동이 개념화되는 방법을 나타낸 다[무어(Moore, 2004)는 '훌륭한 교사'는 교육적 논쟁에서 어떻게 상상되는 지를 논의한다]. 만약 범죄에 관한 단원이 지리학자들이 범죄를 연구해온 방법에 대한 간단한 논의를 비롯하여 지리교과에 대한 실증주의 접근에 초 점을 두기로 한 결정에 대한 설명과 정당화에 직면했었다면, 어떤 상이한 메시지가 제공되었을지를 상상해보라. 교육과정평가원(QCA)의 '개발'에 관한 단원에도 동일하게 사실일지 모른다. 개발을 가르치는 데 있어 도덕 적·정치적 쟁점에 대한 솔직하고 정직한 토론은 지리교사들에게 자신의 수업을 설계하기 위한 다양한 개념적 구조틀을 제공할 것이다. 도출될 수 있는 결론은 교사들은 지적인 주장들로 인해 성가시게 되는 것이 아니며, 지리지식을 구성하고 민주적인 사회에서 교수의 목적에 관한 해석적인 결정 을 내리는 데 참여하게 되는 학문적 공동체의 일부분으로 간주되는 것도 아 니라는 것이다.

우리는 여기에서 너무 숨김없이 이야기하고 있는지 모른다. 그러나 이것 은 지리교사들이 주제와 교수 방법 사이의 연결을 만들 수 있도록 격려받아 야 한다는 것이 우리의 열렬한 신념이기 때문이다. 킨치로이와 스타인버그 (Kincheloe and Steinberg, 1998a: 13)는 다음과 같이 논의하고 있다.

> 잘 준비된 교사란 고정된 수업안 세트를 가지고 교실에 들어가는 교사가 아니라 교과에 대한 완전한 이해, 지식 생산에 대한 이해, 지식을 생산할 능력, 사회적 맥락에 대한 이해, 세계에서 무엇이 일어나고 있는지에 대한 인지, 학생들의 삶에 대한 통찰, 비판교육적인 목적과 목표에 대한 정교한 이해를 하는 학자다.

이와 같이 표현될 때, 그것은 무리한 요구처럼 들릴지 모른다. 그러나 이 장에서의 마크와 매그스의 사례는 그러한 지리교수가 불가능한 것이 아니라 는 것을 보여준다. 그들은 둘 다 킨치로이와 스타인버그의 잘 준비된 교사의 버전에 부응하려는 증거를 보여준다. 그들은 아직 그 경지에 도달하지 못했다(우리 중 누구도 그 경지에 도달하지 못한다!). 그러나 우리의 우려는 그들이 정신없이 바쁜 학교에서 지리와 교육에 관한 읽기를 계속할 수 있는 다양한 전략 및 계획과 관련된 충분한 격려를 발견하지 못하고, 그들이 지리수업을 구성하기 위해 사용할 개념적 구조틀에 관해 앉아서 깊이 있게 생각하지 못하며, 지리와 그것의 목적에 관한 흥미 있는 대화를 가지지 못할 것이라는 것이다. 그러한 교수의 학문(scholarship in teaching)은 오랜 기간에 걸쳐 발전하고, 능동적으로 격려받고 육성될 필요가 있다. 우리가 그러한 '실천의 공동체(communities of practice)'를 만들 수 있는 방법에 대해서는 이 책의 3부에서 논의할 것이다.

더 생각할 거리

01. '교육과정 문제'는 본질적으로 무엇을 가르칠 것인가를 선택하는 쟁점이다. 지리교육과정 문제를 통해서 볼 때 당신을 안내하기 위한 준거는 무엇인가?

02. 우리는 당신이 교육과정 문제는 다른 사람들에게 떠넘겨질 수 있는 것이 아니라는 우리의 의견에 동의할 것으로 가정하고 있다. 당신은 왜 지리교사들이 교육과정 사고에 몰입하는 것이 중요한지 원칙적인 이유를 구체화할 수 있는가?

03. 이 장 앞부분에서 우리는 메이닉(1979)의 "따라서 우리는 중요한 문제에 직면하고 있다. 즉, 어떤 경관은 우리의 눈 앞에 놓여 있는 것뿐만 아니라 우리의 머리 속에 놓여 있는 것으로 구성되어 있다"를 인용했다. 메이닉은 경관에 관해 논의하고 있었지만, 이 인용문이 역시 교육과정에 관한 사고에 어떤 측면에서 적합할 수 있을까?

6장▮▮▮ 지리를 가르치고 배우기

지리지식은 대개 상호 간의 존중과 관심에 근거한 보편적 이해를 추구하고, 강력한 지리적 차이에 의해 특징되는 세계에서 인간의 협력을 위한 보다 견고한 기초를 확실하게 하기 위해 두려움뿐만 아니라 희망과 열망을 표현할 수 있는 실현되지 않은 잠재력을 가지고 있다. 다른 사람들을 위한 자유와 존중의 정신에서 지리지식의 구성은 착취의 정치학보다 상호 간의 존중과 이익의 원리에 부합된 대안적인 지리적 실천의 형식을 창출하기 위한 가능성의 길을 연다(Harvey, 2001: 232).

우리는 지리지식이 어떻게 사회적으로 구성되는지를 강조하는 지리지식에 대한 어떤 관점에 대해 주장해왔다. 이 장에서 우리는 지리교사들이 이러한 접근을 실천 속에서 발달시킬 수 있는 방법을 제시하기를 원한다. 우리는 지리지식이 중립적으로 간주될 수 없다는 우리의 관점을 재진술할 필요가 있다. 비판지리교육(critical geography education)은 이러한 사실의 실현으로부터 시작하고, 지리지식이 어떻게 선택되고, 누가 선택하며, 어떤 목적을 위해 선택하는지에 관한 질문을 한다. 그것은 교사와 학생들은 수업의 기초를 이루는 지리지식에 관해 질문하기 위해 끊임없이 노력할 필요가 있다는 것을 의미한다. 이 장의 시작에서 인용한 것처럼 하비(Harvey)는 지리지식의 특성에 대해 기술하고 있다. 즉, 지리지식은 다른 사람에 의해 생산된 '사실'을 가만히 앉아서 수용하기 위해 준비된 것이 아니라 그러한 지식을 신문하려고(interrogate) 한다.

이것은 아마 지리교사들이 함양할 수 있는 단 하나의 가장 중요한 기능이다. 즉, 지리지식을 위치시키고 비판할 수 있는 능력이다. 이것은 학생들로 하여금 '지식에 대한 구체화된 관점' 또는 의심할 여지가 없는 지식의 한 유형,

즉 지식이 특별한 가치를 가진 특별한 맥락에서 작동하는 인간에 의해 생산되었다는 사실을 인정하지 않는 어떤 지식의 유형을 넘어서도록 한다. 비판적인 구조들에서 작동하는 지리교사들은 인간에 관한 암묵적인 전제와 지식 속에 새겨져 있는 세계를 이해하기 위해 지식의 주관적인 본질과 지식을 해체해야 할 필요성을 인식하려고 한다.

지리를 가르치기 위한 접근들

만약 이것이 우리의 교수와 학습에 대한 모델이라면, 우리는 현재 학교에서 가르쳐지는 많은 지리는 무비판적이라고 제안할 것이다. 교수에 대한 '은행 모델(banking model)'은 많은 지리 수업에서 두드러지게 남아 있다. 은행 모델[프레이리(Friere, 1972)에 근거한]은 다음과 같은 가정에 근거하여 작동한다.

- 교사는 가르치고 학생들은 가르침을 받는다.
- 교사는 많은 것을 알고 있고 학생은 적게 알고 있다.
- 교사는 생각하고 학생은 생각을 제공받는다.
- 교사는 말하고 학생은 듣는다.
- 교사는 선택하고 그것을 강요하며 학생들은 따른다.
- 교사는 교과과정 내용을 선택하고 학생들(접근할 수 없는)은 그것에 적응한다.
- 교사는 학습과정의 주체인 반면, 학생들은 객체다.

이것은 '은행 모델'을 명료하게 희화한 것이다. 그러나 지리교육에서 발견되는 더 '진보적인' 모델들이 있다. 진보주의의 한 버전은 그것이 의미가 없고 학생들의 경험과 관련되지 않는 한 어떤 것도 학습될 수 없다는 가정에 근거한다. 지식은 사회적으로 구성되기 때문에 개인의 경험은 항상 가치 있고 타당하다. 논리적 근거에 의해 정의되어 '일반적으로 받아들여지는' 또는

'절대적인' 교육과정은 '인식자의 외부'에 있고, '강요된' 것으로 간주되며, 그리고 학생들의 상식적인 이해와 거의 관계가 없는 것으로 간주된다.

이러한 아이디어는 학생들은 친밀하고 개인적인 환경적 의미로 채색된 세계에 대해 개인적이고 문화적인 관점을 구성하는 그들의 사적 지리(private geography)를 가지고 있다. 대학과 학교지리는 대개 세계에 대해 계통적이고, 객관적이며 일반화된 관점을 가지고 있다. 피엔(Fien, 1983)은 '다른 하나가 없이는 어떤 것도 이해될 수 없기' 때문에 둘 다 지리교수에서 각자의 위치를 차지하고 있다고 주장한다. 즉, "교과과정의 목표나 내용에 대한 교수요목의 가이드라인이 아니라 우리 학생들의 사적 지리와 환경적 요구 및 관심에 대한 고려가 우리의 모든 교과과정 계획에서 출발점이 되어야 한다"(p.47). 이 접근은 학습자중심적이며, 교수요목과 수업 철학 및 실천에서의 변화를 요구한다. 왜냐하면 그것은 "교육과정 계획의 출발점으로서 학생들의 능동적인 사적 지리를 수용하기" 때문이다(p.48).

마단 사럽(Madan Sarup, 1978)은 이러한 입장이 지닌 어려움을 기술하고 있다. 그는 교수는 소비되어야 할 '상품' 또는 '저축되어야' 할 무언가로 간주되어서는 안 된다고 주장해온 신교육사회학에 관한 논쟁의 중심에서 글을 쓰고 있다. 그는 현상학의 아이디어를 고수하고 있는 예비교사를 기술했다. 그녀는 동료들의 교수가 '강압적'이었으며, 그런 방식으로 가르치기를 원하지는 않는다는 것을 믿었다. 사럽은 그녀의 교수를 보았을 때 수업은 단지 '담소'로 이루어진 것 같았다고 지적한다. 그는 그녀에게 '교수'를 하지 않았다고 제안했다. 즉, "교수는 학생(pupil)과 학습자(learner)의 차이, 즉 알고 있는 것과 알 수 있는 것의 차이를 내포하지 않을까? 교수는 불가피하게 개입을 포함하는 것 같다. 그러나 우리는 교수가 강압적인 것으로 보이는 것을 어떻게 막을 수 있을까?"(Sarup, 1978: 99).

사럽은 이 예비교사는 학생들이 실재를 구성하는 방법에 대해 잘못 이해하고 있는 관점을 가지고 있었으며, 실제로 학생들이 덜 억압적인 세계를 만들 수 있도록 권력을 부여할 수 있는 지식을 획득하는 것을 막았다고 주장했다. 이러한 사례는 오늘날 예비교사들의 교육적 경험과는 매우 동떨어진 것 같아 보일지 모른다(예비교사가 그들의 수업을 지리적 주제를 중심으로 한 일련의 '담소'로 계획하는 것을 상상하는 것은 어렵다!). 그러나 현상학적 사고의 요소는 아직 교육과정 계획에 남아있다. 예를 들면 학생들은 종종 지리에서 어떤 장소 또는 어떤 쟁점에 관한 그들의 느낌을 기록하도록 요구받는다. 학생들은 그들의 가치를 단어 또는 그림으로 표현하도록 요구받을 지도 모른다. 이러한 아이디어들은 현상학의 핵심적인 통찰에 근거한다. 즉, 학생들은 마음속으로 이미지와 아이디어를 구성한다. 교사들은 이러한 구성체를 인식하고 소중히 여길 필요가 있다. 그러나 위험한 것은 학생들이 "경험에만 발이 묶여" 보다 넓은 관점에서 쟁점들을 볼 수 없게 된다는 것이다. 학생들은 문제를 너무 개인적이고 주관적인 방식으로 보게 된다.

우리는 여기에서 하나의 사례를 제공할 수 있는데, 그것은 『지리를 통해 더 많이 사고하기』(*More Thinking Through Geography*)(Nichols, 2001)로부터 가져온 것이다. 이 활동은 구조화된 의사결정 연습을 포함한다. 학생들은 남성 노동자가 잉글랜드 북동부지역에 있는 직장을 얻는 시나리오를 제공받는다. 이것은 이사 가는 것을 포함하며 학생들은 무엇이 가족을 위해 '최선의 선택'인지를 결정하는 과제를 부여받는다. 고려해야 할 다양한 준거와 다양한 선택들이 있다. 일단 학생들이 의사결정을 하면, 교사는 그 가족의 다른 구성원들의 희망과 느낌에 관한 정보를 제공함으로써 이 상황을 더 복잡하게 만든다. 언제나 이 가족의 (남성) '가장'에 의한 선택은 나머지 구성원들에게 받아들여지지 않고, 학생들은 이러한 새로운 증거에 비추어 그들의 결정을 다시 생각할 필요가 있다.

이 활동은 타당하며, 학생들은 학습과정에 능동적인 참가자가 될 것이다. 문제는 "학생들이 그러한 활동으로부터 무엇을 배울까?" 하는 것이다. 이 활동은 실증주의와 행동주의 지리의 틀 내에 위치하고 있다. 이 수업의 내용은 주거지 입지에 관해 개인들에 의해 이루어진 선택에 관한 것이다. 이것은 적절한 주제다. 그러나 비판적 관점으로부터 우리는 이 활동을 떠받치고 있는 이 모델의 타당성을 고찰하기를 원한다. 이 활동은 주택이 위치하고 있는 정치·경제적 관점을 무시하고 있는 것 같다. 예를 들면 공영주택보다 단독주택을 선호하는 영국에서 주택시장의 역사적 진화는 확실히 가족의 결정을 위한 맥락을 제공한다. 한층 더 나아가면 학생들은 주택이 종종 교외에 위치하게 되는 방법과 페미니스트 지리학자들에 의해 연구되는 하나의 논의로서 직주분리가 일어나는 방법에 대해 질문하도록 격려받을지 모른다. 우리가 주장하는 요지는 지리학으로부터 끌어온 개념적 목록에 대한 교사의 이해는 이러한 활동으로부터 초래될 수 있는 지리적 학습의 유형에 매우 중요하다는 것이다.

이러한 활동을 비판하는 것이 불공정하게 보일지 모른다. 그리고 이 활동 그 자체는 이러한 쟁점을 논의하는 데 유용한 방법일 수 있다고 주장할 수 있을지도 모른다. 그러나 이 활동에는 이것에 대한 인식이 거의 없다. 그것은 '의사결정'에 대한 '중요한 개념(big concept)'만 설명하기로 되어 있다. 이것은 지리교수를 위해 적절한 개념일 것 같지 않다. 존 화이트(John White, 2002)가 교육과정의 '사고기능'과 관련하여 논의한 것처럼 만약 학생들이 생각하려고 한다면, 학교교과는 확실히 학생들에게 생각해야 할 무언가를 주어야 하지 않을까? 교사와 학생들이 비판적인 접근을 발달시키기 위해 학생들의 경험은 개념적 목록을 통해 중재될 필요가 있다. 교수에 대한 비판적 접근은 학생들이 문제에 대해 분석적 접근을 드러낼 수 있고, 기저에 놓여 있는 영향력에 대한 이해를 드러낼 수 있도록 할 것이다. 이것은 이러한 개념적 목록에 대해 이해를 하고 있고 학생들에게 그러한 이해를 발달시키려고 준비가 되어있는 지리교사의 지식과 기능으로부터 틀림없이 온다. 이 장의 다음 절들에서 우리는 이것이 어떻게 이루어질 수 있는지에 대해 몇 가지 제안을 할 것이다.

따라서 우리가 여기에서 논의하고 있는 비판지리의 유형은 모든 '텍스트'는 그러한 텍스트에 있는 가정, 세계관 또는 이데올로기를 폭로하기 위한 관점을 가지고 검토될 필요가 있다는 가정으로부터 시작한다. 교사의 역할은 학생들의 주의를 이러한 가정으로 끌어오는 것이며, 비판적 독자라는 아이디어를 촉진하는 것이다. 물론 여기에는 반론도 있는데, 그것은 학생들이 비판적 독자가 될 수 있을 만큼 충분히 성숙하지도 않으며 지식 발달의 수준에 도달하지도 않다는 것이다(Gilbert, 1984 참조). 교사는 학생들에게 스스로 결정하도록 하기 전에 '그 사실들'을 그들에게 단순히 가르치기 쉽다. 하비가 논의한 것처럼 이러한 입장이 가지는 문제는 지리지식은 그것을 생산하는 이익집단의 그것과 분리될 수 없다는 것이다. 그가 지적한 것처럼 우리는 "누가 지리지식을 생산하고, 어떤 목적을 위해 생산하는가?"라는 근본적인 질문을 제기하는 데 아주 능숙하지는 않다. 이 장에 밑바탕에 놓여 있는 아이디어는 교사들이 그러한 질문을 할 필요가 있으며, 학생들과 그러한 유형의 토론을 할 수 있는 방법을 찾을 필요가 있다는 것이다. 다음 절들에서 우리는 이러한 논의를 계속하고, 우리가 마음속으로 가지고 있는 접근 유형에 대한 몇몇 사례들을 제공할 것이다.

지리에서 언어와 문해력에 대한 비판적 접근들

우리는 왜 학생들이 지리로 쓰기를 원하며, 우리는 학생들이 무엇을 쓰기를 원하는가? 이것들은 지리적 교수와 학습의 핵심에서 근본적인 질문이다. 최근에 지리교사들은 학생들의 언어와 지식을 발달시키는 데 있어서 그들의 역할을 인식해왔다. 불럭 보고서(Bullock Report) 『삶을 위한 언어』(A Language for life)(1975)는 1975년에 출판되었으며, 모든 교사들에게 자신들이 언어 발달에 기여하고 있는지 생각해보도록 권고했다. 더 최근에 학생들이 읽기와 쓰기 기능을 발달시키지 못한다는 명백한 관심에 의해 자극을 받아, 학교는 「국가 문해력 전략」(National Literacy Strategy)과 관계를 맺어오고 있으며, 2001년에는 『문해력과 지리』(Literacy and Geography)라는 문서가 모든 학교에 배포되었다(DfES, 2002). 이 문서는 지리에서 문해력 접근에 대한 인식을 끌어올리기 위한 많은 제안을 포함하고 있다. 그러나 비판지리적 관점에서 볼 때, 이 문서는 지리에서 문해력의 역할에 관한 전반적인 문제를 제기하게 한다. 이 절에서 우리는 이 문서에 대한 비판을 제공하기를 원하며, 사실 이 문서가 어떻게 학생들의 지리지식과 이해를 제한할 수 있는지를 보여주기를 원한다. 우리의 주장은 『지리에서 문해력』(Literacy in Geography)

에 있는 주요 문제점 중의 하나는 이것이 문해력 관점으로부터 시작하고, 지리학자들(지리교육학자들, 지리교사들)은 문해력 관점을 발달시키기 위한 하나의 교과로서 지리에서 글쓰기의 역할에 대한 이해를 고려해보아야 한다는 것이다.

『지리에서 문해력』이 문해력을 그것의 역사적 맥락에 위치시키려고 하지 않는다는 것은 주목할 만하다. 이것은 지리학자들이 과거에, 그리고 더 최근에 언어와 문해력에 관해 어떻게 생각해왔는지에 대한 어떤 논의도 제공하지 않는다. 이것은 특히 이상한데, 그것은 지리를 문자 그대로 '지구를 쓰는 것(earth-writing)'을 의미하고 있기 때문이다. 그 결과는 지리교사들은 어떤 실제적인 이론적 근거나 설명 없이 수업 활동에서 사용해야 할 일련의 아이디어 또는 전략을 제공받고 있다. 문해력의 목적에 관한 사고를 시작할 하나의 위치는 조나단 로즈(Jonathan Rose)의 책 『영국 노동자계급의 지적인 삶』(The Intellectual Life of the British Working-Classes)(2001)(또한 〈글상자 6.1〉 참조)이다. 그의 책은 '평범한' 사람의 읽기 습관에 관한 것이며, 종종 권력을 가진 계급과는 반대의 입장에서, 노동자계급이 자신의 읽기를 독해하고 정의하려고 몸부림치는 것에 대한 증거다. 로즈는 우리에게 문해력은 정치적이라는 것을 상기시킨다. 이것은 지리교육학자인 우리에게 우리는 학생들에게 무엇을 읽도록 요구할 것인지를 고려하도록 촉구한다.

⊠ 글상자 6.1 ⊠

왜 읽기는 중요한가?

조나단 로즈(Jonathan Rose)는 그의 책 『영국 노동자계급의 지적인 삶』(2001)에서 지리가 어떻게 항상 "영국의 대중적인 학교교육에서 매우 취약한 교과"였는지를 언급한다. 그는 통계를 사용하여 1850년대에 학교에서는 지리교과서, 지도책, 벽지도 등을 상대적으로 적게 구입한 것을 보여준다. 게다가 심지어 가장 최근에 출간된 텍스트들이 50여 년도 더 지난 지도나 그림을 포함하고 있었다. 로즈의 '독학자' 중 한 명인 스윈던(Swindon) 철도노동자는 학교를 그만둔 후 관리자(chargeman)가 그와 5명의 친구들에게 간단한 지리적 질문에 답한 대가로 어떻게 동전을 지불했는지를 회상했다.

이들 시험이 이루어지는 동안에 관리자는 솔즈베리(Salisbury)가 국가(country)이고, 실론(Ceylon)이 중국의 수도이며, 파리는 리피(Liffey) 강의 언덕에 있다고 배운 것에 놀랐다… 단지 6명 중에 한 명만이 [잉글랜드의] 6개의 하위 국가들(countries)의 이름을 댈 수 있었다.

다른 한 사람[머서티드빌(Merthyr Tydfil) 출신의]은 학교 지리수업이 어떻게 그에게 인상을 남기지 못했는지를 보고했다.

프랑스가 어디에 있는지 관심을 가져본 사람이 있니? 어쨌든 우리는 거기에 결코 가지 않을 것이다. 즉, 우리가 지금까지 갈 수 있다고 생각한 가장 먼 지역은 베리(Barry)다. 그것이 어디에 있는지 정말로 알지 못하지만 버스 운전사는 알고 있다. 그리고 심지어 첫 번째 시도에서 길을 잃었지만, 모든 고통을 짊어지고 남극을 찾아가는 월터 스콧(Walter Scott) 경1)은 어때?

로즈는 한 국가의 지리가 적어도 빅토리아시대의 학교 어린이들에게는 잘 그리고 철저하게 가르쳐졌다고 지적한다. 성서의 지리를 가르치는 것은 '앵글로 시오니즘(Anglo-Zionism)'을 만들어낼 수 있다. "앵글로 시오니즘은 현대의 잉글랜드와 고대의 이스라엘이 공통의 고향으로 병합되는 지점으로, 어린이들은 현대의 잉글랜드와 고대의 이스라엘을 융합시키게 된다."
우리는 로즈의 책이 중요하다고 제안한다. 왜냐하면 그것은 우리에게 왜 읽기가 중요한지를 상기시켜주기 때문이다. 로즈의 책은 종종 사회에서 권력을 행사하는 사람들로부터의 무관심과 적극적인 반목에도 불구하고 책을 읽고 이해하는 것을 학습하기 위해 몸부림치고, 자신의 사회와 보다 넓은 세계에 관해 자신에게 가르치려고 몸부림치는 평범한 사람들의 오랜 전통을 애정을 기울여 기록하고 있다. 따라서 로즈의 책은 지리를 읽고 쓰는 것을 학습하는 것이 세계의 어떤 장소를 발견하고 장소의 현실을 변화시키기 위해 행동하는 데 왜 강력한 수단이 되는지를 소중하게 상기시켜준다.

만약 『지리에서 문해력』을 저술한 저자들이 지리에서의 언어에 대한 상대적으로 최근의 논의[예를 들면 프랜시스 슬레이터(Frances Slater, 1989)가 편집한 책]로 돌아갈 수 있었다면, 그들은 몇 가지 흥미 있는 아이디어들을 발견했을 것이다. 이것을 위한 보다 넓은 맥락은 일부 학생 그룹이 자신의 문화와 수업의 문화 간의 불일치 때문에 이 교육과정에 어려움을 겪었을지 모른다는 인식이 있었다. 1980년대 지리교육학자들은 언어는 결코 중립적이 아니라고 지적했다. 여기에서 가장 명백한 사례들은 젠더와 인종과 관련된다. 세계를 기술하고 설명하기 위해 사용된 이 용어들에는 의미가 실려 있으며, 우리가 언어의 사용에 주의를 기울이지 않는 한 사회적 불평등을 강화하고 재생산할 위험에 빠지게 된다. 이러한 주장은 지리적 언어가 명백하게 명료성을 가진다는 것에 대한 폭넓은 비판의 일부다. 세계를 기술하고 설명하기 위해 사용된 단어들이 세계를 정확하게 재현한다는 아이디어는 의문시되어오고 있다. 대신에 사실 단어들은 그러한 세계를 구성하는 요소라고 제안된다. 우리가 사용하는 단어들은 세계를 이해하기 위한 구성요소이다.

이 단계에서 소개해야 할 중요한 개념은 이데올로기다. 랍 길버트(Rob Gilbert, 1989)는 다음과 같이 주장했다.

과거에(그리고 바로 지금 이 순간에도) 언어는 명료하며, 우리의 관찰과

---

1) 역자 주: 월터 스콧(Walter Scott)은 영국의 시인이자 소설가다. 반면에 남극점에 도달한 사람은 로버트 스콧(Robert Falcon Scott)이다. 그는 1882년 해군에 입대하였으며, 1901~1904년 디스커버리호를 타고 남극탐험을 지휘하였다. 이때 킹 에드워드 7세 랜드를 발견하여 남한(南限) 도달기록인 남위 82도 17분을 기록하였다. 1910년 테라 노바호에 의한 제2차 남극 탐험에 나서서 1912년 1월 18일 남극점에 도달하였다. 그러나 남극점은 1911년 12월 14일 노르웨이의 아문센이 도달하였기 때문에 첫 정복 계획은 깨졌다. 그와 4명의 동행자는 귀로에 악천후로 조난, 식량 부족과 동상으로 전원 비명의 최후를 마쳤다. 그의 유해와 일기(마지막 일자는 3월 29일) 등은 1912년 11월 12일 발견되었다. 마지막까지 용기를 잃지 않고 영국 신사다운 최후를 마친 것이 알려져 국민적 영웅이 되었다(네이버 백과사전).

생각을 전달하기 위한 수단 또는 매개체이며, 잘 의도되고 신중한 학문은 실재의 진실한 본질을 밝혀줄 것이라는 관점이 있었다… 목적은 언어에서 모호함을 제거하는 것이며, 언어의 함축성을 통제하는 것이며, 언어에 대한 해석을 제한하는 것이며, 언어를 명료하게 하는 것이다. 그렇게 될 때 실재를 관찰하고 설명하는 실제적인 일이 진행될 수 있다(p. 151).

길버트는 언어에 대한 이러한 관점에 반박하여 "지리교사로서 우리는 세계에 대해 명료하게 접근할 수 없다"는 것을 강조한다. 이러한 도전은 우리가 사용하는 언어의 역사적 특수성을 고려하는 것이다. 즉, 언어가 상충하는 이익과 권력의 상황에서 어떻게 생산되었으며, 특별한 사회적 관계가 언어를 통해 어떻게 구성되었는지를 고려하는 것이다. 길버트의 책 『무기력한 이미지』(*Impotent Image*)(1984)는 학교 지리교과서에 포함되어 있는 이데올로기를 검토했으며, 1980년대 동안 내내 지리학자들은 일련의 이데올로기 비판을 생산했다. 이러한 주장은 언어와 사회의 관계에 대한 유물론적 이해에 의존하고 있으며, 레이몬드 윌리엄스(Raymond Williams)가 가장 유명하게 관련된다. 윌리엄스(Williams, 1958; 1973; 1976)의 연구는 아이디어들(언어·문학·예술에 반영된 것처럼)이 어떻게 그것들을 생산한 사회와 결코 분리된 것으로 간주될 수 없는지를 입증했다. 이러한 주장은 학교지리의 언어와 관련하여 헨리(Henley, 1989)에 의해서도 이루어졌다. 헨리는 "지리교사들이 사용한 언어의 본질은 보다 넓은 사회적·경제적 분위기와 지배적인 이데올로기적 구성체를 반영한다"(p. 164)고 주장했다.

지리를 위한 가치중립적인 방법론과 언어의 달성은 불가능하다. 헨리는 학교지리에 사용된 언어를 조사했다. 예를 들면 그는 브레드포드와 켄트(Bradford and Kent, 1977)가 저술하여 널리 사용된 교과서를 '과학주의' 언어의 사례로 인용한다. 헨리에 따르면, 과학주의 언어와 접근은 "정치적 또는 사회적 책임성을 향한 어떠한 개념도 포기한다"(p. 165). 도시지리에 대한 검토는 식물생태학에서 유래한 메타포에 의존한다. 이주는 사회적·정치적·경제적 맥락으로부터 분리된 과정으로 묘사된다. 자연과학[호황(boom), 불황(slump), 기압골(trough), 경쟁(competition)]으로부터 유래된 용어들이 모두 공통적으로 사용된다. "비록 '객관적'으로 보이지만, 지리에 사용된 언어에는 사실 이데올로기가 스며들어 있다"(p.166).

이 문제는 비단 과학적 언어에만 해당되지는 않는다. 인간주의 지리학은 학생들에게 그들의 느낌에 관해 검토하거나 글을 쓰도록 격려하기 위해 경험과 실천을 재구성하기를 바라거나 다른 사람들의 경험을 재구성하기를 바란다. 비록 그러한 활동이 학생들의 정의적 영역(affective domain)을 발달시키기 위한 잠재력, 즉 감정이입을 촉진하고 의식을 발달시키기 위한 잠재력이 있지만, 언어가 서술적으로 사용되고 검증되지 않은 합의에 대한 수용에 의존한다. 즉, "수업에서 인간주의적 접근은 결코 개인의 지각과 경험을 넘어 발전하지 못하는 '특이한 지리(idiosyncratic geography)'로 발전할 수 있다"(p.169).

헨리는 학교지리의 언어가 사회적 과정 속에 내포된 많은 감성을 무력화시키거나 얼버무리고 넘어가려는 경향이 있다는 것을 강조했다. 페미니스트 지리교육학자들은 유사한 주장을 해오고 있다. 특히 앨리슨 리(Alison Lee, 1996)는 지리수업의 글쓰기 과정에 대해 상세하게 논의하면서 그러한 주장을 했다. 리(Lee)는 과학적 지리의 패러다임이 어떻게 특정 언어의 형식을 사용하도록 하고 과학적 글쓰기의 형식을 유도하는지를 보여주었다. 특정 언어의 형식과 과학적 글쓰기의 형식은 연구에 포함된 교사에 의해 무의식적으로 사용된 것이며, 다른 관점이 수업에서 표현되는 것을 발견하기 어렵게 만들었다. 흥미롭게도 리(Lee)의 연구에 포함된 학생들 중 한 명은 이동식 경작이라는 토픽에 관해 더 전체적인 관점(holistic terms)에서 글쓰기를 할 수 있는 방법을 발견했다(비록 그녀는 그녀의 논술에 낮은 점수를 받았지만).

지리에서 더 최근의 연구는 지리적 언어의 내재적인 불안정성과 "텍스트를 넘어서는 것은 어떤 것도 없다"(Barnes and Duncan, 1992)라는 아이디어를 강조해오고 있다. 지리 교수와 학습을 위한 이러한 주장의 함의는 중요하다. 중요하게도 그들은 지리 수업과 텍스트에 사용된 언어의 유형은 학생들에게 세계에 대한 권위적인 재현을 제공한다는 점에서 중요하다고 주장한다. 교사로서 우리가 사용하는 언어에 신중하게 주목한다면 우리가 학생들을 위해 세계를 어떻게 구성하고 있는지를 드러내 보일 수 있다.

이러한 주장을 마음속에 간직한 채 우리는 『지리에서 문해력』이라는 문서를 더 고찰할 수 있다. 이 문서를 설명하기 위해 선택된 사례와 자료는 꽤 흥미로운 사실을 드러낸다. 그것들 중 어떤 것도 지리학자들에 의해 쓰이지 않았다. 그것들은 교과서 발췌문이다. 그것들은 모두 가치중립적인 입장을 보여주고 논쟁을 회피하려고 시도함으로써 매우 중립적이며, 그러한 점에서 현대 지리학의 부분적인(그리고 비실제적인) 관점을 제공한다. 게다가 비록 이 문서는 학생들로 하여금 지리학자들이 어떻게 말하고, 읽고, 쓰는가 하는 곳으로 인도한다고 주장하지만, 명백하게 진정성이 결여된 텍스트다. 이것은 "우리가 학생들에게 문해력을 함양하도록 요구하고 있는가?"라는 질문을 하게 만든다. 이 문서는 '권력부여(empowerment)'로 이어질 수 있다고 주장하면서, 이 문서 그 자체는 문해력의 힘을 강력하게 주장하고 있다. 이것이 어떻게 실현될 수 있는지를 탐구하는 것은 흥미롭다.

이 질문에 대해 답변을 하기 위해서는 문해력의 유형에 대한 공통적인 분류를 고찰할 필요가 있다(McLaren, 1988). 기능적 문해력(functional literacy)은 읽고 쓸 수 있는 것을 포함한다. 이것은 활자화된 단어를 구어(생각어)로 탈약호화할 수 있고, 구어(생각어)를 활자화된 단어로 약호화할 수 있는 것을 의미한다. 문화적 문해력(cultural literacy)은 학생들이 어떤 의미, 가치, 관점을 채택하도록 교육시키는 것을 포함한다. 이것은 '지리적 기술(geographical description)', 또는 '지리적 설명(geographical explanation)'과 같이 글쓰기의 장르를 되풀이하도록 요구받는 문해력의 유형이다. 문화적 문해력은 교사가 '훌륭한' 설명, 잘 표현된 주장, 명료하게 작성된 지도나 다이어그램 등으로 인식하는 것을 학생들로 하여금 쓸 수 있도록 하는 것이다. 비판적 문해력(critical literacy)은 독립적으로 분석적이고, 해체할 수 있는 기능의 발달과 관련된다. 이것은 텍스트가 가지고 있는 선택적 관심을 폭로하기 위해 텍스트의 숨겨진 의미들을 탈약호화할 수 있는 것을 포함한다. 무어(Moore, 2000)

는 상이한 문해력의 유형에 대한 함의를 다음과 같이 설명한다.

우리는 기능적 문해력과 문화적 문해력이 학생들로 하여금 변하지 않는 사회 속에서 성공하도록 도우려고 하는 반면, 비판적 문해력은 상이한 교육적 의제를 염두에 둔다고 말할 수 있다. 즉, 비판적 문해력은 모든 사람들이 성공하도록 도와 줄 수 있는 측면에서 변화하는 사회 그 자체를 목표로 한다(p.87).

학교지리에서 사용되는 언어가 학생들을 기존의 사회적 · 경제적 관계에 구속시킬 수 있다는 이러한 주장을 설명하기 위해 우리는 교과서 『살아 있는 지리』(*Living Geography*)(Dobson et al., 2001)로부터 두 페이지 분량의 "과거의 왕 석탄?(Old King Coal?)"을 고찰할 수 있다.

이 텍스트는 세 가지 질문(석탄이란 무엇인가? 석탄은 어떻게 채굴되는가? 영국에서 석탄산업이 어떻게, 왜 변하고 있는가?)에 대해 답변하는 것으로 이루어져 있다. 이것들은 대단히 합리적이다. 그러나 이러한 질문에 대한 답변이 어떨지를 보다 면밀히 조사해보면 몇 가지 문제점이 드러난다. 이 텍스트의 전반부는 석탄이 만들어지는 과정에 대한 폭넓은 기술적 기술(technical description)로 쓰여 있으며, 석탄이 어떻게 채굴되는가에 대한 논의가 이어진다. 비록 사실적으로 정확하지만 그렇게 기술하는 목적에 관해 질문해볼 가치가 있다. 기술적 · 과학적, '논쟁의 여지가 적은' 주제에 초점을 둘 때, 학생들은 지리는 본질적으로 과학적인 교과라는 인상을 받게 된다. 더 미묘한 읽기를 위해서는 이 텍스트에 변화가 어떻게 표현되어 있는지에 초점을 둘 수 있다. 이 텍스트는 자연적 변화의 과정으로부터 시작하여 사회적 · 경제적 변화에 대한 질문을 소개한다. 따라서 변화는 불가피하고 '삶의 현실'이라고 제안한다. 이 텍스트는 이러한 방식으로 사회적 · 자연적 변화를 혼합하고 있다고 논의할 수 있다.

이 교과서가 변화를 어떻게 재현하고 있는지에 대한 보다 면밀한 검토는 이 교과서가 경제의 기저에 놓여 있는 메타포를 사용함으로써 그렇게 한다는 것을 제안한다. 즉, 이 텍스트는 변화를 반영하는 많은 용어들을 포함하고 있다. "이것은 채굴하는 것을 보다 싸게 한다", "채굴할 가치가 있는 모든 석탄은 채굴되어왔다", "모든 광산은 비싼 기계를 사용하고 있다" 등이다. 변화에 대한 이러한 경제적 설명은 정치적 의사결정과 같은 다른 담론을 사용하여 보충될 수 있는지 어떤지를 질문하는 것이 타당할 것 같다.

이 텍스트는 사회는 방향이 바꾸어질 수 없는 계속적인 경로상에 있다는 관점을 제안하는 것 같다. "영국의 생산은 하락하고, 몇몇 광산은 문을 닫고 있다." 즉, 이것은 헨리가 '중립적인 언어(indifferent language)'라고 부른 사례다. 즉, 중립적인 언어란 사회가 어떻게 작동하는지를 기술하고 설명하는 구체적인 용어를 대체하는 언어다. 이 결과는 사회적 과정을 탈인간화하고 탈정치화한다. 교과서에서 사용한 통계는 광산의 수와 석탄의 산출량을 언급하고 있지만 노동자의 수는 포함하고 있지 않는데, 이는 석탄산업의 쇠퇴와 관련한 많은 인간의 의미를 회피하는 데 기여하는 전략을 채택하고 있음을 드러내고 있다.

이러한 분석이 시사하는 것은 "과거의 왕 석탄?"이라는 두 페이지 분량의 교과서 내용을 사용하여 이와 관련된 과제를 하는 학생들은 아마 기능적 문해력과 문화적 문해력을 발달시킬 수 있다는 것이다. 학생들은 그래프를 그리고 해석할 수 있을 것이며, 이 텍스트에 제공된 제한된 자료에 근거하여 그들의 일부 아이디어에 관해 글쓰기를 할 수 있을 것이다. 그러나 이 텍스트는 어떠한 비판도 불러들이지 않으며, 실로 학생들로 하여금 곤란한 질문을 막을 것 같은 방법으로 쓰여 있다. 우리가 주장하고 있는 이러한 비판적 접근은 지리교사들에게 이러한 설명의 창출과 그것이 학생들의 의식화에 미치는 영향에 관해 질문하도록 요구할 것이다. 이것은 교사들로 하여금 이러한 교과서 발췌문을 다시 쓰도록 하거나 그것을 사용하는 방법을 고안하도록 하는 데 개입시킬지 모른다. 그렇게 될 때 그것은 학생들로 하여금 그것으로부터 비판적 거리를 발달시킬 수 있도록 허용할 것이다.

이러한 주장을 고려하여 우리는 『지리에서 문해력』 문서를 고찰할 수 있다. 이것은 세계에 대한 학생들의 이해를 구성하는 데 있어서 언어의 역할에 대한 민감성을 거의 보여주고 있지 않으며, 지리적 글쓰기에 대한 제한된 버전을 제공하고 있다. 이것은 학생들에게 글쓰기는 세계를 기술하고 설명하는 간단한 기술적 행위(technical act)라는 것을 제안한다. 이것은 제한적인 기능적 문해력의 유형을 촉진하며, 학생들로 하여금 특정한 '과학적' 지리의 형태를 흉내 내도록 격려한다. 이 책에서 우리는 지리교사들은 역시 학생들과 함께 비판적 문해력의 유형을 발달시킬 수 있는 방법을 찾을 필요가 있다는 것을 주장하고 있다.

의미를 지도화하기

격언에 의하면 역사는 사람(chaps)에 관한 것이고, 지리는 지도(maps)에 관한 것이다. 많은 지리교사들은 지도가 학생들의 지리적 상상력(geographical imagination)을 발달시키는 데 중요한 역할을 한다는 것에 동의할 것이다. 어린이들의 지도 기능(map skills)이 어떻게 어렸을 때부터 발달하는지에 대한 풍부한 연구가 있다. 대부분의 이러한 연구는 어린이들의 지도화 능력이 어떻게 그들의 로컬리티의 특징에 대한 간단한 공간적 재현으로부터 더 형식적인 지도에 대한 이해를 향해 발달하는지에 초점을 둔다. 이것은 발달 단계에 대한 피아제(Piaget)의 아이디어에 근거한 발달심리학의 형식을 띤 인지발달과 관련된다. 이것에 대한 훌륭한 사례는 학생들이 특정 연령에서 성취하기로 기대되는 특별한 능력을 부록으로 제시하고 있는 보드만(Boardman)의 『도해력과 지리교수』(Graphicacy and Geography Teaching)(1983)에서 발견된다. 보드만의 책은 교사들에게 유용하다. 왜냐하면 이 책은 학생들의 지도화 기능을 발달시키기 위해 사용될 수 있는 일련의 실천적인 교수 활동들을 제공하고 있기 때문이다. 이 연구에서 꽤 규칙적으로 나타나는 연구결과 중의 하나는 상이한 어린이 집단은 지도화의 관점에서 상이한 능력을 보여준다는 것이다. 예를 들면 소년들은 소녀들보다 지도를 다룰 수 있는 능력과 관련하여 더욱 빠르게 발달한다고 공통적으로 주장된다. 그리고 베일(Bale, 1987)은 중산층 가정의 어린이들은 노동자계층 가정의 어린이들보다 지도화와 관련하여 보다 뛰어난 능력을 가지고 있다고 제시하는 연구들을 제공했다. 우리가 이러한 능력이 '타고난' 그리고 '자연적인' 것이라는 아이디어를 받아들이지 않는 한, 이것은 지도와 지도를 사용하고 이해하는 능력은 보다 넓은 문화적 요소와 연관된다는 것을 제시한다. 그러면서 이것은 다른 질문으로 이어진다. 예를 들면 모든 학생들은 지도와 관련하여 어떤 기능을 배워야 한다는 것이 일반적으로 명백한 것으로 받아들여진다. 그러나 어떤 근거로? 모든 학생들이 '다양한 스케일의 지도'를 접하게 되거나 그들의 로컬 지역의 육지측량부(OS: Ordnance Survey) 지도(지형도)에 익숙해지는 것이 왜 중요한가? 이러한 질문에 대한 대답을 제공하는 것은 우리로 하여금 그러한 연습이 제공하는 목적에 관해 생각하도록 요구한다. 공교롭게도 우리는 개인적으로 이것들이 중요하다고 생각하지만, 단순히 몇몇 '전통' 때문에 그런 것이 아니며, 또한 그와 같이 항상 가르쳐져 왔기 때문에 그런 것이 아니다.

이 지점에서 우리는 지도가 학교지리에서 때때로 가르쳐지고 있는 상식적인 방법에 관해 질문하고 있는 몇몇 연구를 끌어오기를 원한다. 이것은 여러 가지 측면에서 파악하기 어려운 점이 있다. 하나의 사례를 제공하면, 우리 중의 한 명[모건(Morgan)]은 최근에 초임교사들 그룹과 함께 '도해력(graphicacy)'에 관한 강좌를 운영했다. 우연히도 바로 그날 『더 타임즈』(*The Times*)는 육지측량부가 지도에서 불필요하거나 용도가 바뀐 교회를 제거하고 훨씬 잘 구별되는 검은 점을 가진 교회 첨탑 기호로 대체하려는 제안에 관한 이야기를 1면에 싣고 있었다. 이것은 육지측량부 지도가 사회적 · 문화적 변화를 반영하기 위해 제안된 것이었다. 내가 이 기사를 초임교사 그룹에게 보여주었을 때, 내 생각으로 그들의 처음 반응은 격분한 것이었다. 즉, 육지측량부가 어떻게 감히 이런 식으로 지도에 마음대로 손을 대는가? 우리가 그들의 반응에 대해 논의했을 때, 그들이 지도는 사회적 · 문화적 변화를 반영한다는 아이디어에 반대하고 있다는 것이 명백해졌다. 지도는 땅 위에 있는 것에 대한 일종의 반영물이다. 점점 상황은 덜 열띠게 되기 시작했으며,

사람들은 그들이 암암리에 이해한 것, 즉 지도는 항상 사회적 생산물이라는 것을 표현하기 시작했다. 지도는 어떤 특징은 선택하고 다른 특징은 생략한다. 일부 초임교사들은 그들이 어렸을 때 어떻게 하여 지도를 사랑하게 되었는지, 그들이 어떻게 지도를 수집하고 심지어 지도를 벽지로 사용했는지에 관한 이야기를 들려주기 시작했다. 다시 우리가 제시하고 있는 요점은 지도는 그것들이 생산되고 사용된 맥락으로부터 분리된 것으로 간주될 수 없다는 것이다.

2000년 5월 9일 『더 타임즈』에 글을 쓴 시몬 젠킨스(Simon Jenkins)는 이것을 이 시대의 신호, 즉 신을 믿지 않는 시대(과학의 시대)를 보내버리는 또 다른 결정타로 보았다. 그의 기사는 지도가 한 시민으로서의 그에게 제공하는 즐거움에 대해 설득력 있게 말했다. 그는 지도는 단지 '네비게이션'에 관한 것만이 아니라 상징적인 역할을 한다고 주장했다. 이러한 사례는 지도와 지도화의 사회적 목적에 관해 몇몇 중요한 질문을 제기한다. 젠킨스는 지도는 정치학과 밀접하게 관련되어 있다고 주장한다. 육지측량부는 1791년에 설립되었고, 첫 번째 생산한 지도는 프랑스의 침입을 가장 받기 쉬운 지역인 잉글랜드 동남부지역을 측량했다. 이러한 국가적 측량은 국가적 통일성과 중앙집중화된 권위의 새로운 차원을 보여주었다. 1840년대에 아일랜드의 측량에서 처음으로 1마일을 6인치로 한 것은 식민지 지배의 하나의 실천이었다. 이것은 장소의 명칭들이 기록되는 방법을 포함했다. 게일어(Gaelic)를 사용하는 지역에서 육지측량부의 지역 담당자는 로컬 당국(지주와 전문적인 중산층과 같은)을 지명하여 로컬 장소들의 이름에 관한 정보를 제공하도록 하였다[브라이언 프리엘(Brian Friel)의 희곡 『번역』(*Translations*)(1984)에서 훌륭하게 각색된 과정]. 육지측량부는 원래 군사적인 목적으로 지도를 제공하다가 점점 경제적·계획적 목적을 위해 지도를 제공하는 것으로 이동하였다. 게다가 육지측량부는 시골(countryside)을 향유하는 새로운 방법을 개발하는 역할을 하게 되었다. 시골로의 당일치기 여행이 계속해서 증가하는 경향은 더 매혹적이고 색채가 화려하게 만들어진 육지측량부 지도의 도움을 받았다. 이러한 경관을 읽고 해석하는 능력이 교육을 통해 발달되어야 할 가치 있는 기능이 되었다. 즉, "당신이 선택한 지역의 1인치 육지측량부의 지도 한 장과 함께 당신은 이 시골에 대한 달인이 된다. 그것은 당신 앞에 상징적으로 놓여 있을 뿐이다"(Batsford, 1945-6; Whyre, 2002에서 재인용).

이러한 주장을 할 때, 우리는 지도학에서의 최근의 논의에 영향을 미치는 몇몇 아이디어를 이용하고 있다. "실재에 대한 진실하고 정확한 재현"으로서 생각되어왔던 지도가 점점 특별한 목적을 위해 그것들을 만든 사람들의 생산물인 동시에 소비되거나 다양한 방식으로 '읽어야' 할 텍스트로 이해되고 있다. 할러웨이와 허바드(Holloway and Hubbard, 2001)는 이러한 유형의 사고에 대해 산뜻하게 요약하고 있다.

지도는 특정한 이유로 인해 특정한 집단에 의해 만들어진다. 따라서 비록 대부분의 사람들은 길을 찾기 위해 지도를 읽는다는 아이디어에 익숙하지만, 우리는 또한 지도가 만들어지는 상황을 검토함으로써 지도를 비판적으로 읽는 것에 관해 생각할 수 있다. 이것은 우리가 지도를 만들고 사용하는 사회에 관해 무언가를 읽을 수 있다는 것을 의미한다. 다른 재현들처럼 지도는 우리에게 권력관계, 사람들이 세계를 이해하는 방법에 관해 들려줄 수 있다. 어떤 지도를 검토하고 그것의 배후에 놓여 있는 것을 탐구함으로써 우리는 그 사회의 구성원들이 세계와 그곳에서의 그들의 위치를 어떻게 바라보는지에 관한 몇몇 아이디어를 얻을 수 있다(p. 169).

이것은 비판지리교육이 일련의 지도를 어떻게 읽고 해석해야 하는가에 대한 이해뿐만 아니라 지도화의 보다 넓은 정치적 · 문화적 목적에 대한 이해를 격려해야 한다는 것을 제안한다. 이것은 명백하게 들릴지 모른다. 그러나 지도를 비판적으로 '읽는' 능력을 발달시키는 것은 저절로 되는 것이 아니다. 즉, 그것은 안내, 실천, 반성을 요구한다. 이 절의 나머지는 우리가 문제가 되는 이론적 쟁점에 관해 몇몇 논평을 하기 전에 지리교수에서 공통적으로 발견되는 "지도를 어떻게 읽을 수 있는가"에 대한 몇몇 사례를 제공한다.

경제적 공간

경제지리에 대한 연구는 학교지리의 핵심적인 부분이기 때문에 우리는 경제적 공간이 지도와 다이어그램에서 어떻게 재현되는지에 대한 사례로 시작한다. 지적해야 할 간단한 요점은 텍스트에서 발견되는 지도는 그것을 만든 사람에 의해 이루어진 선택의 결과라는 것이다. 즉, "어떤 지도로 전달되는 정보는 지도의 재현, 특히 제목(title), 표제(caption), 기호화(symbolization)에 의해 상이한 의견제시(spin) 또는 반향(resonances)을 제공받을 수 있다"(Black, 2000: 62).

예를 들면 영국의 원자력발전소의 입지를 보여주는 두 개의 지도를 고려해보자. 첫 번째 지도는 단순히 상이한 원자력발전소의 입지를 보여줌으로써 (감정이) 절제되어 있다. 두 번째 지도는 더 극적이다. 그것은 "방사능이 있는(Radioactive)"이라고 제목이 붙여져 있고, 영국은 원자력 갈등이 팽배해 있는 땅이라는 인상을 주기 위해 기호와 색깔을 사용하고 있다. 기호의 크기는 균형이 맞지 않으며, 불끈 쥔 주먹(시위를 표시하기 위해)과 총(원자력 경찰을 재현하기 위해)은 모두 이 지도를 극적으로 표현하는 역할을 한다. 철로를 포함시킨 것은 대부분의 잉글랜드와 웨일즈가 이러한 드라마에 포함되어 있다는 인식을 부가한다.

비록 이것이 극단적인 사례로 보일지는 모르지만, 지도책에서 발견되는 지도와 같이 경제활동에 대한 전통적인 지도는 선택을 포함한다. 일반적으로 그러한 지도는 소비보다 생산을 선호하는 경향이 있다. 그것들은 서비스 또는 금융 부문보다 제조업을, 경공업보다 중공업을 강조한다. 마지막으로 소유권보다 노동이 지도화된다. 널리 퍼져 있는 장소(배관 작업처럼)보다 단지 몇몇 장소(철강 제조와 같이)에서 발생하는 활동을 지도화하는 것이 보다 쉽다. 그러나 비판적인 관점으로부터 우리는 그러한 지도가 학생들에게 제공하는 경제적 관계의 본질에 관한 메시지에 대해 질문하고 그것에 대해 알기를 원한다. 예를 들면 소유권보다 노동을 지도화하는 것이 더 쉬울지 모르지만, 소유권에 대한 이해는 현대 세계를 이해하는 데 훨씬 더 중요하다고 주장될지 모른다. 그러므로 자본과 돈의 흐름을 지도화하는 방법을 발견하고 이러한 흐름을 이해하기 위해 글로벌 공간감을 익히는 것이 중요할지 모른다. 지리학자로서 우리는 또한 그러한 지도가 손쉽게 지도로 표현할 수 없는 경제활동[예를 들면 지하경제(black economy)]의 문화에 대한 이해를 위해 허용할 수 있는 범위에 대해 질문할지도 모른다.

사회적 공간

사회적 쟁점들은 토픽의 선택이 정치적인 것으로 간주될 수 있다는 점에서 경제적 쟁점보다 지도로 표현하기에 더욱 어렵고 이론의 여지가 있다. 단순한 인과관계의 모델에 의존할 때, 사회적 패턴을 지도화하는 것이 가능할지 모른다(예를 들면 환경적 요인과 관련된 주거 패턴). 그러나 우리가 지리적 변화와 패턴에서 중요한 개념 및 이데올로기와 함께 중요한 요인으로서 인간을 강조하자마자 이것은 덜 명료하고 더 '골치 아픈' 상황으로 이어진다.

이것은 사회적 쟁점을 지도화하려는 어떤 시도가 검토되어야 할 가정에 의해 뒷받침되어 있기 때문이다. 시거와 올슨(Seager and Olson)의 책 『세계지도책에서의 여성』(*Women in the World Atlas*)(1986)은 '직업 게토(Job Ghettos)(여성에게 맞는다고 여기는 직업)'라고 명명된 한 장의 지도를 포함하고 있다. 이것은 글로벌 경제에서 여성의 역할을 강조하기 위해 일련의 지도학적 기법을 사용한다. 이 지도화 기법은 지도화되지 않은 빈 공간을 남겨둠으로써 데이터 수집에 의문을 제기하도록 한다. 이 주제는 이 스프레드(spread)가 어떻게 읽혀야 하는지 독자들에게 제안하며, 데이터가 지도화되는 스케일의 범위는 전 세계 여성에 의해 공유되는 공통적인 문제에 대한 감각을 만든다. 그러므로 이 지도는 정치적 메시지를 가지고 있으며, 이 지도의 구성을 떠받치고 있는 가정은 지리수업에서의 토론을 위한 기초를 형성한다. 이 사례에서 "여성의 노동으로 정의되는 직업들은 낮은 임금, 낮은 지위, 낮은 안전을 수반한다는 것이 보편적인 사실"이라는 주장은 특히 그것이 그러한 결론을 위한 설명을 제공하게 될 때 비판적으로 철저히 검토할 가치가 있다. 요점은 모든 지리적 데이터와 설명은 분석과 비판의 대상이 되어야 한다는 것이다(Domosh and Seager, 2001; Steans, 2003 참조).

또한 정체성(identity)이 단순히 일차원적인 형식으로 존재한다고 가정하는 데에도 문제가 있다. 예를 들면 신영연방(New Commonwealth)과 파키스탄 출신 사람들의 분포를 보여주는 지도는 문제가 있다. 왜냐하면 그것은 사람들이 어떻게 그들 스스로 정체성을 형성하는지에 관해 어떤 것도 말하지 않기 때문이다. 즉, 민족은 그들에게 무엇을 의미하는가? 그것은 그러한 정체성을 유연하게 사용할지 모른다. 그러한 지도는 복잡한 쟁점을 고착화하거나 구체화하고 동질화하는 데 기여하며, 이러한 지도가 인과관계(예를 들면 민족집단의 분포와 주택의 질을 보여주는 지도와 비교)를 암시하는 데 사용될 때 문제를 초래한다. 장애 또는 섹슈얼리티와 같은 정체성의 다른 축에도 동일하게 적용된다. 비록 패턴을 지도화하는 것이 세계를 보는 상이한 방법을 이용할 수는 있을지 모르지만, 그것은 또한 다른 방법을 차단한다. 하나의 선택은 사람들의 삶의 이러한 양상들을 전적으로 무시함으로써 논쟁을 피하는 것이다. 그러나 이것은 그러한 쟁점들이 지리를 만드는 것을 이해할 수 있는 중요한 부분이라는 사실을 회피하고 부정하는 것 같아 보인다. 이러한 문제에 대한 해결책으로서 블랙(Black, 2000)은 다음을 제시한다.

명백한 전략은 가장 의미 있고 지도화할 수 있을 것 같은 것에 초점을 두고, 이것이 초래할 수 있는 편견을 인식하는 것이다. 공간과 사회 간의 관계의 복잡성은 지도가 분석적인 텍스트로서 전달할 수 있는 것의 한계에 매우 빠르게 도달하게 된다는 것이다(p.73).

환경적 쟁점

20세기 말이 되면서 환경에 대한 인간의 영향은 계속해서 관심의 대상이 되었으며, 지도와 지도책은 이를 반영했다. 지도는 환경적 쟁점에 관해 상이한 메시지를 제공할 잠재력을 가지고 있다. 블랙(Black, 2000)은 잡지 『Geographical』로부터 하나의 사례를 제공하는데, 이 잡지는 1973년에 아마조니아(Amazonia)에 관한 두 개의 기사를 게재했다. 첫 번째 기사는 아마존 횡단 고속도로

(Trans-Amazonian Highway)에 관한 것이었으며, 하천과 주 경계를 따라 기존의 도로, 건설 중인 도로, 계획 중인 도로 등을 지도화했다. 이것의 주해는 낙관적이었다. 즉, "아마존에 건설 중인 이 도로는 이 거대한 황무지 요새를 길들이는 데 큰 기여를 할 것이다."

두 번째 기사는 브라질 인디언(원주민)이 직면하고 있는 문제에 집중했다. 이 지도는 주요 인디언 보호구역을 기록했으며, 삽입된 지도는 주요한 신설 도로와 인디언 문화 지역을 보여주었다. 이 사례는 비록 이 지도 둘 다 아메리카 원주민의 관점이 아니라 서구 독자의 관점으로부터 그려졌지만, 지도가 특별한 이데올로기나 세계를 보는 방법을 지지하거나 이의를 제기할 수 있는 방법을 보여준다.

1980년대와 1990년대 동안 환경적 지도화는 아마 강조된 '위기'감을 반영하면서 더 '도발적'이 되었다. 하나의 사례는 시거(Seager)의 『지구의 상태』(The State of the Earth)(1990)에 실린 '공기의 질(Air Quality)'에 관한 지도다. 무서운 '가스 마스크'(매우 검은 색, 중간 정도의 회색)와 '먼지 구름'이 지도 주위에 흩어져 있다. 이 지도에는 "많은 도시에서 단지 숨 쉬는 것조차도 건강에 해롭다"라는 소표제가 있다. 이 메시지는 크게 쓰여 있으며, 이 지도는 이론의 여지가 있을 수 있는 환경적 사례를 명확하게 하고 있다.

이론적 쟁점

지도화에 대한 이러한 논의를 결론짓기 전에 우리는 논의를 이 책의 무엇보다 중요한 주제들과 관련시키기를 원한다. 몇몇 독자들에게 '지도를 해체하기'에 관한 이 절에서의 초점이 너무 먼 가고, 즉 불필요한 파괴적인 행위일지 모른다. 제레미 블랙(Jeremy Black)은 이 절에서 많이 의존한 텍스트인 『지도와 정치학』(Maps and Politics)(2000)에서 브라이언 할리(Brian Harley)와 같은 포스트모던 지도학자들의 주장을 고찰한다. 할리는 그의 경력 동안에 '전통적인(traditional)' 지도학자로부터 '후기구조주의' 지도학자로의 험난한 길을 여행했던 지도학자였다. 할리는 지도와 그것이 세계를 어떻게 재현하는지를 이해하기 위해 지도화를 분리하는 데 관심을 가지게 되었다. 그는 지도

생산의 배후에 놓여 있는 사회적 관계, 지도학자의 작업 실천, 권력의 정치학, 국가의 감시 등을 검토했다. 할리가 지적한 몇 가지 요지는 단순하며 다소 받아들여지고 있다. 예를 들면 그는 어떤 지도의 기원을 검토함으로써 여러분이 누가 그것을 만들었는지를 추측할 수 있는 방법을 언급했다. 영국의 세계지도는 '과학적' 이유로 인해서가 아니라 영국의 우월성을 보여주기 위해 영국을 중앙에 위치시키고 있다. 지리교사들은 피터스 투영도법(Peters Projection)에 관한 논쟁과 관련하여 이 아이디어를 사용하는 데 익숙하다. 이 도법은 세계가 어떻게 재현되어야 하는가와 관련하여 일반적으로 인정되는 기호체계를 파괴한다. 할리는 또한 지도에서 보이지 않는 것, 즉 '침묵'[이러한 접근에 대한 훌륭한 사례를 위해서는 반즈와 던컨(Barnes and Duncan, 1992)에 실린 그의 글 "지도를 해체하기(Deconstructing the map)"를 읽어라]에도 관심이 있었다. 블랙은 할리와 다른 사람들에게 비판적이었다. 그의 생각에 그들은 국가권력의 쟁점과 지도가 '음모'의 일부분이라는 아이디어와 너무도 관련되어 있었다. 지도를 해체하기 위한 움직임은 권력과 이데올로기에 대한 아이디어를 명백하고 단순하게 진술하려는 경향을 포함한 많은 문제로부터 고통을 받았다. 학교지리와 관련하여 우리는 이러한 쟁점의 일부는 학생들과 함께 토론할 가치가 있다고 생각한다(그리고 확실히 지리교사 교육과정의 일부분을 형성해야 한다). 우리가 제기할 질문은 교사들이 학생들로 하여금 지리지식(지리지식의 일부분인 지도의)이 구성되는 과정을 이해할 수 있도록 하기 위해 어느 정도로 도움을 주어야 하는가이다. 블랙은 '음모론적' 접근보다 '논쟁적인' 접근을 선호했다. 그러한 접근에는 '공간의 다중적 의미'가 있고, 어떤 단일의 지도학적 전략은 없다는 아이디어와 함께 도전이 작동한다고 인식된다. 그는 민주적 문화와 지적인 문화를 위해 적절한 지도화에 대한 다원적 접근을 찬성한다. 그는 정치학이라는 용어를 "지도학을 위한 맥락을 제공하고 대부분의 지도학의 내용과 반응에 영향을 주는 사회적 과정을 위한 메타포"로서 사용한다. 이것은 우리가 공유하는 관점이다. 이 책 전체를 통해 특히 이 절에서 우리는 지리교사들은 수업으로 끌어오게 되는 지식의 본질에 대해 비판적으로 질문할 필요가 있다는 것을 주장하고 있다.

지리교수와 기술문해력(technoliteracy)

이 절에서 우리는 지리교수에서 정보통신기술(ICT)의 역할을 고찰한다. 우리는 ICT가 지리 교수와 학습을 어떻게 강화할 수 있는지에 관한 주장들을 재진술해야 한다고 생각하지는 않는다. 왜냐하면 이것들은 손쉽게 교사들을 위해 유용하기 때문이다. 램버트와 볼더스톤(Lambert and Balderstone, 2000)은 교사들은 학생들의 학습의 질을 주의 깊게 검토할 필요가 있다는 것을 상기시키면서, ICT가 학생들의 지리 학습을 어느 정도로 강화시킬 수 있는지에 대해서는 신중하다. 이 절에서 우리는 이 책의 기저 접근에 의해 제공된 것으로써 이러한 논쟁에 관한 상이한 경향을 제공하기를 원한다. 그것은 ICT의 사용을 통해 구성된 지리지식의 유형과 목적에 관해 몇 가지 질문을 하는 것이다. 이것을 하기 위해 우리는 지리교수에서의 ICT의 사용을 보다 넓은 관점에 위치시킬 필요가 있다.

ICT가 어떻게 학교지리에서 그렇게 큰 역할을 하게 되었는지를 성찰하는 것은 흥미롭다. 맥과이어(Maquire, 1989)는 '지리에서 계량적인 컴퓨터 혁명'의 발달을 설명하고 있다. 그는 다음과 같이 많은 단계를 구체화하고 있다.

- 1950년대 후반과 1960년대 초반부터 지리는 "본질적으로 질적이고 기술적인 학문으로부터 수학적·통계적 방법을 사용하여 공간적 패턴에 관한 일반화된 법칙과 이론의 발달과 점점 관련된 학문"으로 변했다(p.3). 이 시기에 컴퓨터는 비싸고 드물고 사용하기 어려웠다.
- 1960년대 중반부터 더 향상된 컴퓨터를 보다 싼 가격으로 이용할 수 있게 되었다. 컴퓨터의 속도는 빨랐다. 컴퓨터가 처음에는 통계적 분석을 위해 사용되었지만, 이후에 컴퓨터 지도학, 시뮬레이션, 원격 탐사가 중요한 용도가 되었다.
- 1970년대 후반과 1980년대 초반에 상대적으로 저렴한 마이크로컴퓨터의 등장은 '제2의 컴퓨터혁명'을 예고했다.
- 1980년 후반과 1990년대 초반에 지리학자들이 직면한 두 개의 주요한

문제가 있었다. 이것들은 '컴퓨터 종사자'(즉, 컴퓨터 시스템을 관리하고 컴퓨터의 지리적 용도를 가르치고 발달시킬 수 있는 적합한 능력을 가진 사람)의 부족과 기술혁명에 의해 촉진된 정보혁명으로 인해 나타난 데이터의 급속한 증가였다.

이와 같은 설명은 기술을 지리에 대한 연구를 개선시키는 데 사용될 수 있는 중립적인 도구로 간주하는 경향이 있다. 교사들은 이러한 기술을 작동시켜야 하는 '컴퓨터 종사자'다.

컴퓨터는 특별한 능력을 부여하는 기술이다. 즉, 컴퓨터는 지리학자들로 하여금 많은 측면에서 그들의 '능률'과 '효율성'을 향상시키도록 할 수 있는 도구다. 그 점과 관련하여 지리학자들을 지원하는 컴퓨터의 핵심적인 두 가지의 양상이 있다. 첫째, 컴퓨터는 수많은 데이터를 체계적인 방식으로 수집하고 저장하는 데 사용될 수 있다. 둘째, 그러한 데이터는 다수의 상이한 방식으로 빠르게 조작되고 표현될 수 있다(Maquire, 1989: 222).

유사한 주장이 ICT와 지리교수에 대한 더 최근의 설명에서 발견될 수 있다. 예를 들면 하셀(Hassell, 2002)은 지리교사들이 왜 ICT를 그들의 교수에 통합해야 하는지를 설명하고, 기술의 효율성과 파급성 둘 다를 언급하고 있다.

상업적 부문과 공공 부문을 포함하여 전체적인 인간 활동에 있어서 ICT는 도로나 대형 마트를 입지시키는 것에서부터 홍수와 기후 재해를 확인하는 것에 이르기까지 의사결정에서 점점 중요한 역할을 하고 있다. ICT는 보다 나은 의사결정을 하도록 할 수 있다. 왜냐하면 다양한 변수를 고려할 수 있으며, 보다 큰 경고를 제공하기 위해 자연 재해와 시스템의 모니터링을 지원할 수 있으며, 그러한 영향을 줄이기 위해 행동을 취할 수 있는 기회를 제공할 수 있기 때문이다. 그 결과, ICT는 의사결정을 위한 보다 낫고 보다 빠른 도구를 제공할 수 있다. 이러한 변화는 두 가지 측면에서 영향을 끼친다. 첫째, 컴퓨터는 우리가 가르치는 지리를 변화시킨다. 둘째, 컴퓨터는 우리가 어린이들에게 발달시켜야 하는 의사결정 기능과 프로세스를 변화시킨다. 이러한 영역에서의 핵심적인 쟁점은 "교과 공동체가 가르쳐지고 시험이 치러지는 형식적인 교육과정에서 지리가 이러한 변화에 보조를 맞추고 있다는 것을 어떻게 확신시킬 수 있는가?" 하는 것이다(p.155).

하셸은 교사들을 도전하게 한다는 측면에서 ICT가 세계 지리학자들의 연구를 변화시킬 방법에 대한 명확한 '버전'을 제공하고 있다. 하셸이 구체화하고 있는 '쟁점'은 본질적으로 '지리'(아마 그는 지리학자들을 의미한다)가 어떻게 이러한 '도전'에 대응할 수 있는가 하는 것이다. 이 '문제'는 사람들이 그들의 기능을 발달시키고, 함께 일하며, 더 효율적으로 계획하는 것을 포함하는 것으로 본질적으로는 기술적이다.

명백하게 이 시스템에는 충분한 돈이 없다. 그러나 지리학자들이 최대한 활용해야 하는 많은 핵심적인 계획이 있다. 중요한 것은 지리학자들이 함께 일하는 것이고, 그것이 미래를 위한 몇몇 전략이 되는 것이다(p.158).

이러한 주장은 ICT와 지리교수에 관한 문헌에서 매우 전형적으로 나타난다. 그러나 이 절의 나머지에서 우리는 ICT를 강화한 지리의 이러한 버전이 '지리'란 무엇인가에 대한 특별한 이해에 의존하며, 이것은 학교지리의 다른 '버전'을 배제하거나 주변화시키는 데 기여한다는 것을 제시하기를 원한다. 우리는 지리교수에서 ICT의 역할에 대한 대안적인 관점을 제공한다. 다음 진술문을 고려해보자. "사람들이 거의 매일 컴퓨터의 발달과 이러한 컴퓨터가 삶의 새로운 영역에 적용되는 것을 목격하는 시대에 컴퓨터의 역사가 중요하다고 제시하는 것은 이상하게 보일지 모른다"(Curry, 1998: 59). 커리(Curry)의 주장은 지리교육에서 ICT의 역할에 대한 진지한 역사가 아직까지 쓰이지 않았다는 것을 깨닫도록 한다. 예를 들면 월포드(Walford, 2000)는 학교에서 최근 지리의 역사는 ICT에 대한 단지 두 가지의 참고문헌, 즉 '중립적인' 논평이 지리교수에서 ICT가 계속해서 중요해지고 있다고 언급하고 있다. 우리는 그러한 역사를 제공할 위치에 있지 않다. 그러나 우리는 ICT의 역할이 지리교육에서 어떻게 발전되어왔는지에 관한 몇몇 논평을 하고자 한다. 앞서 인용된 맥과이어(Maguire)의 논의에서 그는 지리와 컴퓨터의 학습에 대한 양적 접근의 발달이 서로 병행해가는 것으로 간주하고 있는 것에 주목할 만하다. 이와 같이 동일한 문장에서 그는 지리에서의 계량적인 컴퓨터 혁명에 관해 쓰고 있다. 이것은 우리에게 우리가 지리와 같은 학교 교과의 역사에 대해 어떻게 이야기해야 하는지에 대해 질문하도록 촉구한다. 우리가 3장에서 언급한 것처럼 소위 '신지리학'은 지리에 엄정한 '과학적' 접근을 위한 기회를 제공했다. 신지리학이 모델링, 시뮬레이션, 예측, 통계적 조작과 관련되는 것처럼 컴퓨터는 학교에서의 신지리학을 지원하기 위해 이미 만들어져 있는 기술을 제공했다. 우리가 여기에서 제기하고자 하는 요점은 지리에 대한 '과학적' 관점은 세계의 본질에 대한 특별한 가정을 하고 있다는 것이다. 이러한 관점은 데이터가 공정한 중립적 관찰자에 의해 수집될 수 있고 상대적으로 자연발생적이고 단순한 언어를 통해 다른 사람들에게 표현될 수 있는 외부세계가 존재한다고 가정한다. 이러한 버전에서 과학은 적용될 수 있는 중립적인 도구다.

굿슨(Goodson, 1983)은 신과학적 지리학의 채택은 학교에서 지리의 위치를 높이고 지위를 안전하게 하며 자료에 접근하기 위해 일부 지리교사들이 한 시도로서 이해되어야 한다고 주장한다. 과학으로서의 지리 교과를 촉진함으로써 지리교사들은 자신을 향상시킬 수 있다. 물론 만약 지리가 학교에서 도달해야 할 새로운 기술에 대한 소유권을 주장할 수 있다면 이러한 프로젝트는 더욱 확실할 것이다. 우리가 여기에서 제기하고 있는 요지를 명확히 하는 것이 중요하다. 즉, 지리교수에서 ICT의 도입이 특별한 지리지식의 형식과 매우 밀접하게 관련된다는 사실은 꽤 특별한 방식으로 해석되고 사용되어왔다는 것을 의미해왔다.

학교지리에서 컴퓨터의 도입은 처음 이후에 특별한 지리지식의 형식 또는 지리란 무엇인가에 대한 특별한 관점과 밀접하게 연관되었다. 맥과이어와 하셀은 지리교수를 위한 기술의 도전에 대한 설명에서 둘 다 지리에 대한 이러한 '과학적' 관점과 함께 작동하는 것처럼 보인다고 했다. 또한 적어도 그들은 독자들에게 교과로서 지리와 지리지식이 어떻게 생산되었는지에 대한 그들의 관점을 결코 명확히 하지 않는다. 우리는 만약 그들이 그렇게 했다면, 그들은 지리교육의 목적에 관한 중요한 질문을 고심해야 할 것이라고 주장한다.

이러한 주장을 발달시키기 위해 우리는 존스톤(Johnston, 1986)에 의해 제안된 해석적 도구 또는 해석학적 도식으로 돌아가기를 원한다. 이 접근의 가치는 우리가 지리지식을 통해 무엇을 이해하는지 마음 놓고 질문하도록 하며, 이것이 ICT를 위해 가지는 함의에 관해 생각하도록 한다는 것이다. 우리가 4장에서 살펴본 것처럼 존스톤은 과학의 3가지의 주요 유형, 즉 경험주의/실증주의, 인간주의, 실재론이 존재한다고 제시한다. 지리에서 ICT의 사용에 대한 많은 논의는 지리가 경험적인 과학이라는 것을 반영한다. '지리'를 지원하기 위한 ICT의 기회를 설명하기 위해 하셀에 의해 제공된 사례들은 흥미로운 사실을 드러낸다. 그것들은 다음을 포함한다. "수업에서 새로운 대형 마트의 입지에 대한 사례를 논의하기 위해 프레젠테이션 패키지를 사용하여 다양한 유형의 정보를 결합한다," "주요 도로들에 대한 일련의 관찰로부터 획득한 시간대별 교통 흐름의 비율을 표현하기 위해 지도화 패키지를 사용하여 로컬리티에서 변화하고 있는 교통체증을 조사한다"(Hassell, 2002: 153).

이 활동이 그 자체로 틀린 것은 없다. 그리고 그것들은 국가교육과정이 장려하는 지리의 유형을 반영한다. 그러나 이러한 '기회'에 대한 논의는 이러한 접근이 지리지식을 구성하는 것에 대한 특별한 관점 또는 해석을 반영하고 있다는 것을 언급하고 있지 않으며, 그리고 중립적이지 않은 지리지식에 대해서도 언급하고 있지 않다. 그러나 이러한 접근은,

사회의 기본적인 구조를 받아들이고, 단지 사회의 상부구조의 어떤 양상만을 다루려고 한다. 즉, 이러한 접근은 계획을 실행하기 위해 강력한 국가를 위한 요구를 받아들인다. 그리고 이러한 접근은 이 접근의 주요한

기여가 단지 개선적인 문제해결이 되어야 할 것 같다고 인식한다. 이러한 접근은 미래를 만드는 것보다 미래를 개선하는 데 몰두한다(Johnston, 1986: 111).

다시 이것은 이러한 지리지식의 유형이 지니는 중요성과 타당성을 비난하려고 하는 것이 아니다. 그러나 우리는 만약 교사들과 학생들이 그러한 지식이 구성되는 가정을 분석하고 비판하도록 격려받지 못한다면 문제가 있다고 제안할 것이다. ICT는 학교지리를 '과학과의 동맹'을 강화시키고, 학생들이 지리지식의 다른 버전에 접근하는 것을 거부할 위험이 있다.

당신은 존스톤이 제시한 과학의 두 번째 유형이 인간주의라는 것을 기억할 것이다. 이러한 이해의 목적은 개인들로 하여금 그들 자신뿐만 아니라 상호 간에, 그리고 사회적·자연적인 세계를 보다 잘 알게 함으로써 사회를 풍요롭게 하기 위한 자기인식과 상호이해다. 이러한 지리지식의 관점을 가지고 작동하는 지리교사는 ICT가 어느 정도로 학생들의 자기인식과 상호이해를 발달시키기 위해 사용될 수 있는지에 대해 질문할 것이다. 아마조니아(Amazonia)의 원격감지 이미지를 관찰하고 있는 학생을 상상해보라. 학생이 그러한 연습의 결과로서 발달시킬 수 있는 '장소감'에 관해 추측하는 것은 흥미롭다. 비록 '세계를 정보로서' 재현하려는 ICT의 경향이 인간주의 지리학자들에 의해 요구된 인간 행동에 대한 깊은 이해의 가능성을 부정하는 것 같지만, 아마도 우리는 이러한 판단에 도달하는 데 너무 성급해서는 안 된다. 상이한 장소에 있는 사람들을 접촉할 수 있고 간주관적인 이해를 발달시킬 수 있는 온라인 커뮤니케이션의 형식을 위한 잠재력이 있을지 모른다. 게다가 비록 학교지리는 일반적으로 과학의 모델과 함께 작동해왔지만, ICT가 텍스트의 사용에 초점을 둔 상이한 문해력의 형식을 촉진하는 데 사용될 수 있는 가능성이 있다. 물론 여기서의 요점은 ICT의 잠재력은 기술의 내재적인 특성에 덜 의존적이며, 그것이 적용되는 목적에 관한 교사들의 결정에 더 의존적이라는 것이다.

존스톤이 제시한 과학의 세 번째 유형은 실재론이다. 실재론적 과학은 사람들에게 세계를 조직하는 메커니즘과 기저 영향력에 대한 이해를 제공하는 데 관심이 있다. 비판지리학자들은 정보기술의 발달이 자본주의 축적의 논리와 연계되어온 방법을 강조하는 경향이 있다. 그들은 기술이 어떻게 기존의 사회적 관계를 유지하기 위해 사용되어왔는가를 지적해왔다. 예를 들면 허클(Huckle)은 지리 소프트웨어 패키지는 다음과 같다고 주장했다.

> 지리 소프트웨어 패키지에는 그것들 속에 계획되어 있는 사회와 시민성의 본질에 대한 가정이 있다. 이러한 가정은 아마 그것이 교과서에 있을 때보다 탈약호화하기에 더 어렵다. 그러나 많은 교사들과 학생들에게 그러한 가정은 아마도 그것이 표현되는 기술로 인해 보다 큰 합법성을 수반한다 (Huckle, 1988: 58).

허클은 지리교사들은 그들이 "사회적 통제보다 오히려 사회적 문해력을 위한 수단"으로서 역할을 한다고 확신하면서 이러한 패키지들을 특히 주의 깊게 평가하고 사용할 필요가 있다고 제안한다. 우리는 학교에서 사용하기 위해 고안된 하나의 프로그램을 고찰함으로써 이러한 쟁점을 설명할 수 있다(〈글상자 6.2〉 참조).

⊠ **글상자 6.2** ⊠

농장에는(Down on the farm)

'농장에는(Down on the farm)'은 학생들로 하여금 수익을 늘려야 하는 문제에 직면해 있는 농부의 입장이 되어보도록 하는 복잡한 시뮬레이션이다. 학생들은 이 농장의 특정 경지에 적합한 농작물을 선택한 후, 그들의 판단이 얼마나 성공적이었는지를 알아본다. 매년 그들은 토양의 특성, 산성도, 지질 등에 관한 풍부한 데이터를 사용하여 그들의 선택을 개선할 수 있다. 기후는 그들의 성공을 결정하는 중요한 인자이고, 물론 이것은 미지수다. 시뮬레이션의 현실성은 학생들에게 휴경, 토지 간척과 같은 다양한 전략에 참여하게 하는 많은 단계에 의해 강화된다.

비판적인 관점은 교사들과 학생들이 '농장에는'과 같은 소프트웨어 패키지의 기저를 이루고 있는 가정에 경계할 필요가 있다는 것을 지적한다. 이 소프트웨어는 공간 데이터의 재현에 의존한다. 이 소프트웨어는 기존의 사회적·공간적 관계를 끌어오고, 그것을 처리할 수 있도록 하기 위해 단순화한다. 그러고 나서 학생들은 농부로서 요구되는 일련의 의사결정을 연습한다. 농업을 조절하는 시장의 힘(자유시장 방식)을 효과적으로 반영하는 강력한 경쟁의 요소가 있다. 이 소프트웨어는 학생들에게 매우 경쟁적인 시장에서 작동하는 고립된 자가 소유 농부의 이미지를 제시하고 있다. 물론 이것은 대규모 기업적 농업이 탁월한 영국의 농업 현실과는 맞지 않는다.

물론 이 프로그램은 단순한 교육적 도구이며, 복잡한 실제 세계에 대해 불가피하게 단순화하고 있다고 주장할 수 있다. 이 경우에 있어서 인간 행위의 특별한 관점과 경제시스템의 작동은 학생들에게 세계가 어떻게 작동하는가에 대해 단순화한 것으로 제시된다. 즉, 우리가 이 시뮬레이션을 구성하고 있는 가정들을 가르치고 푸는 데 주의를 기울이지 않는 한, 우리는 이러한 관점을 의심 없이 받아들일 것이다. '농장에는'의 경우에 이 프로그램의 논리가 인간의 패턴이 환경결정론의 관점에서 설명되는 보수적인 구조틀로 이어지며, 인간의 사고는 '합리적인 경제인'의 형태로 재현된다고 주장할 수 있을지 모른다. 이 소프트웨어를 사용하는 학생은 교사가 명쾌하게 가정을 깨뜨리거나 비판적 틀을 도입하지 않는 한 이러한 메시지를 맹신하게 될 것이다. 이것이 바로 이 프로그램의 논리 속에 대안을 도입하는 것을 어렵게 만드는 것이다.

더 일반적으로 말한다면, 프리패키지 기술에 관한 의존은 교사들에게 있어서 중요한 기능과 성향의 손실로 이어질 수 있다는 마이클 애플(Michael Apple, 1988)의 경고를 기억할 필요가 있다. 교육과정과 교수에 관한 비판적 성찰이 줄어들 것이라는 위험이 있다. 왜냐하면 "교육과정의 많은 것, 그것을 둘러싸고 있는 교수와 평가적 실천이 구매해야 할 어떤 것으로 간주되기 때문이다"(p.163). 만약 교사들이 교육과정 자료의 교육적 강점과 약점을 평가할 시간이 없다면 이것은 더 심각하게 된다. 더 중요한 것은 그러한 소프트웨어는 어떤 사람을 특별한 방식으로 세계에 맞추게 하는 사고의 형식을 구현한다는 것이다. 컴퓨터는 주로 기술적인 사고의 방식을 포함한다. 즉, "새로운 기술이 수업을 자신의 이미지대로 변형시킬수록 기술적 논리가 비판적인 정치적·윤리적 이해를 대체할 것이다"(p.171). 애플의 논평은 '기술만능주의 지리'에 대한 머서(Mercer, 1984)의 논의를 되풀이한다. 기술만능주의 지리는 "세계에 관한 어떤 견고한 불평등과 관점을 위한 암묵적인 지원을 제공하고", "실제로 진정한 대안적인 세계적 관점이 떠다니는 것을 막는" 매우 난공불락의 폐쇄적인 담론의 구조틀을 구축하는 데 기여하는 '데이터 기법'에 의존하는 기술적 사고(technical thinking)와 연관된다(Mercer, 1984: 182). 따라서 예를 들면 머서는 우리는 병원으로 가는 가장 단거리를 발견하기 위한 분석적인 수단을 가지고 있지만, 왜 그렇게 많은 사람들이 아프게 되는지에 관해 질문하는 데는 실패한다고 언급했다. 이러한 사례는 교수를 떠받치고 있는 가치에 관해 생각하는 것이 왜 중요한지를 상기시켜준다.

우리는 교육적인 '신기술 반대자'가 아니다. 그러나 우리는 교육적 목적과 가치에 관한 몇몇 중요한 질문이 학교지리에서 'ICT로의 질주'로 인해 완전히 무시될지 모른다고 걱정한다. 오래 전 1981년에 지리교사에 대해 데렉 그레고리(Derek Gregory)가 한 경고를 기억하는 것은 흥미롭다.

이 교과(지리)에서 문제를 해결하기 위해 컴퓨터가 지원하는 기법을 사용할 수 있는 지리학자들의 출현은 대부분의 휴게실에서 발견할 수 있는 냉소자들에게 만족스러운 큰 타격을 주었을지 모른다. 그러나 그들이 제기하고 있었던 질문이 더 이상 중요하지 않거나 그러한 질문에 대한 답변 역시 더 이상 예리하지 않다는 것이 확실해졌다(1981b: 142).

미디어와 지리

우리가 이 책에서 언급해온 소위 '문화적 전환'은 지리학자들이 재현에 대한 질문에 관심을 가지도록 했다. 초기의 한 사례는 버제스와 골드(Burgess and Gold)의 『지리, 미디어, 대중문화』(*Geography, the Media and Popular Culture*)(1985)에서 발견될 수 있다.

> 미디어는 너무 오랫동안 지리연구의 주변에 머물러왔다. 매우 일상적
> 인 텔레비전, 라디오, 신문, 소설, 영화, 팝 음악은 아마도 "대중의식의 원천
> 에 깊고 곧은 뿌리를 가진 일상생활의 구조에 꿰어진" 사람들의 지리의
> 일부분으로서 그것들의 중요성을 감추고 있다(1985: 1).

학교지리를 위한 이러한 주장의 함의는 오랫동안 인식되어왔지만, 지금
까지 거의 지속적인 주목을 받아오지는 못했다는 것이다. 이 절은 학교지리
와 대중문화가 어떻게 관련될 수 있는지에 대해 살펴본다.

비록 사진, 슬라이드, 비디오가 지리교사들의 일상적인 도구의 일부분이지
만, 종종 이러한 미디어들은 그것들의 구성에 대한 비판적 이해 없이 사용되고
있다. 렌 매스터맨(Len Masterman)은 『미디어를 가르치기』(*Teaching the Media*)(1985)에서 지리교수에서 미디어가 하는 역할에 대해 논의하고 있다.
첫째, 지리는 시각 이미지가 특히 우세한 위치를 차지하고 있는 교과다.
지리는 중재된 2차적인(간접적인) 경험을 가진 교과로서 주로 수업에 직접
가져올 수 없는 국가 또는 세계의 지역을 다룬다(Masterman, 1985: 243). 둘째,
우리의 환경에 관한 아이디어들의 가장 중요한 원천의 일부는 미디어다.

> 상이한 환경과 지역은 실제로 우리에게 너무 친숙하고 자연스러워 지리
> 교사들은 특별한 지역 또는 국가에 관해 가르칠 때는 언제나 학생들의 머릿속
> 에 이미 존재하고 있는, 종종 파편화되어 있지만 때론 매우 일관성이 있는
> 이미지와 경쟁하고 있다는 것을 인식할 필요가 있다(Masterman, 1985: 245).

마지막으로, 지리학자들은 점점 '실제'와 '재현' 사이의 구별에 대해 질문
한다. 이것은 특히 우리가 '텍스트로서의 경관'에 대한 아이디어를 생각할
때 그러하다. 텍스트로서의 경관은 인간에 의해 생산된 것이고, 그 후에 독자

들 또는 보는 사람들에 의해 해석되고 이해된다.

이러한 모든 근거들은 지리교사들로서 우리에게 미디어는 '세계에 관한 중립적인 창'을 제공한다는 아이디어를 넘어설 수 있도록 도전하게 한다. 그것은 명백하게 들릴지 모르지만, 미디어의 생산물은 '사회적 구성물'이다. 즉, 사람들은 어떤 목적을 위해 그것들을 만들어왔다. 일단 우리가 이것과 함께 수반되는 함의를 이해한다면, 사회적 구성의 그러한 과정에 관한 질문을 고려하지 않고서는 지리수업에서 미디어를 사용하기란 어렵다. 물론 이러한 주장에 반대하는 것은 지리교사는 미디어 교사가 아니라는 것이다. 그러나 우리는 학생들의 연령 또는 '능력'이 어떻든지 간에 지리학자들은 모든 학생들에게 지리적 데이터의 원천에 관해 질문을 하도록 격려할 필요가 있다고 생각한다.

이어지는 절에서 우리는 '비판지리'를 발달시키기 위해 미디어를 사용하는 것이 무엇을 의미할 수 있는지에 대한 몇몇 설명을 제공하고, 이것을 실행하기 위한 몇몇 실천적인 방법을 제시할 것이다.

음악지리

심지어 지리와 같은 교과도 학습하고 있는 지역의 대중음악을 끌어옴으로써 풍부해질 수 있다. 제3세계의 음반들은 이제 매우 쉽게 이용할 수 있다 (Lee, 1980: 171).

만약 우리가 버제스와 골드(Burgess and Gold)의 주장을 신중하게 받아들인다면, 음악이 일상생활의 지리에 만연해 있다는 것이 자명하다. 실제로 음악은 젊은이들이 그들의 정체성을 만들고 다시 만드는 미디어 중 하나라고 주장된다. 리(Lee)의 주장은 음악을 지리수업을 풍부하게 하고 활기차게 만드는 자료로서 보는 경향을 반영한다[이러한 접근은 또한 램버트와 볼더스톤(Lambert and Balderstone, 2000)에서도 발견된다]. 최근까지 지리학에서 대중음악에 대한 연구가 거의 없었다. 그것은 아마 음악은 '지리적'이지 않다는 느낌과 함께 대중문화의 형식보다 '진지한' 인공물을 훨씬 더 우선시하는 많은 지리학자들의 '문화적 엘리트주의'에 기인한다. 그러나 '신문화지리학'의 영향을 받은 최근의 연구는 이러한 관점에 대해 의문시해오고 있으며, 우리는 음악은 학생들의 지리적 상상력을 발달시킬 수 있는 중요한 수단을 제공한다고 주장할 것이다(Connell and Gibson, 2003; Leyshon et al., 1998).

가장 간단한 수준에서 지리학에서 연구된 몇몇 장소는 명백하게 음악적인 문화를 가지고 있다. 장소에 대한 사운드 트랙을 분류하는 것은 유용한 논의를 위한 기초가 될 수 있다. 이것은 '장소감'이 어떻게 구성되는지를 논의하는 흥미로운 방법이 될 수 있다. 예를 들면 브루스 스프링스틴(Bruce Springsteen)의 노래는 장소, 커뮤니티, 정체성 사이의 관계를 강조한다. 그의 노래는 장소, 그리고 미국의 소도시, 특히 뉴저지의 애스트버리 공원(Astbury Park)을 배경으로 한다. 스프링스틴의 많은 노래에는 탈산업화에 직면한 노동자계층 미국인들의 경관을 방어하려는 장소의 정치학이 있다. 다른 음악가들 역시 유사한 것을 하고 있는데, 종종 장소와 역사를 환기시키는 지명을 채택하고 있다[예를 들면 레이디스미스 블랙 맘바조(Ladysmith Black Mambazo), 린디스판(Lindisfarne), 사이프레스 힐(Cypress Hill)]. 물론 우리는 음악 문화를 '진정한(authentic)' 문화로 라벨을 붙이는 데 조심해야 한다. 문화지리학자들은 그것들은 장소에 관한 특별한 내러티브를 구성한다고 우리에게 상기시킬 것이다.

음악(music)과 가사(song lyrics)는 장소의 재현에 관해 토론할 수 있는 수단을 제공한다. 코넬과 깁슨(Connell and Gibson, 2003: 71)은 "어떤 것도 노래의 단어보다 음악, 장소, 정체성 사이의 관계를 더 밀접하게 나타내지 못한다"고 언급하고 있다. 랩 가사(rap lyrics), 특히 갱스터 랩(gangsta rap) 가사는 도시공간의 가혹한 현실을 나타낸다. 예전에 잼(Jam)의 노래는 영국의 교외와 신도시의 삭막하고 쓸쓸한 경관을 묘사했다[예를 들면 〈적개심이라 불리는 도시(A Town called Malice)〉라는 노래는 영화 「빌리 엘리어트」(Billy Elliot)에 삽입되어 있고 도시생활을 묘사하고 있다]. 지리적 축전과 긴장이 음악을 통해 유발된다. 예를 들면 많은 컨트리 노래는 일제히 소박하고 단순한 삶의 본질을 찬양한다. 그러나 동시에 그러한 장소에 대한 애착이 수반하는 실망과 타협을 나타낸다(태미 와이넷(Tammy Wynette)의 노래 〈그대 곁에서(Stand by your man)〉를 생각해보라. 이것은 전원적인 삶의 보수성을 애석해하는 노래인 동시에 도망칠 수 없는 폐쇄적인 공동체에서의 삶을 운명으로 받아들인다. 스티브 얼(Steve Earle)의 노래 〈산(The Mountain)〉은 발췌한 자료가 어떻게 장소감을 만들고 있는지 대해 토론하는 데 사용될 수 있다(이것은 애팔래치아산맥을 배경으로 하고 있다).

나는 오래 전에 이 산에서 태어났다
이전에 그들은 나무를 베고 석탄을 채굴했다

햇살이 비치기 전 아침에 당신이 일어났을 때
밤에 다시 뜨기 위해 저 어둠 속에서 달이 진다

나는 이 산에서 태어났고 이 산은 나의 집이다
이 산은 걱정과 고통으로부터 나를 감싸고 지켜준다
자, 그들은 산이 준 모든 것을 가지고 이제는 가버렸다
그러나 나는 이 산에서 죽을 것이다 이 산은 나의 집이다

이 노래의 가사는 숙련된 지리교사의 수중에서 잠재적으로 풍부한 토론의 원천이 될 수 있다. 램버트와 볼더스톤(Lambert and Balderstone, 2000)은 어린이들에게 음악적 취향을 드러내는 것은 언제나 조소를 유발하겠지만, 그러한 도전은 학생들이 음악의 지리적 양상에 관한 토론에 참여하도록 하는 방법을 발견할 수 있을 것이라고 초임지리교사들에게 조언했던 논평을 언급한다. 우리는 물론 우리 자신의 음악적 취향을 반영하는 몇몇 더 추가적인 사례들을 제공할 수 있다.

국가(nation)의 구성에 있어서 음악의 역할을 논의하는 것은 흥미로울지 모른다. 국가(國歌, national anthems)는 이것에 대한 명백한 사례다. 스포츠

행사와 행사 주제가로 연주하는 국가(國歌)는 지리적 분석을 위한 자극이 될 수 있지만 다른 사례들도 있다. 1996년 축구 공식 주제가 〈축구가 종주국으로 돌아오고 있다(Football's coming home)〉[2]에 관해 생각해보자. 여기에는 특별한 잉글랜드다움(Englishness)의 구성이 작용하고 있다. 그것은 '상처의 30년(30 years of hurt)'에 관한 낭만적이고 천진난만한 것이다. 벤 캐링턴(Ben Carrington, 1998)은 그러한 감정을 수반하는 이 노래와 비디오에 대해 시사하는 바가 많은 분석을 제공하고 있다. 그는 그것이 잉글랜드의 '상상된' 재현('imagined' representation)을 제공했다고 제안한다. 로컬과 지역 스케일에서 정체성은 물론 셰필드 유나이티드(Sheffield United)의 응원찬가 〈기름기 많은 감자튀김 샌드위치 노래(Greasy Chip Butty Song)〉(당신은 나의 의식을 충만하게 한다, 한 갤런의 자석처럼/ 장작 한 꾸러미처럼, 한 줌의 좋은 코담배처럼/ 셰필드에서 하룻밤을 보내는 것처럼, 기름기 많은 감자튀김 샌드위치처럼/ 오, 셰필드 유나이티드, 다시 나를 열광하게 하라)에서처럼 때때로 음악에 의해 구성되고 더 확고하게 된다.

만약 어떤 음악이 특정한 장소와 관련된다면 다른 음악은 이동과 관련된다. 예를 들면 아일랜드 민요와 발라드는 추방(exile)과 이주(emigration)와 특히 관련이 있다. 전통적인 음악뿐 아니라 록(rock)에 영향을 받은 현대 음악들 역시 이주와 관련이 있다. 훌륭한 사례들이 영국 출신 폭크록 밴드인 더 포그스(The Pogues)의 노래에서 발견될 수 있다. 주요 싱어 송라이터(singer-songwriter, 가수 겸 작곡가)인 셰인 맥고완(Shane Macgowan)의 싱글 앨범을 포함하여 그들의 모든 앨범은 추방의 경험에 대한 언급을 포함하고 있다. 몇몇 초기의 사례들은 〈대도시 횡단(Transmetropolitan)〉, 〈런던의 어두운 거리(The Dark Streets of London)〉, 〈오래된 번화가(The Old Main Drag)〉 등으로 이 노래들은 런던으로 이주해온 아일랜드인의 경험을 반영하고 있다. 그리고 다음과 같은 코러스를 가진 노래 〈샐리 맥러넌(Sally MacLennane)〉을 포함한다.

---

2) 역자 주: 유로(유럽축구선수권대회) 96의 개최국인 잉글랜드가 사상 첫 유로 개최를 위해 만든 공식 주제가로서 지금까지 응원가로 사용하고 있다.

우리는 빗속에서 역을 향해 그에게 걸어갔다
우리는 그를 열차에 태웠을 때 그에게 키스했다
그리고 우리는 없어진 지 오래된 노래를 그에게 불러주었다
비록 우리는 그를 다시 볼 수 있을 것이라는 것을 알고 있지만
(저 멀리) 이제 그만 가야 한다고 말하기에 슬퍼
그래서 나는 맥주와 위스키를 산다, 왜냐하면 나는 저 멀리 갈 것이니까
나는 내가 언제나 돌아올 수 있을지에 대해 생각하고 싶다
가장 위대하면서도 작은 술집으로, 그리고 샐리 맥러넌(Sally MacLennane)
에게로

이 밴드는 또한 전통적인 노래인 〈유랑하는 아일랜드인(The Irish Rover)〉
을 가수 더 더블린너스(The Dubliners, 더블린 사람들)와 함께 리메이크해
실었다. 〈어느 미국인의 몸(The Body of an American)〉에서는 고향에 묻히기
위해 고향으로 돌아오고 있는 아일랜드계 미국인(Irish-American)에 대해 불
렀으며, 〈보트 기차(The Boat Train)〉에서는 아일랜드로부터 런던으로 여행
하는 경험을 묘사했다. 1988년 앨범 〈내가 신과 함께 사악하게 타락해야 한다
면(If I Should Fall from Grace with God)〉은 이주라는 주제를 가장 호소력 있게
표현했다. 〈많은 사람들이 이주하고 있다(Thousands are Sailing)〉라는 노래
는 악명 높은 '노후선'으로 대서양을 횡단하는 아일랜드인의 이주를 반영하
기 위해 현재는 '조용한' 엘리스 섬(Ellis Island)(19세기에 아일랜드인이 미국
으로 이민 갈 때 거쳐야 하는 핵심 지점으로 입국심사대가 있던 곳)을 끌어오
고 있다.

우리는 도대체 어디로 가고 있는가, 우리는 찬양하네
우리를 난민으로 만드는 이 땅
텅 빈 그릇을 가진 성직자들의 두려움으로부터
죄책감과 눈물 흘리는 조상(彫像)으로부터
그리고 우리는 춤춘다

이 노래는 문화적 경험으로서 이주의 모호성(ambiguity)을 정확히 담아내고 있다. 두 번째 사례는 멀리 떨어진 도시에서 살고 있는 펀자브인(Punjabi) 이주자들의 경험과 밀접하게 관련되어 있는 방그라(Bhangra: 펀자브 지방의 전통 음악과 서양 팝 음악이 혼합된 대중음악 양식)의 사례다. 이 음악은 펀자브 전통 음악과 연계를 유지하고 있지만, 전통적인 악기를 그대로 사용하면서도 기타, 신디사이저, 드럼, 때때로 잉글랜드의 노래 가사 등을 첨가하여 젊은 이주자들에 의해 영국(특히 '방그라의 수도' 버밍엄)에서 변형되었다. 이러한 변화는 방그라가 단순히 펀자브 이주자의 음악으로 간주되는 것이 아니라 다른 남부아시아인에 의해 '그들'의 음악으로 받아들여졌다는 것을 의미했다. 이 음악은 그것의 조상적인 뿌리를 넘어 남부아시아 전역으로부터 이주해온 1세대와 2세대 이주자들에게 새로운 공통의 정체성을 발달시킬 수 있도록 했다. 여러분이 이 사례들에 관해 읽었듯이 여러분은 지리에서 이주에 관한 학습이 어떻게 음악 문화에 대한 학습으로부터 영향을 받을 수 있는지에 관해 생각하고 있을지 모른다. 그리고 지리가 학생들에게 문화적 다양성에 대한 이해를 발달시키도록 해야 한다는 국가교육과정의 요구에 어떤 것이 기여할 것인지에 대해 생각하고 있을지도 모른다.

물론 음악은 경제생활에서 중요한 역할을 한다. 아마도 세계화에 포함된 프로세스에 대한 사례학습으로 음악보다 나은 것을 생각하기란 어려울 것이다. 문화제국주의의 쟁점은 폴 사이먼(Paul Simon)의 〈그레이스랜드(아름다운 나라)(Graceland)〉와 같은 앨범을 통해 탐구될 수 있다. 이것은 논란의 여지가 많다. 왜냐하면 이것은 들리는 바에 의하면 남아프리카 뮤지션의 사운드와 기술을 도용하여 그것들을 서구 독자들에게 팔았기 때문이다. 브리트니 스피어스(Britney Spears)와 크리스티나 아길레라(Christina Aguilera)와 같은 세계적인 대스타들의 사례보다 세계화(경제적·문화적 세계화 둘 다)의 프로세스에 대한 보다 나은 사례들은 어떤 것이 있을 수 있을까?

이와 같은 짧은 장에서 음악에 관해 지리학자들이 수행한 몇몇 연구가 어떻게 지리에서의 계획과 교수에 영향을 주기 위해 사용될 수 있을지에 대해서는 단지 맛보기만 제공할 수 있을 뿐이다. 우리는 여기서 우리 자신의 편견을 보여주었으며, 독자들이 음악과 지리가 어떻게 관련되는지에 대한 다른 사례들과 보다 나은 사례들을 찾을 수 있기를 기대한다. 우리는 음악은 실제로 지리교수를 풍부하게 할 수 있다는 관점을 공유하고 있다. 그러나 우리는 이것은 그러한 연구를 위한 강력한 지리적인 이론적 배경이 있다면 가장 잘 성취될 수 있다고 제안할 것이다. 음악의 지리에 대한 연구에서 주장하는 것은 음악이 장소, 공간, 스케일과 같은 중요한 지리적 개념들과 연관된다는 것이다. 게다가 우리는 또한 이러한 교수의 유형이 비판적 문해력 전략에 의해 영향을 받을 필요가 있다고 주장한다. 셔커(Shuker)의 책 『대중음악 이해하기』(*Understanding Popular Music*)(2001)에서 이것에 대해 설명하고 있다.

영화와 비디오

지리는 교수에 있어서 비디오를 가장 잘 사용하는 교과다. 그러나 종종 비디오는 마치 '세계를 투명하게 비추는 창'인 것처럼 다루어진다. 비판지리적 문해력은 비디오에서 발견되는 세계에 대한 재현의 가치를 평가해야 할 필요성에 근거한다. 비록 지리학자들이 영화가 사람과 장소를 재현하는 방법에 점점 관심을 가지게 되었지만, 지리를 가르치는 데 있어서 대중영화의 역할에 대한 논의는 거의 없었다. 영국영화협회(The British Film Institute)는 『영화, 만드는 것이 중요하다』(*Making Movies Matter*)(1999)라 명명된 보고서를 출판했다. 이것은 학교에서 '영상 문해력(cineliteracy)'의 발달을 위한 사례를 만들고 있다. 이 보고서의 후속으로 『수업에서의 동영상』(*Moving Images in the Classroom*)(2000)이 출간되었는데, 이것은 지리와 같은 학교 교과들에게 영화에 대한 학습을 위한 길잡이를 제공한다. 이 문서는 영화를 활용하여 지리를 가르치기 위한 많은 아이디어를 포함하고 있다. 『수업에서의 동영상』(2000)에서 지리를 위한 아이디어는 영화에 대한 '인간주의적' 또는 '개인적 반응'을 격려하며, 때때로 어떤 효과가 만들어지는 기법에 초점을 둔다. 그러므로 그것들은 지리적 언어와 관련하여 헨리(Henley)에 의해 구체화된 '개인적 반응으로서의 지리'의 덫에 빠질 위험이 있다(140페이지 참조).

비록 이것들은 가치 있는 활동이지만, 우리는 비판적 미디어 문해력은 학생들이 영화가 작동하는 이데올로기적 역할을 이해하기 위해서는 도움을 받을 것을 요구한다고 주장할 것이다. 즉, 교사들과 학생들은 영화가 제공하는 사람, 장소, 환경에 관한 메시지에 초점을 둘 필요가 있다. 이것은 대중영화 「풀 몬티」(The Full Monty)와 관련하여 설명될 수 있다(〈글상자 6.3〉 참조).

⊠ 글상자 6.3 ⊠

풀 몬티(The Full Monty)

'풀 몬티'는 지리적 의미로 가득 찬 영화다. 이 영화는 셰필드의 탈산업화의 여파에 맞추어져 있으며, 셰필드를 발전하고 있는 활력이 넘치는 도시, 최신 유행의 나이트클럽이 있는 도시, 철강노동자로 고용된 9만 명을 가진 영국 북부 산업지역의 중심지에 위치한 '철강 도시'로 묘사하고 있는 오래된 진흥 영화(특정 산업이나 운동을 장려하고 홍보하기 위해 제작된 영화)의 장면과 함께 시작한다. 거의 순식간에 영화는 철재 대들보를 '해체하는' 두 명의 정리해고당한 철강노동자를 제외하면 버려지고 녹슬고 유기된 철강 적치장과 함께 현재의 셰필드로 장면이 바뀐다.

이 영화는 후기산업적 맥락에서 젠더 정치학의 쟁점을 탐구하며, 모든 남성 등장인물의 공통된 특징은 정리해고에 따른 '정체성의 위기'를 경험하고 있다는 것이다. 이러한 남성성의 위기는 다양한 방법으로 나타난다. 즉, 아버지들의 정리해고, 해고된 남자들의 유치함, 성적 무기력 등이 그것이다. 주인공들은 일자리를 잃고 그로 인해 기본적인 정체성을 상실한다. 이것은 이 영화에서 여성들이 '남성들의 공간'에 침범하는 것에 의해 상징화된다. 따라서 남성들의 노동자 클럽은 치펜데일 이벤트(Chippendales event)를 위해 여성들에게 전유되고, 여성들이 심지어 남자 화장실을 사용한다는 사실에 의해 더욱 강조된다.

여기에 지리교수를 위한 중요한 기회들이 있다. 가장 주목할 만한 것은 노동의 젠더화된 본질, 사적 영역과 공적 영역의 분리, 공간의 젠더화된 이용 등이 유용하게 탐구될 수 있는 주제들이다. 많은 장소를 그러한 일련의 젠더화된 관계들 주위로 조직하는 것이 논의될 수 있다. 이 영화는 또한 변화하는 경제 활동에 관한 해설이기도 하다. 풀 몬티에서 보여지는 노동의 유형은 영국에서의 보다 다양한 고용의 패턴을 반영한다. 영국에서는 거의 노동력의 절반이 대개 임시고용으로 저임금의 사무직 업무를 하는 여성들이다. 영화에서 적극적인 고용의 장소는 슈퍼마켓이며, 그곳에서 여성들은 서비스를 제공하고 남성들은 보안요원으로 일한다. 그리고 여성들은 남성들이 (추측컨대) 어떤 희생을 치르더라도 피하는 공장의 일을 독차지하고 있다. 이 영화는 젠더 관계에 초점을 두는 경향이 있다. 그 결과 계층에 대한 질문은 경시된다. 지리교사는 셰필드와 같은 장소를 형성하고 있는 '보이지 않는' 영향력에 관한 질문을 제기하고 싶을지도 모른다. 이 영화는 산업화 경관의 발가벗겨진 본질과 관련하여, 남성들의 숙련된 기술이 더 이상 필요하지 않다는 사실에서(등장인물 중의 한 사람은 '스케이트보드와 같이'라고 말하는 것처럼) '스트립하기'라는 메타포를 사용하며, 남성들은 그들의 정체성을 벗겨버린다. 그들의 정체성을 되찾기 위해 그들은 상품이 되어가는 과정에서 '스트립'을 배운다 (다시 젠더화된 역할의 반전은 주목할 만하다. 이번만은 남성 스트리퍼들이 전통적인 여성 스트리퍼들보다 오히려 구경거리가 되고 보여주어야 할 대상이 된다). 사실 남성들이 정체성을 되찾기 위해 자신들을 '상품'으로 재포장해야 한다는 이러한 개념은 후기포드주의 자본주의에서 노동자들을 위해 예상되는 역할과 밀접한 관련이 있다. 즉, 노동자들은 시장의 수요를 위해 자신들을 포장하는 데 유연하고, 적응력이 있고, 진취적이며, 숙련되어야 한다.

지리교사들이 「풀 몬티」와 같은 영화를 사용하여 어떻게 문화적 페다고지를 발달시킬 수 있을지를 질문하는 것은 중요하다. 이와 같은 접근은 항상 추론적이다. 왜냐하면 이러한 접근은 텍스트의 의미에 대한 논의를 중심으로 삼기 때문이다. 즉, 이러한 접근은 독자에게 텍스트의 의미를 끌어내어 그것들을 말하도록 한다. 교수에 대한 이러한 접근을 발달시킬 때, 텍스트에 관한 비판적 입장을 취하도록 하는 것보다 텍스트에 관한 '정확한' 해석을 제공하는 것은 덜 중요하다. 텍스트 그 자체에는 어떤 내재적으로 고유한 의미가 있는 것이 아니라 영화는 사회적으로 읽혀진다.

마지막 논평

이 절에서 우리는 지리교사들이 비판적 미디어 문해력을 발달시킬 수 있는 방법을 찾을 수 있는 몇 가지 방안을 제시했다. 킨치로이와 스타인버그(Kincheloe and Steinberg, 1997)는 교육자들이 '초실재(하이퍼리얼리티)의 문화적 교육과정(cultural curriculum of hyperreality)'을 받아들이는 법을 배울 필요가 있다고 논의한다.

우리는 우리가 원하는 만큼 훌륭한 다문화적 학교교육과정을 발달시킬 수 있지만, 중요하고도 영향력 있는 다문화적 학교교육과정을 발달시킬 수도 있다. 이와 같은 수업은 종종 텔레비전, 영화, 대중음악, 비디오 게임, 인터넷에 의해 가르쳐지고 있는 문화적 교육과정을 다루지 않는다. 텔레비전, 영화 기업, 다른 엔터테인먼트 산업에 의해 형성된 대중문화적 소비는 뉴 밀레니엄 시대에 교사들만큼이나 권력을 행사하는 상업적 제도로서의 위치를 점하고 있다(p.92).

이러한 소비문화의 윤곽은 나오미 클레인(Naomi Klein)의 책 『슈퍼브랜드의 불편한 진실』(No Logo)(2000)에 기술되어 있다. 이 책은 소비 자본주의와 젊은이 사이의 관계에 대해 더 배우고 싶어 하는 교사들에게 유용할 것이다. 켄웨이와 불렌(Kenway and Bullen)은 『어린이 소비자』(Consuming Children)(2001)에서 교육, 엔터테인먼트, 광고 사이의 연계를 기술하고 있다. 그들은 대기업이 학교를 젊은이들의 마음을 사로잡을 수 있고 활용할 수 있는 장소로 간주하는 것처럼, 교육은 기업의 영향권에 들어오고 있다고 주장한다. 그들은 교육과정의 형식적 지식은 기업에 의해 제공되는 이미지 및 꿈과 경쟁하기 어렵다고 주장하며, 모든 교과의 교사들이 젊은이들로 하여금 소비 미디어 문화에 대한 비판적 관점을 발달시키도록 도와줄 수 있는 방법을 찾을 필요가 있다고 제안한다. 젊은이들의 비형식적 문화와 관계를 맺는 방법을 찾는 것은 도전적인 과제다. 왜냐하면 특히 미디어 문화에 관해 가르치려는 교사들의 시도들이 일상생활의 즐거움에 대한 비판으로 보여질 위험이 있기 때문이다. 그러나 지리교육과정을 '다시 매혹적이도록 하는 것'의 잠재적 이점은 매우 크다.

결론: 비판적이게 되기 – 양해?

우리는 이 장에서 '비판적'이라는 단어를 자주 사용해왔다. 우리가 그 단어를 사용할 때마다 우리는 "아이구(Ouch)!"라고 말하고 싶어진다. 한편으로 우리는 모두 비판적인 사고자가 되도록 격려받고 있으며, 우리 학생들이 비판적인 사고자가 되도록 격려하고 있다. 다른 한편으로 비판적 지리교수를 지지하는 것은 정치적 교화(political indoctrination)라고 비난받을 위험이 있다. 우리는 이 용어를 계속 고집한다. 왜냐하면 우리가 비판적이게 되는 것은 우리가 사용하는 담론의 용어를 검토하는 것이기 때문이다. 우리는 사례를 사용하여 지리교사들이 담론을 특징짓는 포섭과 배제의 과정을 이해하기 위해서는 지리적 텍스트를 검토할 필요가 있다는 것을 보여주었다. 예를 들면 영국 석탄산업이 교과서에 어떻게 재현되어 있는가에 대한 논의에서 우리는 이러한 재현이 중립적인 것으로 간주될 수 있는 것이 아니라 이 토픽에 대해 매우 선택적으로 취급하고 있다는 것을 강조했다. 우리가 이러한 과정을 알지 못하는 한, 지리 수업은 학생들에게 일련의 관점을 제공하는 데 실패할 위험이 있다.

최근에 '비판적'이라는 용어는 악평을 받아오고 있다. 이것은 소위 '정치적 정당성'(차별적인 언어 사용, 행동을 피하는 원칙)과 관련되어왔으며, 비판적이기를 주장하는 교사들은 사실 학생들을 의식이 없고 부정확한 관점으로부터 의식이 있고 정확한 관점으로 이동시키려고 하고 있다고 제안되어왔다. 따라서 비판교육학은 정치적 강요의 한 형태다. 물론 이것에는 위험도 있다. 그러나 유일한 대안은 비판적이 되기를 함께 포기하고, 단순히 모든 어린이들에게 전달될 필요가 있는 지리지식의 실체가 있다고 동의하는 것일 것 같다. 확실히 보다 나은 해결책은 지리지식의 구성에 대해 훈련받아온 지리교사들이 지리학의 구조에 대한 이해에 근거하여 내용에 관해 선택하는 것이다.

데이비드 버킹엄(David Buckingham, 2003)은 비판적이게 되기에 대한 한계에 관해 몇몇 흥미로운 주장을 하고 있다. 미디어 교육을 위한 수업에 대한 그의 연구는 비판적이게 되기는 학생들이 대안적인 담론을 알게 되고, 다른 것들에 대해 그것들이 우월하다는 것을 입증하기 위해 해체라는 언어를 사용하는 것을 포함할 수 있다고 제안한다. 따라서 이러한 학생들은 텔레비전 프로그램을 비판적 도구로 무장한 채 시청할 것이며 그들의 '알고 있음(knowingness)'을 입증할 것이다. 이것은 '문화적 자본'의 한 형태가 되었다. 우리는 역시 이러한 경향을 인식해왔다. 예를 들면 신입예비교사들은 나이트클럽의 지리 또는 쇼핑의 지리에 대한 학습을 완료한 후에 우리의 강좌에 왔다. 비록 이것은 어쩔 수 없지만, 그럼에도 불구하고 그들이 작동하고 있는 지식의 구성에 대한 정치학을 알지 못한다면 어떤 위험에 처할 것이다. 이것들은 지식의 유형과 관련된 위험이다. 즉, 지식이 사회적으로 분열을 초래하기 위한 목적을 위해 사용될 위험이다. 우리는 이것에 관해 어떤 착각을 하고 있는 것이 아니다. 즉, 과거, 현재, 가까운 미래에 지리지식은 특별한 이익집단에 기여하고 사람들 사이의 분열을 강화시키기 위해 만들어지고 있다. 이것은 우리가 지리지식은 사회적으로 구성되거나 생산된다고 말할 때 우리가 의미하는 것이다. 그것은 우리가 모든 학생들을 세계에 대한 비판적 해석자가 되도록 격려해야 하고, 지리지식이 사회적으로 구성되므로 다시 쓰이거나 다시 생각될 수 있는 것으로 간주하도록 시도하는 아이디어를 포기해야 한다는 것을 의미하는 것은 아니다. 이것은 우리는 어떻게 지리지식이 만들어지고 지리교육의 목적에 대한 심층적인 이해를 가지는지에 대해 철저한 이해를 할 수 있는 지리교사들이 필요하다는 것을 제안한다. 달리 말하면, 그들은 무엇이 지리교육에서 '진보(progress)'를 구성하는지에 대한 질문에 대해 확실하게 답할 수 있을 것이다. 우리가 이 책의 2편의 마지막 장에서 다룰 것이 이러한 질문에 관한 것이다.

더 생각할 거리

01. 지리를 잘 가르치는 것은 학생들에게 '교수학적 모험(pedagogic adventure)'을 제공하는 것보다 학생들이 그것에 참여하는 것과 훨씬 더 관련된다. 동시에 교육과정에 관한 사고 없이 '교수와 학습'에 관해 생각하는 것이 가능할까?

02. 여러분의 관점에서 지리에서 문해기능(그리고 이해)을 발달시키는 주요 가치는 무엇인가?

03. 국가교육과정은 지리가 '탐구' 방법을 사용하여 학습되도록 요구한다. 우리는 비판적 탐구라는 말을 사용하는 것을 선호한다. 비판적 참여를 요구하는 지리지식의 본질은 무엇인가?

7장 ▮▮▮ 지리교육을 평가하기

도입

지리교사에게 제시되는 아주 흔한 충고 중 하나는 자신의 교수를 평가해야 한다는 것이다. 교사교육의 과정은 초임교사들에게 그들의 매일의 활동을 개선하기 위해 그들의 수업을 평가하도록 하는 것을 매우 강조하고 있다. 교사교육의 과정에 제시된 과제들은 그들로 하여금 학생들이 활동 단원(units of work)을 통해 성취한 학습의 질을 평가하도록 하고 있다. 이것은 부분적으로 학습의 질과 교수의 질 사이에는 당연하게 여겨지는 관계가 있기 때문이다. 이것이 모두 잘 이루어지고 있으며, 이것은 아마도 초임교사들이 직면하는 가장 어려운 질문들은 무엇인지에 관해 입문하게 한다.

- 지리를 학습하는 데 있어서 진보를 구성하고 있는 것은 무엇일까?
- 지리적 이해는 어떻게 발달할까? 그리고 이러한 발달은 현실적이고 신뢰할 만한 방법으로 측정하거나 판단할 수 있을까?
- 학습에 대한 평가(assessments of learning)는 교수를 어떻게 피드백하고 향상시킬 수 있을까?

그러나 우리는 한발짝 뒤로 물러서서 학교지리에서 실시하는 활동의 전반적인 질에 대해 좋은 질문을 할 수 있는 능력이 중요하다고 제안할 것이다. 이것은 상이한 렌즈(안목), 또는 우리가 선호하는 것처럼 교사들로서 우리의 활동에 관해 사고하는 상이한 언어 또는 방법을 요구한다. 우리는 교사들이 '부가가치'의 성취와 측정을 과도하게 강조하여, 이러한 언어가 때때로 지리교육에 대한 논의로부터 길을 잃는다는 것은 불행한 것이라고 생각한다.

이와 같은 주장을 할 때, 우리는 어느 누구에게도 화나게 할 의도는 없다. 그러나 우리는 이 장에서 그러한 문제의 일부분은 지리교육에서 진보를 구성하는 것에 대한 논의들이 공동체로서 우리의 사고가 다소 '무기력'하게 되어왔을 정도로 오히려 일차원적이 되어왔다는 것을 제시하기를 원한다. 이 장의 첫 부분이 바로 그런 경우다. 이 장의 나머지 부분에서 우리는 지리교육을 어떻게 평가할 수 있는지에 대한 우리 자신의 잠정적인 지도를 제공할 것이다. 이 책에 있는 모든 주장들과 마찬가지로 우리가 모든 해답을 가지고 있다고 주장하지는 않는다. 그렇다고 확실히 최종적인 대답을 요구하지도 않는다. 그러나 우리는 어떤 아이디어는 당신이 구성원으로 있는 더 넓은 실천의 공동체(10장 참조)와 공유하게 된다는 것을 확실히 하기를 원한다.

진보를 만들기?

2장의 첫 번째 문단에서 우리는 우리의 희망이 지리를 가르치는데 '진보적인' 접근을 발달시키는 것이라고 분명히 말했다. 그 말은 몇몇 독자들에게 경종을 울려왔을지 모른다. 우리가 의미한 것에 관해 생각나는 대로 말할 시간이다. 존 레니에 쇼트(John Rennie Short, 1998)는 '지리의 진보(progress of geography)'와 '지리에서 진보(progress in geography)'를 구분하였다.

'지리의 진보'는 교육분야에서 지리의 지위를 유지하고 강화하기 위한 지리의 능력과 관련이 있다. 지리는 중요하며, 학생들은 지리를 다양하고 깊이 있게 경험할 필요가 있다. 그 결과 지리의 가치는 인식될 것이고, 이것은 지리지식과 지리를 위한 사회의 요구를 통합할 것이다. 지리의 진보에 대한 측정은 지리가 학교와 대학에서 높은 지위를 차지할 수 있는 정도를 통해 이루어질 것이다. 진보를 이렇게 정의할 때 얻게 되는 부작용 중 하나는 지리학자들이 실질적으로 교육과정의 모든 측면에서 역할을 해야 할 지리 교과의 능력에 관해 많은 주장을 하게 된다는 것이다. 현재 교육적 논쟁에서 이것에 대한 많은 사례들이 발견되고 있다. 예를 들면 지리는 지속가능한 개발을 위한 교육의 권리를 강조해왔고, 시민성의 지식, 이해, 기능을 발달시킬 수 있는 많은 잠재력을 만들어왔으며, '사고기능'의 발달에 대한 지리학자들의 기여가 Key Stage 3 전략에서 뚜렷하게 나타나고 있다. 아마 최근 가장 주목할 만한 사례는 학교에서 지리학자들이 어떻게 정보통신기술(ICT)을 받아들여 왔는가 하는 것이다.

지리교사들이 학교에서 발달(developments)에 중요한 역할을 하려고 할 것이라는 것은 이해할 수 있지만, 우리는 경고의 뜻을 알리고 싶다. 이와 같은 계획들이 하나의 교과로서 지리의 본질과 어떻게 관련되는가와 관련하여 필수적이고 현명한 토론 없이 실행되는 것은 위험하다. 예를 들면 ICT와 관련하여 특별한 형태의 소프트웨어를 떠받치고 있는 가정, 즉 '지리적 상상력'이 ICT의 도입에 의해 형성되는 방법에 관한 질문이 제기될 필요가 있다. ICT에 의해 초래된 큰 변화 중 하나는 적은 비용으로 모든 종류의 지도를 거의 즉각적으로 이용할 수 있다는 것이다. 이것은 지리교사들의 활동을 위한 잠재적인 함의를 가진다. 그러나 지도의 사용은 그것을 둘러싼 정치적이고 사회적인 질문에 대한 이해에 의해 영향을 받을 필요가 있다. 그러한 고려가 없다면, 우리는 이론과 도덕적인 목적이 없이 가르칠 위험이 있다. 또 다른 사례는 범교육과정 문해력을 도입하려는 충동이 있다. 우리가 앞 장에서 살펴본 것처럼 교육기능부(DfES)는 최근 『지리에서 문해력』(DfES, 2002)이라는 문서를 출판했는데, 그것은 잉글랜드의 모든 지리과에 배부되었다. 다시 말해 비록 지리 내에서 문해력의 발달은 감탄할 만하지만, 문해력이 이 문서에서 어떻게 개념화되고 있는지, 마찬가지로 중요하게 한 교과로서 지리가 어떻게 문해력[결국 지리는 문자 그대로 '지구를 쓰는 것(earth-writing)'을 의미한다]을 구성하는지에 관한 질문이 제기될 필요가 있다. 유사하게 지리과가 학생들이 사고하도록 요구받는 지리적 내용의 본질을 재평가하지 않고 『지리를 통해 사고하기』(*Thinking through Geography*)(Leat, 1998)와 같은 출판물로부터 아이디어와 활동을 도입할 가능성이 매우 높다. 우리가 여기서 말하고자 하는 요점은 지리학자들이 학교 전체의 개발 정책과 계획에 정신 없이 빠져들게 될 가능성이 높으며, 그들이 다른 사람들의 의제에 끊임없이 반응하고 있다는 것을 찾아볼 수 있다는 점이다.

지리의 진보(progress of geography)가 경주에서 지게 된다는 것은 무엇이 지리에서 진보(progress in geography)를 구성하는지에 대한 어떤 장기적이고 신중한 토론에 기인한다. 쇼트(Short, 1998)는 지리에서 진보를 "지리학자들이 그들의 세계를 더 이해할 만한 것으로 만드는 능력"(p.62)이라고 정의했다. 이것은 어떤 사회적 프로젝트에 직면한 중요한 질문을 하게 만든다. 더 많은 지식과 이해라는 것은 무엇을 의미할까? 진보가 무엇인지를 누가 결정할까? 이런 질문에 대답하는 것은 지리교육학자들의 공동체로서 매우 다른 사고 방법을 필요로 한다. 그것은 적게는 어떻게 교수학적 전략을 사용할지에 관한 것이고, 더 크게는 어떤 교수 활동에서 필수적으로 준비해야 할 것은 무엇이고 왜 그러한가에 관한 것이다. 이 책에서 우리는 이러한 사고의 유형이 지리교사들에게 세계를 더 이해할 만하게 할 대화를 시작하게 하고 지속하도록 할 것이라는 것을 주장하고 있다.

'지리의 진보'에 관한 사고에서 '지리에서 진보'로의 이동은 위험을 내포하고 있다. 그러나 그것은 우리로 하여금 정말로 어렵고 중요한 몇몇 질문을 심사숙고할 수 있게 한다(심지어 숙고하도록 강요한다). 첫째, 그것은 우리에게 '더 많은 지리'가 반드시 '좋은 것'이라는 가능성에 맞서도록 강요한다. '지리의 진보'에 초점을 맞추는 것은 만약 지리가 학교에서 진보하고 있다면, 우리로 하여금 그것은 어떤 긍정적인 발달로 생각하도록 격려한다. 그러나 이것은 우리가 모두 지리란 무엇이고, 어떤 목적에 기여하며, 누구의 이익을 재현하는지에 대해 동의하고 있다고 가정하는 경향이 있다. 우리가 이 책에서 제시해왔다고 희망하는 것처럼 이것은 반드시 그렇지는 않으며, 우리는 지리교육의 목적에 관해 주의 깊게 생각할 필요가 있다고 주장할 것이다(이것은 우리가 4장에서 했던 주장이다).

둘째, '지리에서 진보'를 구성하는 것에 대해 생각하는 것은 학교교육이 항상 교육과 동의어인지에 대한 질문을 제기한다. 예를 들면 전문가 팀에 의해 계획되고 쓰여 왔고, 문해력에 관한 특별한 관점을 포함하는『지리에서 문해력』과 같은 문서는 실제로 지리교사들이 실천의 교과 공동체에서 획득한 자신의 경험에 근거하여 언어와 문해력에 관해 현명하고 전문적인 결정을 할 수 있는 범위를 줄인다고 주장할 수 있다. 그런 전략에서 '표준을 끌어올리기' 위한 지리의 참여는 사실상 교육의 질을 감소시킨다.

셋째, '지리에서 진보'를 구성하는 것에 초점을 맞추는 것은 사회가 마땅히 수행해야 할 일종의 교육을 성취할 수 있는 가능성(그리고 여기에서 우리는 이단자가 되고 있다)을 끌어올린다. 만약 학생들이 정치학, 사회학, 미디어연구, 경영학, 심리학 같은 과목을 선호해서 지리를 선택하고 있지 않다면, 그것은 그런 과목들이 젊은 사람들이 세계를 어떻게 경험하는지에 관해 몇 가지 유익한 정보를 제공하는 것처럼 보이기 때문이다. 젊은이들의 주의력 부족이나 변덕스러운 선택을 탄식하는 것보다, 오히려 우리가 '지리에서 진보'가 의미하는 것이 무엇인지에 대해 주의를 기울이는 것이 우리로 하여금 현대 세계에서 하나의 학문으로서의 지리의 본질과 신중하게 관계를 맺도록 자극할 수 있다.

우리는 분명히 이런 논쟁에서 어떤 열의를 불태우려고 하고 있지만, 우리는 몇 가지 요점을 말하고자 한다. 우리의 주장을 진전시키기 위해, 지리학자들이 세계를 보다 잘 이해할 수 있게 만드는 데 있어 진보를 하고 있었다고 믿었던 과거의 어느 순간으로 돌아가는 것이 유용하다. 그것은 피터 앰브로즈(Peter Ambrose)의 책 『분석적인 인문지리학』(Analytical Human Geography)(1969)에 잘 표현되어 있다. 그것은 학교교사들에게 '신'지리학에 관한 몇몇 세미나 논문을 제공하고 있으며, 이 자료는 "인문지리학이 새로운 방향으로 향하고 있다는 명백한 진술을 포함하고 있다"(p.283)라고 제시했다. 앰브로즈는 이러한 연구를 기술하기 위해 '입지론자'라는 용어를 제안하고 다음과 같이 언급했다.

땅에서 일어나는 현상에 의해 만들어진 패턴들은 오랫동안 지리학자들의 주된 관심사가 되어왔다. 그러나 최근에서야 어떤 현상에 의해 만들어진 공간적 패턴은 연구 활동을 위한 일반적인 관점으로 인식되어오고 있다. 최근에서야 분포를 측정하고 해석하는 문제에 대해 매우 체계적으로 주의를 기울여 오고 있다… 아마도 곧 인문지리학을 인간과 그의 활동의 입지와 공간적 분포에 대한 과학으로서 정의내리는 것이 적절할 것이다(1969: 284).

앰브로즈는 특히 지리적 연구를 조직하기 위한 기초로서 어떤 공간적 개념을 사용할 것이라고 전망했다. 그가 특별히 관심을 가지고 선택한 네 가지는 경사도, 네트워크, 최소비용입지, 누적적 인과관계였다. 이 개념들은 다음 두 가지 공통된 특징, 즉 적용의 보편성과 계속해서 증가하는 복잡성을 가지고 있다.

각 단어와 구절은 사회적 환경 및 자연적 환경과 인간의 상호작용에 대해 보편적으로 작동하는 몇몇 총체적 프로세스의 양상을 압축해서 보여주고 있다. 모든 사람들은 농작물에 대한 현명한 선택 혹은 공장의 현명한 입지에 의해 돈을 절약하는 데 관심이 있다. 모든 사람들은 다양한 네트워크의 일부분을 형성한다. 유사하게 모든 사람들은 생각을 공유하고, 상이한 사람들보다 오히려 유사한 사람들과 함께 살고 일하려는 자연스러운 경향이 있다(1969: 291).

진보(process)의 관점에서 앰브로즈는 다음과 같이 생각했다.

위에 언급된 각 개념은 독자에게 적합하도록 요구되는 복잡성의 수준에서 이해할 수 있도록 만들어질 수 있는 특징을 공유하고 있다. 그러므로 각 개념이 작동하는 사례들은 중등교육의 첫 해의 사례들에서 발견될 수 있다. 훨씬 더 정교화된 동일한 개념이 박사논문에서도 나타날 것이다. 이러한 두 단계들 사이에서 일어나는 정교화의 발달과정은 바로 현재의 많은 지리학습을 정확하게 특징짓고 있는 사실(fact)이 증가해온 오랜 과정보다 훨씬 더 교육적으로 타당할 것 같다(1969: 291).

이제 우리는 지리학습을 위한 더 '논리적'이고 통합된 구조에 근거한 진보에 대한 시각을 가지고 있다. 그러나 쇼트(Short)의 관점에서 그것은 여전히 주로 '지리에서 진보(progress in geography)'라기보다 '지리를 위한 진보(progress for geography)'의 시각이었다고 볼 수 있다. 스미스와 오그던(Smith and Ogden, 1977)은 대학 학문에서 변화가 따로 일어나는 것이 아니라 변화가 일어나는 사회를 반영한다고 주장했다.

큰 논쟁거리에서 한발 물러서서 우리는 지금 계량혁명이 기술적인 지적 훈련에 대한 현대적 동경, 인공두뇌학에 대한 동경, 그리고 일반적인 번영의 시대에 계량적인 혁명은 인간의 독창성이 자동적으로 우리의 문제에 대한 해결책을 제시할 것이라는 생각 등을 밀접하게 반영하였다는 것을 볼 수 있다. 이것은 지리가 10년 간 공간 탐구를 한 시기로서 엘리엇 허스트 (Eliot Hurst)가 '기계공으로서의 지리학자'라고 적절하게 기술해온 시대였다(1977: 50).

동일한 출판물에서 로저 리(Roger Lee, 1977)는 신지리학은 비록 고등교육의 영역 내에서 변화를 초래한 것이지만, 교육적 계층을 하향 조정하여 '수업'을 전수하는 것으로 이어지고, 그리하여 전통적인 지리학을 대체하기보다는 오히려 그 결과로서 왜곡을 초래한 방법론적 혁명을 재현하는 것으로 이해되어야 한다고 주장했다(p.4). 리는 또한 방법론적 혁명이 교육적 '계층'을 하향 조정하는 길을 모색한 동시에, 지리학에서는 "기존의 경제적 구조에 대한 근본적인 비판"을 포함하는 "진정한 급진적인 인식론적 혁명"이 일어나고 있었다고 주장했다. 왜냐하면 방법론적 혁명이 재구성된 지리교육을 위한 기초를 제공하지 않았다는 것이 빠르게 인식되었기 때문이다. 모델은 현실에 맞지 않았다. 통계적인 연습은 학생들과 교사들을 냉정하게 했다. '실제 세계'에서 두드러진 쟁점들과 문제는 학교 지리교과서를 통해 학생들에게 보이는 질서정연한 세계로 끊임없이 침투해 들어왔다. 리는 그의 역사적 유물론적 관점으로부터 이것은 불가피하다고 주장했다. 즉, "이와 같은 이해는 상아탑(ivory tower, 대학)으로부터가 아닌 폭력교실(blackboard jungle, 학교현장)[1]로부터 왔다(단지 올 수 있을 것이다)"(p.5).

---

1) 역자 주: 「폭력교실」(Blackboard Jungle)은 1955년에 제작된 것으로서 도심(inner-city)에 위치한 학교에 근무하는 교사들에 관한 사회비평 영화다. 이는 에반 헌터(Evan Hunter)의 동일한 제목의 소설을 영화화한 것이다.

이러한 실현이 가져다주는 함의는 잠재적으로 엄청나다. "그것은 가장 근본적인 측면에서 변화를 위한 자극이 위에서부터 아래로 작동하며 그 반대는 없다고 가정하는 교육적 '계층'과 구조에 대한 개념을 의문시한다"(p.5).

변화가 '상아탑(대학)'보다 '폭력교실(학교현장)'에서 온다는 이러한 시각은 데렉 그레고리와 렉스 윌포드(Derek Gregory and Rex Walford)가 『인문지리학의 지평』(*Horizons in Human Geography*)(1989)의 서론에서 논의한 것에 영향을 주었다. 이 책은 촐리와 하케트(Chorley and Haggett)에 의해 초기에 쓰인 두 권의 책을 따르고 있는 것으로 인식되었고, "주로 교사들을 위한 것"이었다. 그들은 "학교와 고등교육에서 지리 학습은 공통적인 기획"이며, "초등학교 학생들과 대학원 연구자들의 세계에 관한 상이한 호기심을 함께 엮어주는 연결 고리가 있다"라는 신념을 강조한다(p.3). 그들은 이 책이 '모델(Models)'과 '개척자(Frontiers)'의 발자취를 따르고 있으며, 교사들이 그것들을 주의 깊게 비판적으로 고찰할 수 있도록 하기 위해 현재의 발달을 더 접근하기 쉽도록 하기 위해 의도되어 있다고 주장한다. 이 책에 제시된 접근은 이론적으로 교양 있고, 역사적으로 민감한 지역지리학을 위한 주장과 새로운 '지리적 문해력'과 '지리적 인식'을 위한 주장에 관한 것이다. 이것은 전통적으로 '전통적인' 지리적 기능뿐만 아니라 의미의 분류, 해석, 번역, 이해를 포함하는 '실천적' 또는 '해석학적' 기능의 재조명을 필요로 할 것이다. 저자들이 이것들은 '진정한 비판지리'의 발달을 위해 필수적이라고 주장한다.

이와 같은 '적실성(relevance)'은 그들이 살고 있는 세계에 관해, 그리고 세계를 향해 말하려고 하는 지리학자들의 갈망에서 온다는 주장과 함께, 이와 같은 지리는 참여적임에 틀림없고, 그것은 틀림없이 '폭력교실(학교현장)'로부터 출현한다. 즉, "그러나 더 중요한 것은 현대 인문지리학의 재구성에 있어서 학교의 교사들이 이전의 '혁명'에 참여했던 것보다 훨씬 더 밀접하게 그러한 방향에 참여하게 될 것 같다는 것이 우리의 신념이다"(Gregory and Walford, 1989: 6). 이 책을 쓰고 있는 2005년 현재의 시점에서 그러한 이야기를 읽는 것은 흥미롭다. 왜냐하면 학교교사들이 인문지리학의 재구성에 중요한 역할을 수행해오고 있지 않으며, 대학의 지리학과 학교지리 사이의 간극이 갈라질 수 있을 만큼 넓어지고 있기 때문이다.

여기에 우리는 '진보'가 지리학자들에게 무엇을 의미하는지에 관한 논쟁에 대해 명백한 사례를 가지고 있다. 이 논쟁은 근본적인 교육적 목적에 관한 것이다. 이것은 지리 교과란 무엇인가에 관한 미국 교육학자 존 듀이(John Dewey, 1916; 1966)의 연구와 직접적으로 연결된다. 그러나 우리가 같은 말을 되풀이하는 위험을 무릅쓰더라도, 이것은 이상하게도 지리교수에 대한 공적인 논의에서는 볼 수 없었던 논쟁이다. 비록 지리 교사들이 '사고기능', '문해력 전략', '수준별 평가' 등의 담론에 매우 조예가 깊다고 하더라도 교육적 목적에 대한 언어는 겉으로 보기에는 부족하다(Lambert, 2003 참조).

우리는 이 이상 논의하지 않을 것이다. 그리고 지리교육에서 무엇이 진보를 구성하는지에 대해서는 독자들 스스로 결정하도록 할 것이다. 이것은 이 책을 쓰는 데 동기를 부여해온 어떤 것이다. 그래서 우리는 지리에서 진보가 의미하는 것에 대한 우리 자신의 지도를 그릴 이러한 기회를 가져야 한다고 생각한다. 이 책의 전체를 관통하고 있는 이러한 주장과 함께 우리는 이것이 하나의 교과로서 지리에 대한 지식과 이해를 사용하는 지리학자들에 의해 가장 잘 행해진다고 생각한다. 이 장의 나머지 부분에서 우리는 지리교육학자들이 미래에 관계를 맺었으면 하는 쟁점들의 유형에 대한 몇 가지 사례를 제공할 것이다.

지리에서 진보를 평가하기

이 책의 이 절을 쓰면서 우리는 '지리에서 진보'에 대한 우리 자신의 개념화를 염두에 두고 있다. 그것은 데렉 그레고리(Derek Gregory)의 구절을 각색한 것으로써 '이중 인간(doubly human)'이다.

지리의 개념들이 특별히 인간의 구성체라고 인식한다는 의미에서의
인간… 그리고 지리는 인간을 그들 자신의 세계로 회복시키고, 인간에게
그들 자신의 인문지리에 대한 집합적 변혁에 참여할 수 있게 한다는 점에서

의 인간(1978: 172).

비록 우리는 이러한 표현이 자연지리학을 덜 중요하게 보이게 만든다는 것을 인식하고 있지만, 이것은 우리에게 어떤 지리교수가 최상의 것이 될 수 있는지를 나타내는 것처럼 보인다. 첫 번째의 경우에, 이것은 우리가 지리수업 그 자체의 가정에 대해 자기 반성적이고 비판적인 지리수업을 발달시키기를 요구한다. 만약 우리가 개념들이 구성체, 즉 학자들의 공동체에 의해 합의된 통념이라고 인식한다면, 그 후 우리는 개념들이 어떻게 구성되는지에 주의를 기울여야 하고, 새로운 증거에 비추어, 그리고 세계를 바라보는 상이한 방법에 비추어 그것들을 계속적으로 재평가하고 다시 생각하도록 노력해야 한다.

예를 들면 지리교수에서 종종 발견되는 개념은 '최소비용입지'다. 교사들은 이미 이 개념을 경제지리학에서 사용되는 것으로 인식하고, 더 구체적으로 알프레드 베버(Alfred Weber)에 의해 고안된 산업입지의 모델과 연결시킨다. 베버는 그의 연구를 독일 관념론이 상승세를 타고 있던 시기에 시작했다. 관념론은 사람들이 이상의 힘을 통해 그들의 세계를 자유롭게 만들 수 있다고 주장했다. 베버는 경제적 현실의 개입을 강조함으로써 이러한 이상에 도전하려고 했다. 그는 "어쩌면 우리가 단단한 경제적 영향력의 쇠사슬에 의해 단순히 속박될 때, 우리가 문화적 · 사회적 동기에 관해 주장하는 것이 합리적일지 어떨지"에 관해 질문했다. '산업입지의 완전한 법칙'을 찾으려는 시도는 사람들은 이러한 쇠사슬에 의해 제약을 받는다는 것을 보여주는 것이었다. 그러나 베버는 또한 특히 어떤 사회과학도 항상 역사적인 특수성을 가지고 있다는 그의 형 막스 베버의 연구에 영향을 받았다. 이것은 알프레드 베버가 추상적인 입지이론의 유형을 수정하도록 했고, 현대 산업발달의 패턴은 단지 '완전한' 법칙의 작동으로부터 초래되는 것이 아니라 그것과 함께 사라질지 모르는 현대 자본주의의 매우 확실한 중심적인 양상들로부터 맥락적으로 초래되었다는 것을 받아들이도록 했다(Gregory, 1978: 39에서 인용).

이러한 조건들은 지리학자들이 1960년대에 베버를 '재발견'했을 때 상실되었다. 그 결과 학생 세대들은 바리뇽 프레임(Varignon frames), 입지 삼각

형, 등비용선 등의 신비로운 세계로 안내되어왔다. 유사한 문제들이 세계화 또는 지속가능한 개발과 같이 더 최근의 지리개념의 발달에서 나타날 수 있다. 종종 이러한 개념들은 학생들에 의한 소비를 위해 정의되고 한정된다. 그 결과 이러한 용어들이 가진 많은 역사와 그것들에 관한 복잡한 주장이 상실된다. 데렉 그레고리(Derek Gregory)는 지리교사들에게 상식적인 개념과 이론에 관해 의문을 제기하는 비판적이고 성찰적인 접근을 발달시키도록 촉구한다. 물론 문제는 이러한 교수가 쉽지 않다는 것이다. 이것은 우리에게 복잡한 주장과 논쟁을 이해하도록 요구하며, 학생들이 학자들의 공동체에 참여할 것인지 어떤지, 그리고 어떻게 참여할 것인지에 관해 의사결정을 하도록 요구한다. 그러나 단지 이와 같은 교수가 어렵다고 해서 우리가 시도하지 말아야 한다는 것을 의미하지는 않는다.

그레고리가 언급한 두 번째 '인간(human)'은 지리지식의 사회적 목적에 관한 것이다. 그는 이와 같은 지식은 그것이 사람들을 보다 명료한 세계로 되돌려놓는지 어떤지에 따라, 그리고 이데올로기가 정체를 드러내고, 그러한 세계를 만드는 데 관여하는 구조가 또한 명료하게 될 때 다소 유용한 것으로 판단되어야 한다고 제시하고 있다. 이것은 지리지식이 사람들에게 '권력을 부여하는' 것이어야 하고, 사람들로 하여금 그들의 삶에 대해 무엇이든 할 수 있다고 더욱 더 느낄 수 있도록 해야 한다는 것을 의미한다. 킨치로이와 스타인버그(Kincheloe and Steinberg, 1998: 5-6)는 "해방된 학생들은… 그들의 자아상, 선천적인 도그마, 안이한 사고방식에 의문을 제기한다"라고 지적하고 있다.

이것이 실제로 의미할 수 있는 것은 17세의 한 학생에 의한 다음 진술문에 잘 표현되어 있다.

어떤 행동도 취하지 않고 열대우림에 관한 에세이를 써서 상을 탄다는 것은 이상하게 보일 것이다. 학교는 로컬 및 국제적인 공동체의 일부분이고, 열대우림의 일부 문제를 해결하는 데 참여할 것이다. 이것은 확실한 성과를 이루기 위한 노력을 경주할 것이고, 학습에 대한 긍정적인 동기를 유발할 것이다. 이것은 학생들과 교사들이 단지 몇몇 심오한 성과를 위해 활동을 하고 있지 않는다는 것을 의미한다(Burke and Grosvenor, 2003: 63에서 인용).

쇼트(Short)는 "지리학자들로서 우리는 인간과 환경, 공간과 장소, 사회적인 것과 공간적인 것, 구조적인 것과 인간적인 것 사이의 관계에 포함된 모호성과 양극성을 이해해야 할 특별한 책임이 있다"(Short 1998)고 주장하고 있다.

실천의 평가

우리는 우리가 지리교육에서 중심적인 것으로 간주하는 두 가지 양상에 국한하여 논의할 것이다. 즉, 인문지리에서 '인간'에 대한 헌신이 그 하나며, 인간과 환경 사이의 관계를 이해하기 위한 헌신이 또 다른 하나다.

인문지리를 평가하기

많은 지리학자들은 인문지리학의 '비인간화'와 관련한 그들의 관심에 관해 글을 써왔다. 예를 들면 크리스 필로(Chris Philo, 2000)는 지리학의 '비사회화'에 관한 글을 써왔으며, 지리학자들에게 다음을 촉구하고 있다.

가족과 공동체의 일상적인 활동에 긴급하게 주의를 계속해서 기울여야 한다. 그것은 매일 매일 그럭저럭 살아가기 위해, 생계를 유지하기 위해, 집을 따뜻하게 하기 위해, 이웃과의 관계를 유지하기 위해 두려움 없이 거리를 걸어갈 수 있기 위한 노력을 기록하는 것이다. 그것은 친구가 있거나 없는 사람, 함께 일을 해야 하는 집단, 실행하고 공유하며 즐기고 불평하는 일 등이 가지고 있는 행복과 슬픔을 공유하는 것을 시도해보는 것이다. 그것은 길가에서 울고 있는 어린이, 술집에서 이리저리 움직이며 춤을 추는 노인, 노점상과 협상하고 있는 엄마와 그녀의 유모차에 주의를 기울이는 것이다. 그리고 기타 등등에 주의를 기울이는 것이다(2000: 37).

만약 우리가 일상생활의 사회지리를 위한 필로의 관심을 교육적 맥락에 적용해본다면, 지리교사들이 학생들에게 세계의 모든 부류의 사람들이 직면하고 있는 삶과 쟁점을 이해하도록 하는 데 얼마나 도울 수 있는지에 따라 그들의 실천을 평가할 것이다(또한 Kitchin, 1999와 〈글상자 7.1〉 참조).

⊠ 글상자 7.1 ⊠

인구 연구: 노령화

지리학자들은 일련의 인간의 경험에 점점 더 민감해지고 있다. 페미니스트 지리학자들의 연구는 지리학자들이 세계 인구의 절반인 여성을 무시하지 말아야 한다고 촉구한다. 그리고 수잔 스미스(Susan Smith)와 피터 잭슨(Peter Jackson)과 같은 사회지리학자들은 지리학자들에게 인종과 인종차별주의의 쟁점에 주의를 환기시켰다. 관심의 영역이 어린이, 젊은이, 장애자와 정신병을 가진 사람, 노인 등을 포함하여 다양한 범주의 집단을 포함하기 위해 확대되어 왔다.

지리학자들은 다양한 방법으로 노령화를 연구해오고 있다. 이것들은 다음을 포함한다.

- 노인의 분포와 시간의 흐름에 따른 변화 양상
- 은퇴 이주와 관련한 의사결정
- 노인을 위한 주택 쟁점
- 노인에 미치는 교통정책의 영향
- 건강 복지시설의 분포
- 토지이용계획을 위한 노령인구의 함의

이 연구의 많은 부분은 실증주의와 행동주의 모델에 기초하고 있다. 이러한 접근방식이 어떻게 학교, 특히 중등교육자격시험(GCSE)과 AS 과정의 활동에 활용될 수 있는지를 알아보는 것은 쉽다. 이러한 활동의 유형이 가진 문제 중의 하나는 '노령' 또는 '노인'과 같은 범주가 보편적이라고 가정하고 있다는 것이며, 심지어 인터뷰가 어디에서 수행되든지 간에 그것은 노령화와 관련된 의미에 관해 거의 밝혀내지 못한다는 것이다. 이것은 노령화에 대한 개인적인 경험에 초점을 두고, 노령화의 구조적 양상 또는 노인들의 삶이 보다 넓은 사회의 일부분으로서 구성되는 방법을 경시할 위험이 있다.

그후 노령화에 관한 대안적인 사고방식은 노령화에 대한 인간들의 경험을 조직하는 보다 심층적이고, 비가시적인 영향력을 찾는 것이다. 예를 들면 임금을 지급받는 노동으로부터 노인들의 배제, 노인층의 빈곤에 대한 경험, 노인들이 보호시설에서 시간을 보내는 경향은 '당연한' 것이 아니라 사회가 조직된 방식의 결과다. 학교에서 이러한 접근방법을 활용하는 것은 학생들이 노령화를 역사적이고 사회적인 관점에서 이해하도록 도와주는 것을 포함할 것이다. 이것은 구어 혹은 문어적 증거에 근거한 역사 연구, 노령화의 주제를 다루는 문학에 대한 연구, 혹은 노인들이 미디어에 어떻게 재현되는지에 관한 연구를 포함할 것이다.

경제지리학에서의 사례들은 연금 산업, 복지 제공에 있어서 국가(또는 주)의 역할에 초점을 둘지 모른다. 이러한 노령화의 지리(geographies of aging)에 대한 구조적 설명의 유형은 노인들의 삶이 자본주의 사회에서 그들이 차지하고 있는 위치에 따라 결정되며, 노령화에 대한 매우 다양한 경험을 경시하고 있다는 인상을 심어줄 위험이 있을지 모른다. 실제로 사회이론의 최근의 경향은 연령에 기반한 정체성(다른 정체성처럼)은 유연적이고 변화할 수 있다는 측면을 지적하고 있다. 이것에 대한 물리적 한계가 명백하게 존재하지만, 노인들이 협상하고, 저항하고, 경계를 넘고, 상이한 공간을 이용하는 방법에 민감한 노령화에 대한 지리적 연구를 상상할 수 있다(Morgan, 2003에 근거함).

　　노령화의 지리(geographies of aging)에 대한 이 사례는 학문적·윤리적 근거에 바탕을 둔 엄정한 지리수업을 계획하고 가르치는 데 포함되는 몇몇 복잡성을 설명하는 데 기여한다. 노인들의 지리적 경험 그 자체에 관해 가르치기 위한 결정은 어떤 선택, 즉 세계에 대한 학생들의 이해를 넓히기 위한 의도적인 선택을 나타낸다. 그것은 학생들에게 사람들은 세계를 상이하게 경험한다고 인식시키도록 하는 근거에 의존하게 될지도 모른다. 노인들은 대개 주류의 지리적 담론으로부터 배제된다는 사실은 학생들에게 지식 생산의 정치학에 대한 무언가를 이해하도록 도와주는 수단으로 사용될 수 있다. 〈글상자 7.1〉은 노령화의 지리에 접근하는 상이한 방법이 있다는 것을 지적한다. 이러한 접근들 중 일부는 '노년층'의 범주를 무비판적으로 받아들인다. 반면에 다른 접근들은 그것이 사회적으로 구성된 범주라고 제안한다. 즉, 몇몇 접근들은 노령화의 구조적인 맥락을 강조하는 반면, 다른 접근들은 인간 행위의 가능성에 초점을 둔다. 중요하게도 몇몇 접근들은 사회가 존재하는 그대로 사회의 매개변수를 받아들이는 반면, 다른 접근들은 학생들에게 사회는 상이하게 조직될지 모른다는 아이디어를 의식하게 하도록 하려고 한다.

지리교사들은 중요한 선택에 직면해 있다. 그러나 한 가지는 명백한 것 같다. 확실히 교사들은 교과에 대한 그들의 이해를 사용하여 학생들에게 지리지식은 인간의 생산물이며, 그리하여 사회의 본질에 관한 함축적인 메시지를 (때때로) 제공한다는 사실을 의식하도록 할 필요가 있다. 학생들로 하여금 그들 스스로 지리지식을 해체하도록 도와주는 것은 중요한 과업이다. 교수에 대한 '은행식' 모델의 아이디어에 근거하여 상당한 양의 객관적인 지식이 학생들의 정신(minds) 속에 '저장'된다는 생각에 동의할 수 없다. 여기서 교사의 역할을 중요하다. 왜냐하면 주제와 그것이 생산되는 맥락에 대한 비판적 이해를 가진 지리교사들은 학생들이 지식 생산의 과정에 관해 배울 수 있도록 도와줄 수 있는 위치에 있기 때문이다. 그들은 도전하고 이해를 심화해야 할 적절한 시기에 적절한 질문을 더할 것 같다. 그들은 학생들의 인지적이고 정의적인 발달을 촉진하는 구조틀을 구성할 수 있다.

환경지리를 평가하기

우리의 두 번째 사례는 열대우림 생태계의 사례를 통해 지리지식의 지위를 둘러싼 몇 가지 더 심층적인 쟁점을 설명한다(〈글상자 7.2〉 참조). 이것은 학교지리에서 공통적으로 학습되는 토픽이며, 학생들은 열대우림 생태계가 인간의 개발로 인해 위험에 처해 있다는 아이디어에 입문하게 된다. 그러나 우리는 학생들이 열대우림에 관한 학습으로부터 어떤 이해를 배우기를 원하는가(열대우림이 '보존'되어야 한다는 부주의한 선전 이상으로)?

열대우림을 이해하기 — 거짓을 가르치기?

환경변화에 관한 최근의 연구는 '열대우림'이라는 생태계에 대해 의문을 제기해오고 있다. 과학으로서의 생태학은 환경이 변화와 통일성, 불안정과 평형, 경쟁과 협동, 통일성과 개별성에 의해 어느 정도로 특징지어지는지에 관한 논의로 특징지어져 왔다. 이러한 용어들은 스펙트럼의 어느 한쪽 끝을 나타내지만, 아이디어들의 경쟁 과정에서 최종적으로 살아남은 것은 평형성의 개념이며 그 결과 '극상', '최적상태', '균형', '조화', '안정성', '생태계'와 같은 개념을 강조한다.

생태학의 발달은 보존의 아이디어들과 밀접한 관련이 있다. 예를 들면 생태학이라는 용어를 만든 아서 탠슬리(Arthur Tansley, 1935)와 같은 생태학자들은 영국에서 자연 보존의 발달에 영향을 미쳤다. 생태학자들은 '인위적인' 생태계와 '자연적인' 생태계를 구분하였다. 이것은 자연과 인간 사이에 차이가 있다는 아이디어를 촉진시켰다. 자연은 '원시' 상태로 존재하는 것으로 여겨졌고, 그러한 '생태계'에 대한 인간의 교란이 정교한 균형 혹은 평형을 방해한 것으로 해석되었다.

항상성과 평형에 대한 이러한 아이디어들은 1970년대 이후 교란 생태학에서 보인 비선형성의 결과에 의해 도전을 받았다. 이 분야에서 그러한 연구들은 그들이 관찰하고 있었던 것이 그러한 모델들과 일치하지 않았다는 것을 발견했다. 예를 들면 선도적인 생물지리학자는 이와 관련하여 다음과 같이 기술하고 있다.

나는 자연의 규범이 균형이고 이러한 균형이 깨지기 쉬우며, 현재의 인간 활동이 전체적이고 복잡한 생태계의 붕괴를 초래한다는 것을 계속해서 주장하는 것에 대해 걱정한다. 그에 반해 내가 수십 년 간의 야외조사에서 보아왔던 것은 만연한 질서(pervasive order)나 혼돈이 아니라 편안한 무질서(comfortable disorder)다(Drury, 1998; Head, 2000에서 인용함).

무어 등(Moore et al., 1996)은 열대우림이라는 생태계가 간주되는 방식에서 이러한 변화에 대한 함의를 자세히 설명하고 있다. 그들은 열대우림에 대한 단순한 관점은 열대우림은 열대습윤기후와의 균형에 있는 평형 시스템이며, 열대우림은 수백만 년 동안 그러한 기후 하에서 존재해왔고, 대체로 교란되지 않았다는 것이라는 것을 제안한다. 인간에 의한 대규모의 교란은 오래된 평형 상태를 방해하는 것으로 간주되며, 따라서 지속가능성을 감소시키고 생태계의 대혼란을 초래한 것으로 간주된다. 그들은 이러한 관점을 다음과 같이 의문시한다.

> 우리는 지금 이러한 관점이 전적으로 불합리하며, 고위도의 열대습윤기후와 마찬가지로 열대습윤기후는 지질시대 동안 극적으로 변해왔으며, 열대우림은 공백, 성장, 성숙 단계, 그리고 각각의 종들이 개별적으로 환경적 변화에 반응하는, 즉 변화무쌍한 종들의 변화 등과 함께 동적인 시스템이라는 것을 알고 있다(Moore et al., 1996: 200).

이러한 주장이 가지는 하나의 함의는 '지속가능성'과 '평형'이라는 바로 이 개념들은 본질적으로 결함이 있으며, 현실은 변화에 대한 끊임없는 개인적 반응을 통해 그들의 본질적인 저항과 지속성을 획득하는 비평형 시스템 중 하나라는 것이다. 이것은 정말로 놀라운 것이 아니다. 왜냐하면 이러한 개념들은 20세기 초반 동안에 북유럽과 북아메리카에서 발달된 '낡은' 식생의 극상 개념들로부터 유래된 것이다. 그곳에서 '숲'이 아닌 것은 '최적상태'의 하위 단계인 '아극상'으로 인식되는 경향이 있었다. 즉, 그러한 아극상은 관련된 교란 요소(화재 또는 방목과 같은)가 제거된다면 숲으로 회복될 것이라고 생각되었다. 필립 스토트(Philip Stott, 1998)는 하위학문으로서 생물지리학은 숲 생태계의 헤게모니, 평형이론의 헤게모니, 북유럽과 북아메리카의 헤게모니에 의해 특징지어진다고 지적한다. 이것은 열대우림에 대한 매력에 의해 완전하게 증명된다. 따라서 열대우림은 '세계의 생물학적 불가사의'고, 열대우림의 제거는 나쁜 일이며, 열대우림이 파괴된다면 우리는 모두 고통을 받을 것이라고 받아들여지게 되어왔다. 스토트는 「History Today」(2001)라는 논문집에 게재한 그의 논문에서 '열대우림'은 경관을 보고 해석하는 특별한 방법의 결과로써 '발명'된 것이라고 주장한다. 그는 "열대우림은 선진국과 후진국마다, 국가와 국가마다, 사람과 사람마다 서로 다른 다양한 '가치'를 가지고 있다"고 주장한다. 어떤 사람들에게 열대우림은 '저개발' 상태이며 진보가 부족하다는 표시다. 반면에 다른 사람들에게 열대우림은 바로 생태계와 전 지구의 생존을 위해 중요하다. 이와 관련한 질문은 다음과 같다. 변화하는 세계에서 열대우림과 관련한 의사결정을 하는데 누구의 가치가 우세하게 작용하는가?

무어 등(Moore et al., 1996)은 런던대학교의 시험위원회(Examinations Board)에 의해 부과된 다음과 같은 시험 문제의 사례를 제공하고 있다. 수험생들은 '장작'과 '숯 만들기'를 포함하여 열대우림의 생존을 위협하고 있는 5가지의 관례를 제시받았다(수험생들은 한 가지의 '남용'을 선택하여 왜 그것이 관심의 원인이 되고 있는지를 설명하도록 요구받았다). 이 문제를 논의하면서 무어 등은 다음과 같이 언급했다.

> 그러한 일련의 가치는 단지 선진국에서 합치될 수 있을 것이다. 세계의 대다수의 사람들은 그들의 필요한 에너지를 얻기 위해, 실제로 다름아닌 생계유지를 위해 장작과 숯에 의존한다. 게다가 이러한 장작과 숯은 종종 많은 세대 동안에 유지되어온 시스템에 의해 생산된다(Moore et al., 1996: 210).

그들은 이 문제에 보이는 '가치'는 보존하려고 하는 숲(열대우림)과 오랫동안 분리된 안락한 선진국의 교외 거주자의 가치라고 제안한다. "이 시험 문제는 세계의 대부분의 가치에 대한 이해를 전혀 보여주지 않는다. 이 시험 문제는 솔직히 아무 의미가 없는 것이며, 대체로 답이 없다"(Moore et al., 1996: 210-211). 그들은 선진국의 중산층은 '열대우림'의 보존을 그들의 지구적인 '안정성' 의제에 관한 핵심적인 항목으로 간주한다고 주장한다. 이 의제에 동의하면서 그들은 그들의 의견을 지지하기 위해 과학적 '신화 만들기' 과정을 시작해왔다.

이러한 신화는 현재 패러다임인 "삼림이 거의 없다"다. 그것들 이면에 있는 근본적인 목적은 우리 모두가 단지 열대우림을 원하거나 좋아해서가 아니라 정말로 열대우림이 필요하다고 믿도록 만드는 것이다. 무어 등(Moore et al.)은 다음과 같이 몇 가지 대안적인 '사실'을 제시한다.

- 열대우림은 지구에서 가장 복잡한 생태계가 아니다. 여러분이 '복잡성'을 어떻게 정의하느냐에 따라 이러한 타이틀을 위한 많은 경쟁자들이 있다.
- 열대우림은 수백만 년 동안 유지된 것이 아니다. 화석의 기록은 현재의 열대우림 대다수가 분명히 18,000년 전 이후에 형성된 것이라는 점을 지적한다. 즉, 가뭄, 화재, 그리고 최종빙기 최성기 동안에는 추위 등을 겪어왔다.
- 숲 아래의 식물 다양성은 실제로 상당히 낮다.
- 열대우림은 세계의 허파가 아니다. 사실 열대우림의 분해과정 때문에 대부분의 열대우림은 그것들이 방출하는 것만큼 또는 훨씬 더 많은 산소를 소비하는 경향이 있다.
- 열대우림은 토양침식을 방지하는 데 중요한 것으로 묘사된다. 비록 이것이 몇몇 사례들에서는 사실이지만, 다른 사례들에서는 그렇지 않다. 그리고 초지 생태계가 토양침식을 막는 데 더 효과적일지 모른다.

무어 등(Moore et al.)은 "삼림이 거의 없다'라는 이러한 요란한 행진은 3가지의 주요한 목적을 가지며, 이들은 모두 열대우림에 대한 본질적인 정치생태학(political ecology)과 관련된다"라고 제안한다.

- 후진국의 자원에 대한 지배권을 유지하기 위한 선진국의 갈망
- 후진국에서의 생태학적 변화와 경제학적 변화가 선진국의 정치적 안정을 저해할지 모른다는 우려
- 현재 패러다임이 의제로 채택하고 있는 문제에 관한 연구를 위해 연구비를 계속해서 획득하기 위한 과학자들의 '필사적인 노력'

전 지구적인 환경변화는 현재의 과학적인 의제를 만들고 어떤 해결책을 요구하는 현대의 지배적인 '녹색(green)' 패러다임 중 하나를 보여준다. 그러나 모든 과학자들은 정치적 맥락 내에서 작동하지만, 이러한 맥락을 해체할 필요가 있다. 이것은 다음과 같은 중요한 질문을 하는 정치생태학의 주제다. 실제로 누가 전 지구적인 환경변화를 이러한 의제에 위치시켰을까? 왜 그들은 그렇게 하였을까? 이 의제는 모든 사람, 즉 부자와 가난한 사람, 선진국과 후진국, 과학자와 일반인이 모두 동의하고 공유하는 것일까?

〈글상자 7.2〉에 있는 사례의 목적은 열대의 삼림벌채 현실에 관해 판결을 내리는 것이 아니다. 그러나 이것은 이러한 논쟁이 매일 '무언가를 가르칠' 임무를 맡고 있는 학교지리교사들에게 중요한 함의를 가진다는 것을 제시하는 것이다. 우리가 가르친 것을 평가하는 것에 관한 몇몇 날카로운 질문은 다음과 같이 설정된다.

- 당신은 열대우림의 사례에 제시된 주장에 대해 어떻게 반응하나?
- 만약 우리가 이와 같은 토픽에 대한 '확실한 지식(secure knowledge)'은 결코 성취할 수 없다는 아이디어를 받아들인다면, 지리교사로서 우리는 어떻게 반응해야 할까?
- 시험위원회(exam board)에 의해 승인된 지식이 '이치에 맞지 않는 것(nonsense)'이라는 주장의 함의는 무엇일까?

〈글상자 7. 2〉에 제시된 주장과 날카로운 질문에 대한 다양한 반응이 있다. 우리의 주장은 지리교육학자로서 우리는 복잡성을 간과하지 않고 그것들의 함의를 파악하려고 노력할 필요가 있다는 것이다. 만약 이것들이 대학 학문으로서 지리학자들에 의해 행해진 주장이라면, 우리의 능력을 활용하여 이러한 논쟁의 교육적 함의를 충분히 생각해보아야 한다. 이것은 그것들이 의미하는 교수적 전략과 지리지식의 정치적·사회적 구성에 관해 생각하는 것을 포함한다. 이것은 누구의 지식이 수업에서 우선시되고 있는지에 관해 질문하는 것을 포함하며, 발달에 관한 아이디어와 어린이들의 인지적 기능이 성장하도록 어떻게 격려받을 수 있는지에 관해 충분히 생각하는 것을 포함한다.

평가(evaluation)의 목적 — 왜 지리를 가르치는가?

이러한 논의들은 우리로 하여금 지리를 가르치는 데 있어서 윤리학에 대한 중요한 질문으로 이끌어왔다. 우리가 2부 전체를 통해 강조해온 것처럼 수업 설계는 학생들에게 제공될 수 있는 윤리적 공간의 창조와 관련된다. 우리가 이 장에서 논의해온 사례들은 지리학자들을 대신하여 무엇이 '진보적인' 지리를 구성하는지에 관한 선택을 반영한다. 이것은 수업에서 논쟁적인 쟁점들이 차지하는 위치와 이것들을 어떻게 다룰 것인가에 대한 쟁점을 불러일으킨다. 캠벨(Campbell, 2003)은 "교수가 본질적으로, 그리고 불가피하게 사회적이고 도덕적인 탐구의 양상에 영향을 받는다면, 수업 담론의 일상적인 요소로서 출현하는 논쟁적 쟁점의 불가피성은 어느 누구에게도 놀라운 것이 되어서는 안 된다"(p.79)라고 주장해오고 있다.

캠벨은 교사들이 논쟁적인 쟁점을 피해서는 안 된다고 주장하지만, 교사들에게 어떤 토픽에 관한 그들의 개인적 관점을 제시하지 말라고 충고한다. 왜냐하면 교사들의 목소리가 그들의 전문적인 위치의 권력과 합법성을 그것들과 함께 동반하기 때문이다. "윤리적인 교사에 대한 나의 충고는 진정으로 논쟁적인 본질을 가진 쟁점에 관해 '이것이 내가 지지하거나 믿는 것이다'라고 말하거나 의도적으로 암시하는 것을 삼가라는 것이다"(p.81).

그녀는 교사들에게 그들의 특별한 관점을 반영하는 자료와 소재를 선택하는 것에 대해 경고한다. 왜냐하면 이것은 "사기와 의도의 측면에서 교화(indoctrination)처럼 보이기 시작하기" 때문이다(p.81). 그녀는 그녀가 왜곡된 교수로 간주한 것에 대한 몇몇 사례들을 제공한다. 주목할 만한 것은 토론토의 한 교사가 쓴 『미국은 왜 증오의 대상인가』(Why America is hated)라는 글로서 2001년 9 · 11 사건이 발생하고 3개월 후에 출판되었으며, 역사와 지리 교사들을 위한 유용한 수업 자료로 제공되었다(Wente, 2001).

이 책의 많은 독자들이 있을 수 있는 편견(bias)과 교화(indoctrination)에 관해 동일한 우려를 경험해왔다는 것은 당연하다. 그러나 캠벨의 입장이 가진 문제들 중 하나는 사람들을 화나게 하지 않으면서, 훌륭하고, 도덕적이며, 신뢰할 만한 교사들의 공적인 표준을 유지하는 것을 찾는 데 있어서 어떤 관점이 수업으로부터 생략되거나 배제된다는 것이다. 이것은 단순히 러시아나 중동 같은 어떤 장소들이 '너무 정치적인' 것처럼 간주되기 때문에 지리 수업에서 거의 학습되지 않는 이유와 유사한 사례일지 모른다. 우리가 캠벨의 주장에 관해 우려하는 것은 대학의 교과들이 교사가 학생들에게 전달할 시기와 방법을 결정하는 상대적으로 문제가 없는 지식의 '덩어리(chunks)'로 구분하는 아주 매끄러운 실체들이라고 제안할 것 같다는 것이다. 우리가 이 책에서 논의하기 위해 노력해오고 있지만, 이것은 사실로 추정될 수 없다. 일단 우리가 누구의 지리를 가르치고 있는지가 중요하다고 생각한다면, 도덕적이고 윤리적인 쟁점이 지리 수업을 조합하는 일상적인 활동에서 긴급한 관심의 문제가 된다. 3부의 8장은 교사들의 전문성 개발(professional development)의 맥락에서 이러한 논의를 수행할 것이다. 초임교사(begging teacher)로서 여러분은 이 장에서 제기된 쟁점과 관계해야 하는 전망에 의해 압도당하는 느낌이 들지 모른다. 그리고 여러분은 지리수업의 활동을 만들어야 하는 실제적인 측면에 직면해 있는 것처럼 느낄지 모른다. 그러나 우리에게는 이것에 관한 장기적인 관점이 있다. 우리는 지금 당장은 이러한 쟁점에 대한 단순한 인정과 학교지리에 대한 '교육과정 사고' 접근에 기꺼이 책임을 지려는 것을 받아들이게 되어 기쁘다. 이것은 무엇이 가르쳐지고 있는가에 대한 사려 깊고 교양 있는 평가를 요구한다.

결론: 평가(assessment)의 역할은?

우리는 세 가지 어려운 질문과 관련하여 이 장을 시작했다. 우리는 단지 첫 번째 질문에 대해 약간 상세하게 대답해왔다. 이것이 진보를 '측정'하게 될 때 우리는 침묵을 지켜왔다. 우리는 이것에 대한 이유를 제공해왔지만 우리는 교육에서의 평가(assessment in education), 즉 성취가 판단되는 과정은 학교에서 매우 중요하다. 사실 이것은 평가는 종종 쉽게 측정될 수 있는 것과 관련된 평가에 근거해야 한다는 증거를 제공할 수 있다.

평가의 전문적 과정에 관한 많은 안내 자료가 있다(예를 들면 지리 평가에 관한 논의를 위해서는 Lambert and Balderstone, 2000 참조). 대부분 현재의 평가에 대한 논의들은 이 장의 앞부분에서 언급된 지리의 진보(progress of geography)와 지리에서 진보(progress in geography)의 구분과 전적으로 다르지는 않은 구분인 학습에 대한 평가(assessment of learning)와 학습을 위한 평가(assessment for learning) 사이의 근본적인 구분과 관련이 있다. 이러한 구분은 중요하고 심오하다. 전자인 학습에 대한 평가는 학습이 얼마나 많이 일어났는지를 평가하기 위한 다양한 기술적인 장치(시험, 의사결정 연습, 논술 등)의 적용과 관련이 있다. 이것은 양적인 방법이며 학습의 질과는 덜 관련된다. 이러한 과정은 숙련된 전문가들이 모인 단체에서 가장 잘 학습된다. 왜냐하면 이러한 교수의 양상에서 '판례법'의 작동과 다름없기 때문이다. 즉, 신규교사들은 오랫동안에 걸쳐 구축된 경험과 판단들에 '몰입'함으로써 그러한 연결고리를 학습하기 때문이다. 그러나 만약 당신이 이 장의 내용을 읽어왔다면 우리는 이러한 과정에 내재된 위험을 강조할 필요가 없다.

평가의 두 번째 형태인 '학습을 위한 평가'는 그것의 시야에는 학습자들이 있으며, 학습의 질과 훨씬 더 관련된다. 사실 이러한 접근은 계량(등급 또는 점수)을 전혀 사용하지 않을지도 모른다(Black et al., 2003 참조). 이러한 유형의 평가 목적은 교사들과 학습자들이 학습을 이해하고 그것을 개선하는 데 몰입하도록 하는 것이다. 다시 이 장을 읽는 독자들은 심지어 여기서 작동하고 있는 훨씬 더 중요한 쟁점이 있다는 것을 알게 될 것이다. 즉, 여전히 근본적인 질문이 남아 있다. 다시 말해 학습할 가치가 있는 것은 무엇일까?

그리고 이러한 맥락에서 지리교사들이 직면하게 되는 또 다른 문제에 대해 정직하게 되거나 명확하게 될 필요가 있다. 즉, 또 다른 문제는 단기간 동안은 무시될 수 있지만 궁극적으로 전문적인 교사의 뇌리 속에 계속해서 떠오르게 된다. 사방에서 그리고 매우 상식적인 관점에서 '지리에서 진보'를 논의하는 것이 가능하지만(예를 들면 Bennetts, 1996 참조), 다른 대안이 없을 때(결정적인 순간이 되면) 무엇이 지리적 이해 또는 지리적 사고에서의 진보를 구성하는가를 말하는 것은 대단히 어렵다. 이것이 국가교육과정 성취수준 설명서(National Curriculum level descriptions)가 왜 그렇게 애매모호한지에 대한 이유다. 이것은 교사들이 왜 학생들에게 교과마다 구체적인(활동의 발표 양상에 단지 초점을 둔 논평을 포함하여, 포괄적인 것보다 오히려) 피드백을 제공하는 것이 그렇게도 어려운 것인가를 알게 되는 이유다. 이것은 또한 잉글랜드를 위한 최초의 국가교육과정이 왜 내용(사실) 혹은 지식의 축적을 지나치게 강조했는지에 대한 이유일지 모른다.

우리는 이러한 난제에 대한 완벽한 해결책을 제공할 수 없다. 그러나 이것은 무엇이 가르칠 가치가 있으며, 무엇이 전체적인 목적이 될 수 있는지에 관한 개별 교사들의 관점이 중요하다는 것을 강조하는 데 기여한다. 이 주제는 3부에서 다루어질 것이다. 그리고 물론 우리는 지리를 가르치고 배우는 목적이 명확히 정해지지 않았다는 것을 기억할 필요가 있다. 즉, 그것은 이론의 여지가 있으며 교과의 본질이다. 확실히 학생의 지리적 이해에 관해 조사할 필요가 있다. 즉, 그러한 조사는 학생들이 무엇을 할 수 있는가를 주의 깊게 관찰함으로써 학교에서 소규모로 이루어질 수 있다. 여러분은 여러분의 교사 경력 동안에 그리고 그 이후에 그러한 조사를 하는 데 관심이 있을지도 모른다.

우리의 예감으로 지리적 이해란 지리학자들의 마음속에 떠오를 것 같은 장소(place), 스케일(scale), 상호연결성(interconnectedness) 등과 같은 일련의 가치 있는 개념(concepts)(예를 들면 243-244페이지 〈글상자 9.4〉 참조)과 증거 선정하기(selecting evidence), 의사소통(communication), 논증(argumentation) 등과 같은 프로세스(processes)의 결합을 포함한다는 것이다. 그러나 지리적 개념(geographical concepts)이야말로 상황을 좌지우지하는 당사자다.

전문가가 아닌 일반론자(generalists)에 한정하면, 지리에서 평가는 기술

(description)과 설명(explanation)의 수준으로 축소된다. 즉, 지리적 설명이
란 무엇인가? 더욱 더 중요하게 당신의 의견으로 무엇이 가치 있는 지리적
설명을 구성하는가?

더 생각할 거리

01. 우리는 학교 시스템이 진보와 부가가치에 대한 측정을 요구하는, 즉 강박적
으로 학생들의 성적을 책임져야 하는 시대에 살고 있다. 어떤 사람도 학생들
을 진보하게 하고 지리수업이 학생들의 교육적 경험에 '가치를 부가하고자'
하는 희망에 반대론을 펼 수는 없다. 그러나 진보에 대한 평가(assessment)
와 평가(evaluation) 사이에는 중요한 차이점이 있다. 당신은 이러한 차이점
들이 무엇인지 제시할 수 있는가?

02. 지리교사는 서로 관계가 있는 다음의 쟁점들을 다루기 위해 실제로 무엇을
할 수 있는가?
   a. 교사가 많은 지리의 양상들에 대한 확실한 지식(secure knowledge)을
   성취하는 것의 '불가능성'
   b. 학생들로 하여금 복잡하고 '답변'이 명확하지 않고, 종종 불확실한 탐구에
   대비하도록 할 필요성
   c. 학생들로 하여금 명확성과 확실성을 보상하는 시험에 대비하도록 해야
   하는 것

제 **3** 부

교　사

　　1부가 교과로서 지리에 여러분의 관심을 집중시켰다면, 2부는 지리 수업과 그것의 주요 구성원인 학생에 여러분의 관심을 다시 집중시켰다. 이번 3부에서는 교사인 여러분 자신에게로 여러분의 눈을 돌리게 한다.

　　8장에서 우리는 많은 교사들을 자극하고, 고무시키는 이상적인 동기에 대한 호소로서 이해될 수 있는 것에서 시작한다. 우리는 "당신은 어떤 유형의 교사가 되기를 원하는가?"라는 질문을 던진다. 우리가 심어줄 이상적인 개념은 교사는 다른 무엇보다도 학습자가 되어야 한다는 것이다. 이상적인 교사들은 훌륭한 학습자, 즉 그들의 학생들을 파악하려고 하는 열린 마음과 끊임없는 관심을 가진 훌륭한 청취자가 되려는 경향이 있다. 그러나 우리는 또한 교수, 특히 지리를 가르치는 것의 몇몇 윤리적 양상들을 탐구한다. 우리는 도덕적으로 부주의한 방식으로 가르칠 수 있다는 아이디어를 소개한다. 그것은 전문적 기능과 심층적 이해를 적용함으로써 피할 수 있다.

　　9장에서 우리는 신규교사자격(newly qualified status)의 수여를 위한 공식적인 표준(official standards)과 관련하여 '전문성(professionalism)' (이전 장에서 소개된)에 대해 더 자세하게 살펴본다. 우리는 비록 이러한 공식적인 표준이 매우 유용하고 어떤 면에서는 매우 야심적이지만, 상대적으로 중등교사의 전문적 정체성(professional identity), 다시 말해 그들의 교과 전문성의 가장 중요한 공통적인 양상에 관해서는 '침묵'을 지키고 있다고 지적한다. 최악의 경우에, '무엇'을 교수(즉, 무엇이 가르칠 가치가 있고 적절한지)로 간주하지 않는 이러한 경향은 교사들을 능숙한 기술자로 전락시킨다. 이 장은 이것이 왜 교수를 위해 부적절한 기초인지를 논의한다.

마지막으로, 10장에서 우리는 전문성 개발(professional development)의 의미에 관해 중요한 논쟁을 시작한다. 건전하고 자율적인 전문적 직종에서 계속적인 전문성 학습(continued professional learning)은 육성할 필요가 있다. 교과 전문가인 지리교사들에게 이것은 지속적인 교육과정 재개발을 위한 요구와 완전히 동일하게 여겨질 수 있다. 바꿔 말하면, 효과적이고 의미 있는 전문성 개발은 교육과정 개발을 통해 일어난다. 교육과정의 재개발은 효과적인 전문성 개발의 결과물이다. 이 장은 또한 지리뿐만 아니라 지리를 가르치는 데 헌신해오고 있는 영국지리교육학회(GA: Geographical Association)의 역할을 설명하는 데 약간의 시간을 투자할 것이다. 영국지리교육학회는 교사들의 창의적인 에너지를 발산할 수 있는 수단을 제공하며, 이러한 노력의 결과물을 교류할 수 있는 수단을 제공한다. 따라서 영국지리교육학회는 지리교사들(teachers of geography)(그들 자신을 항상 지리학자들로 간주하지는 않는)을 지원할 수 있다. 하지만 무엇보다도 영국지리교육학회는 회원들의 권위를 활용하여 지리교사들을 정책 입안자로 대표하도록 도와줄 수 있다.

8장 ■■■ 어떤 유형의 지리교사?

할 수 있는 사람들이 가르친다(Those who can, teach).[1]

― 교사양성훈련원(TTA)의 광고 슬로건

도입

전체적으로 볼 때, 이 책의 목적 중 하나는 여러분이 지리교사로서 전문적 정체성(professional identity)을 이해하도록 도와주는 것이다. 이것을 성취하기 위해 고심하는 것이 중요하다. 왜냐하면 '전문적 정체성'은 주어지는 것이라기보다는 오히려 획득되는 것이기 때문이다. 교사자격(QTS: Qualified Teacher Status)의 수여를 위한 표준(standards)(www.tta.gov.uk/training/qtsstandards/)은 우리가 '전문가 역량(practitioner capacity)'이라고 부르는 것을 설정하기 위한 기초를 제공할 수 있다. 그러나 우리는 여러분이 교과 전문가가 되기를 원한다. 이것은 이러한 역량의 성장을 불러일으키는 '생산적인 교육학'을 창출하려는 바람이다. 즉, 생산적인 교육학이란 적절하고, 가치 있고, 흥미 있는 학습(relevant, worthwhile, enjoyable learning)을 자극하는 지리수업을 설계하는 것을 말한다. 확실히 이것은 '아동중심' 관점도 아니고, '교과중심' 관점도 아니다. 그러나 이것은 분명 교사중심이다. 왜냐하면 이것은 이렇게 동일한 제한된 '입장'으로부터 학생들의 안녕과 행복, 학습되고 있는 것의 가치 또는 적실성에 대한 교사의 관심에 의해 조장된 학습 지향

---

1) 역자 주: 원래 "Those who can, do. Those who can't, teach.(할 수 있는 사람들은 행하고, 할 수 없는 사람들은 가르친다)"라는 속담에서 유래한 것이다. 이는 가르치는 사람들, 즉 교사들이 주로 실전 경험이 없고 현장에서 잘 못하는 것을 비꼬아서 하는 말로 풀이된다. 따라서 "Those who can, teach.(할 수 있는 사람들이 가르친다)"는 이와 반대의 의미로 사용한 것이라고 할 수 있다.

동기를 혼합하는 데 관심을 두고 있다는 점에서 그러하다.

훌륭한 교사(〈글상자 8.1〉 참조)는 고도의 훈련, 전문적 기능과 능력, 그 이외에도 더 많은 것들이 필요하다. 즉, 아마도 관대한 성향(어떤 직업은 될 수 있는 한 지극히 육체적·정서적·지적으로 남을 도울 필요가 있다) 또는 종종 쉽게 호감이 가지 않더라도 '무조건적인 긍정적 배려'를 받아야 하는 젊은이들과의 관계설정을 위한 헌신이 요구된다. 이 시점에서 주의력이 있는 독자라면 '훌륭한' 교사가 의미하는 것이 무엇인지 질문할 것이다. '훌륭한' 교사(그리고 더 나아가 '훌륭한' 지리교사)에 대한 개념화는 명백하게 시기마다, 장소마다 다양하다. 실제로 알렉스 무어(Alex Moore, 2004)는 학교에서 작동하는 훌륭한 교사에 대한 세 가지의 명백하고도 지배적인 담론을 구체화하고 있으며, 이것들을 비판하면서 그는 두 가지를 더 제시하고 있다. 명백하게 훌륭한 지리교사가 되는 것이 무엇을 의미하는지에 대한 질문은 토론과 논쟁의 대상이 되며, 이 책은 그 자체로 토론의 관점을 넓히기 위한 시도다. 만약 우리가 훌륭한 지리 교수에 대한 하나의 핵심적인 특징을 우리 스스로 구체화할 수 있다면(이 책에서 주장한 것처럼), 그것은 지리지식이 구성되는 방법에 대해 거리를 두고 비판적인 관점을 취할 수 있으며, 지리지식이 학습을 위해 가지는 함의를 탐구할 수 있는 능력이 될 것이다.

⊠ 글상자 8.1 ⊠

윤리적인 지리교사란?

이 책에서 제기하는 주요한 주장들 중의 하나는 21세기 초에 지리교사가 된다는 것이 무엇을 의미하는가에 대한 논의는 가치·윤리·도덕의 역할을 고려해야 한다는 것이다. 이것은 중요한 역사적 변화로 간주될 수 있음에 틀림없다. 지난 25년 동안 지리지식의 주요한 발달은 지식은 가치중립적이지 않다는 것에 대한 자각이었다(Kobayashi and Proctor, 2003 참조). 이것은 우리로 하여금 윤리를 고려하도록 한다. '훌륭한'과 '도덕적인'이란 개념은 지리교사들에게 자명한 의미를 가질까? 불행하게도 지리교사들을 이러한 영역으로 안내하기 위해 쓰인 것이 거의 없다. 본질적으로 도덕적 차원은 옳고 그름에 대한 질문에 관한 것이다. 도덕교육은 개인과 집단이 옳고 그름을 판단하는 방법과 관련된다. 이것은 무엇이 옳거나 그른가를 가르치는 것과 관계되는 것이 아니라 어떻게 가치 있는 구분을 할 수 있는가와 관련된다.

전문성 개발(professional development) 또는 우리가 선호하는 것처럼 전문성 학습(professional learning)의 맥락에서 우리는 높은 '표준(standards)'을 높은 의욕(ambition)의 개념으로 대체한다. 훌륭한 교사들은 그들이 하고 있는 것에 대한 도덕적 목적의식에 의해 열의를 불태우게 된다. 즉, 교수, 그리고 학습은 원래 목적으로 간주되는 것이 아니라 어떤 중요하고도 유익한 방법으로 사람들을 변화시킬 수단으로 간주된다. 따라서 훌륭한 지리교사는 지리수업이 어떻게 학생들의 교육적 자격에 기여하는 경험을 제공하는지를 설득력 있게 말할 수 있다.

물론 교사가 이러한 관점에서 교육(education)과 교화(indoctrination)의 차이를 그들 스스로(그리고 다른 사람들을 위해) 구분할 수 있다는 것은 매우 중요하다. 왜냐하면 이 둘은 모두 "사람들을 어떤 중요한 방법으로 변화"시키는 것을 목적으로 하고 있기 때문이다. 우리는 지금 당장은 교화가 이야기하기와 관련되는 반면에(즉, 무엇을 생각해야 하는지를 학생들에게 이야기하는 것), 교육은 보통 더 개방적이고 추론적이라고(즉, 학생들이 어떻게 생각해야 하는지를 강조하는 것) 간단하게 말할 수 있을지 모른다. 비록 교화는 정교한 기법을 포함할 수 있지만, 본질적으로 교육보다 훨씬 더 단순한 과정이다. 즉, 논쟁적이거나 추론적이며, 개방적인 수업을 계획하는 것은 기술적으로 매우 도전적이다. 이와 같은 교수 기법을 발달시키고 세련되게 하기 위해 매년 체력과 헌신을 유지하는 것은 로빈 리처드슨(Robin Richardson, 1983)이 주장한 "교사가 되려는 마음을 먹는 것"이 의미하는 것의 일부분인 높은 의욕과 도덕적 용기를 요구한다. 간단명료하게 우리가 이 장에서 말하는 것은 훌륭한 훈련은 훌륭한 교수를 위해 필수적이라는 것이다. 그러나 장기적으로 그것 자체는 가장 훌륭한 교사를 특징지어주는 지속적인 학습을 유지시키기에는 불충분하다. 가장 훌륭한 교사는 첫째로 훌륭한 학습자이며, 그들의 학습은 강력한 도덕적 목적의식에 의해 안내된다.

도덕적으로 '부주의한' 지리교사란?

아마도 지리를 가르치는 주요 목적은 젊은이들로 하여금 거대하고, 급속히 발전하며, 혼란스러운 세계에서 더 현명하게 대응할 수 있도록 하는 것이다. 또는 미국 교육학자가 주장한 것처럼 "무엇이, 어디에, 왜 그곳에 있으며, 왜 배려해야 하는지"에 대한 질문을 고찰하는 것이다(Grizner, 2002: 38).

그렇다면 어떤 방식으로 지리가 '부주의하게' 가르쳐질 수 있을까? 우리는 다음의 목록을 고려할 만한 가치가 있다고 생각한다.

- 시험이 고압적인 '답변 문화'에 유일하게 중요성을 부여할 때 그러하다. 이것은 교사들이 일련의 내용을 '전달'하려고 시도할 때 일어난다. 학생들은 시험에서 소기의 목적을 달성하기 위해 내용을 습득하려고 시도한다.
- "정답도 오답도 없다"라고 할 때 그렇다. 이것은 경쟁적인 관점과 상이한 관점이 있다는 것을 보여주려고 시도함으로써 쟁점을 흐리게 하려는 의도가 있는 교사가 어떤 답변도 가능하다는 메시지를 줄 때 일어난다. 아마도 교사는 "어떤 명확한 답변도 없다"고 말하려는 것을 의미한다.
- 임무가 사회를 변화시키거나 '보다 나은 세계'를 만들려고 할 때 그러하다. 명백한 임무로 가르칠 때에는 교육이 아닌 다른 것이 되게 할 위험이 크다. 어떤 '타당한 이유'를 위해 가르치는 것(Marsden, 1989; 1997)은 학생들을 교육시키기보다 오히려 교화시킬 위험이 있다. 그렇게 함으로써 우리는 학생들에게 일련의 가능성을 평가할

수단을 제공하기보다는 오히려 그들에게 결론에 도달하도록 하려한다.

- 교수학적 모험(pedagogical adventure)이 가장 중요하다고 할 때 그렇다. 여기서는 학생들을 '참여'시켜야 할(또는 아마도 학생들을 바쁘게 해야 할) 필요성이 학습되고 있는 것의 가치에 관한 판단보다 우선하게 된다.

더 긍정적으로 '도덕적으로 주의 깊은' 학교 지리수업의 특징은 무엇일까?

- 가장 어려운 질문을 다루려는 전략. 이것은 전형적으로 갈등, 강제적 인구이동, 증가하는 불평등, 환경적 지속가능성 등을 다룰 것이다. 이것은 학교지리 수업에서 무엇이 가르쳐지고 있지 않는지, 또는 브리츠만(Britzman, 1989)이 '영 교육과정(null curriculum)'[2]이라고 부른 것을 고찰하는 것을 의미한다. 예를 들면 학교지리 교수요목에서 중동을 거의 다루지 않는 것은 단순히 우연의 일치인가?
- 비판과 논쟁을 안내하는 구조틀과 모델에 대한 강조. 이렇게 함으로써 지리는 학생들로 하여금 '사회과학의 주장들이 어떻게 작동하는지'에 관해 중요하게 입문하도록 한다. 우리가 세계에 관해 알고 있는 것은 단지 나타나거나 발견되는 것이 아니라, '논쟁의 문화'에서 창조된다.
- 현명한 의사결정을 하고 관점을 표현할 수 있는 실천의 기회를 제공함으로써 '도덕적 판단의 기초'에 기여하는 것(Sack, 1997; Smith 1999: 119에서 재인용). 지리에서 특별한 기회는 고정된 경계를 가진 '용기(container)'(기술되어야 할 다양한 '특징'을 포함하는)로서가 아니라 침투성의 경계를 가진 사이트로서 장소에 대한 학습을 통해 도래한다. 장소는 종종 개별적이고 독특한 것(로컬 차원에서)과 보편적이고 일반적인 것(글로벌 차원에서)을 동시에 보여줄 수 있는 커다란 상호작용이 일어나는 만남의 장소와 같은 곳이다. 어떤 시내 중심가를 걸으면서 글로벌 연결에 주목하라. 즉, 가게들이 무

우리는 우리의 전문성 실천(professional practice)의 개념에서 가치와 윤리
에 대한 질문을 다룰 수 있는 능력의 중심적 역할을 구체화해왔다. 그러나
이러한 '격려(encouragement)'의 유형과 관련하여 우리가 가지고 있는 관심
들 중 하나는 교사들 자신의 개발에 대한 책임이 그러한 개발에 미치는 장벽
을 과소평가하는 위험을 무릅쓰면서 오직 개인에게만 있다고 제안하는 경향
이 있다는 것이다. 예를 들면 이러한 논의들이 기껏해야 주변화되고, 최악의
경우에 완전히 좌절되는 어떤 지리과에서는 이 책의 이전 절들에서 주장한
지리지식의 성찰적이고 비판적인 입장을 채택하는 것은 매우 어려울 것이
다. 이러한 이유로 10장은 또한 '실천의 공동체'라는 보다 넓은 개념에 초점을
둔다. 교사자격(QTS: Qualified Teacher Status)의 수여(award)를 위한 표준
(standards), 경력 항목 개발 프로파일(Career Entry Development Profile),[3] '현
직교원 직무연수(INSET: Inservice Education and Training)' 또는 계속적인 전
문성 개발(CPD: Continuing Professional Development) 활동 등과 같이 이 책은
여러분을 주로 개인으로서 다룬다. 이러한 유혹은 우리 모두에게 영향을 미
치고 있는 정보의 디지털 세계는 말할 것도 없이 (지리)과, 학교, 지역교육청,
정부기관, 출판사 등과 같은 거대한 하부구조 속에서 여러분 자신을 독립체
로 간주하도록 한다. 또한 여러분이 경력을 발달시킨다는 관점에서 생각해
야 할 '성공(go)'이라는 단어로부터의 불가피한 압력이 있다. 사실 계속적인
전문성 개발(CPD)은 종종 이러한 관점에서 경력의 향상과 관련되는 것으로

---

2) 역자 주: 영 교육과정(null curriculum)은 아이즈너(Eisner, 1979; 1994)에 의해 제시된
개념이다. 법적 구속력이 있는 문서에 들어 있지 않아서 학교에서 가르쳐지지 않는 교육과정
을 말한다.

3) 경력 항목 개발 프로파일(Career Entry Development Profile)은 교사양성과정(Initial
Teacher Training: ITT)을 마칠 무렵에 수습교사(trainees)에게 발행된다. 이것은 지금까지의
수습교사들의 경험들을 기록하고 교사입문 시기(induction year) 동안 그들에게 제공될 지원
프로그램을 알려준다.

이해되며, 이것은 개인을 다른 사람들과의 경쟁에 위치시키는 것 같다. 여러분은 '경력의 사다리'와 관련하여 여러분이 취해야 할 경로와 진보의 비율에 대해 명백하게 책임이 있다.

그럼에도 불구하고, 우리는 가장 효과적인 학습이 다른 사람들과 함께 할 때 일어난다는 것을 알고 있다. 즉, 효과적인 학습은 개인적·정신적 과정인 것 못지않게 적어도 사회적 과정이다. 훌륭한 교과협의회와 훌륭한 학교는 이것을 실현하는 데 뛰어나다. 형식적 구조와 비형식적 구조가 지원하고, 육성하며, 도전의식을 북돋울 준비가 되어 있다. 그러나 중등교사들이 일반적인 문제에서보다 그들의 교과 전문성(subject specialism)의 관점에서 상대적으로 고립되어 있다고 느끼는 것이 일반적이다. 극단적인 경우에 여러분은 여러분 자신을 단지 학교에서 전임교사일 뿐이라고 생각할지도 모른다. 가령 5명의 교직원으로 구성된 적극적인 지리과가 있는 다른 학교에서 지리과가 가지고 있는 문제는 조직적이고 행정적인 '서류작업'이 지배하고 있다는 것이다. 이는 활동 계획(scheme of work), 야외조사 제안, 시험 교수요목의 선택 등을 어떻게 발달시킬 것인가에 관하여 교사를 안내할 수 있는 도덕적 목적과 자격에 대한 질문을 토론하는 것은 차치하고 사실상 이것에 관해 생각할 어떤 시간도 없다는 것이다. 심지어 그러한 논쟁을 위한 시간이 있는 지리과에서조차도 실로 학교 밖으로부터 아이디어와 발달을 끌어오는 것은 매우 어렵다.

그러므로 중등 지리교사들이 보다 넓은 '실천의 공동체' 내에서 작동하도록 할 매우 강력한 사례가 있다. 그러나 그러한 것이 어디에 존재할까? 여러분은 곧 여러분의 교사양성훈련 제공자(initial training provider)[그리고 동료 수습교사(fellow trainees)]와의 접촉이 끊어지게 되고, 대학의 지리학과들은 학교의 요구에 쉽게 부합하지 못한다. 게다가 지역교육청(LEAs)의 지원은 매우 불규칙적이고 어떤 경우에는 실제로 아무것도 없다(특히 인문학, 환경, 지리는 거의 교육 우선순위로 간주되지 않는다). 그러므로 이것은 개별 교사들 또는 과별 그룹들이 그들의 교과협회(subject association)를 통하여 보다 넓은 지원 공동체를 '받아들이는' 데 달려 있다. 다행히 지리는 이러한 측면에서 엄청난 축복을 받고 있으며, 10장에서는 여러분을 위한 이러한 기회를 좀 더 상세하게 검토할 것이다.

그러나 우리가 이 탐구에 착수하기 전에 고려해야 할 몇몇 추가적인 예비 단계가 있다. 특히 '전문성'이 교수에 적용되는 것처럼 전문성의 의미를 고찰할 필요가 있다.

전문적이게 된다는 것은 무엇을 의미하는가?

전문적이게 된다는 것이 의미하는 것은 다양한 측면에서 불확실하다. 많은 사람들에게 이것은 대중들로부터 존중과 신뢰를 받고, 용인되는 명예로운 규칙 내에서 활동하며, 훈련과 교육에 대한 높은 표준을 요구하는 것과 같이 대개 긍정적인 특성을 의미한다. 한편 축구에서 '고의적인 반칙(professional foul)'의 사례에서처럼 이것은 특히 상업적 거래로부터 이익을 얻기 위해 규칙을 거리낌 없이 변칙 적용하거나 심지어 깨뜨리는 것으로 자기 이익만 생각하는 것을 내포할 수 있다. 그럼에도 불구하고 '전문적이게 되는 것'의 아이디어는 교사들과의 갈등이 있을 때, 특히 임금에 대한 논쟁이 있는 동안에 정부가 수행하기 위해 종종 전개해왔다. 비록 과거에 일부 교사들(우리의 관점에서 잘못 지도된)은 정확하게 이러한 도덕적 영향력에서 벗어나기 위해 '전문적'이 되는 것의 개념에 저항했지만, 이와 같이 사용될 때 이것은 개인들이 공동체의 복지의식을 통해 교육서비스를 방해하지 않으려고 하는 '책임 있는' 매너로 행동하는 것을 내포하려고 해온 것이다. 전체적으로 전문성의 미덕이 유행하고 있으며 대부분의 교사들은 전문적인 것으로 묘사되고 있는 것에 대해 만족해한다. 사실 학교가 본질적으로 조용하게 기능하고, 학생들, 학부모들, 그리고 다른 사람들과 함께 '전문적' 매너—예를 들면 남을 배려하고, 공유된 책임감을 의식적으로 보장하고 정직, 성실, 신중함을 가지고 일을 하는—로 일을 하는 교직원들이 없는 장소로 간주하는 것을 상상하기란 어렵다.

그러나 '전문성'은 직업이 때때로 공통적이거나 공공의 이익보다는 자신들의 이익을 촉진하기 위해 의식적으로 사용해온 절차와 전략을 요약하고 있기 때문에 전문직은 1980년대 중반 이후에 공격을 받았다. 그것은 특히 대처(Thatcher) 정부가 더 소비지향적인 경제를 향한 급진적인 변화에 대해 강력한 제동을 걸기 위해 존경받는 생산 위주의 전문직을 찾아낸 것에서 알 수 있다. 교사들에게 있어서 급진적인 변화는 더 많은 시험을 부과하고 학교를 서로 비교하기 위해 성적표의 형태로 결과를 공표하는 것('소비자'의 이익을 위하여, 즉 학부모들이 그들의 어린이들을 위해 학교의 선택을 결정하도록 하는 것)과 더불어 학교의 국지화된 재정적 경영과 지역교육청(LEAs)을 열외 취급하는 것을 의미해왔다. 역설적으로 이와 같은 측정은 교육의 중앙집권화에 의해 수행되어왔는데, 특히 국가교육과정의 '명령'과 시험 교수요목(examination syllabuses)[또는 한동안 유명했던 교과 '교수요목(specifications)']을 통제하기 위해 국가적 준거를 강화하는 형태로 이루어졌다. 이러한 변화는 교사들로부터 권력을 제거하는 결과를 초래했다. 또는 적어도 교사들이 무엇을 가르치고 그것을 어떻게 가르칠 것인가에 관한 결정을 할 수 있는 그들의 역량을 제거해왔다.

교사들의 권력이 지속적으로 감소하는 것은 그들의 '전문적 자율성(professional autonomy)'에 대한 공격으로 간주되어왔다. 전문적 자율성이란 어떤 직업이 그 직업과 관련한 활동—그것의 자율성—에 대해 통제를 행사할 수 있는 정도로서, 많은 논평자들이 '전문성'의 특징을 규정하는 것 중 하나로서 간주한다(예를 들면 Hoyle and John, 1995). 어느 정도로 자율성에 대한 공격은 종종 그 자체가 전문성에 대한 공격으로 간주된다. 이것은 대개 그것이 신뢰의 상실을 내포하고 있기 때문이다. 따라서 우리는 최근 교사의 교수 행위가 매우 숙련되고 있지만, 본질적으로 기술지향적인 직업으로 '전락하고' 있다는 말을 들어오고 있다(〈글상자 8.3〉 참조). 이것은 우리가 심각하게 고려하는 쟁점이다. 왜냐하면 그것은 특별한 영향력으로 지리교수에 영향을 끼쳐오고 있기 때문이다.

쉬지 않은 단어들

우리가 관여하도록 요청받고 있는 교육에 대한 공적인 언어를 비롯하여 우리의 열망과 실천을 표현하는 담론은 지금 수행에 대한 끊임없는 촉구, 주요 항목 사고(bullet-point thinking)에 대한 강제적 명령, '전달'에 대한 끊임없는 강조 등에 의해 지배되고 있다. 이것은 중심적이어야 할 많은 것을 주변화시킬 뿐만 아니라, 특별한 우려를 불러일으킨다.

…나는 이 모든 것이 위협조의 공허함을 보여준다는 점에 대해 우려한다. 정부가 그들의 열망과 요구를 표현하는 방법은 매우 해로울 정도로 무지근하게 아프다. 너무 많은 것이 관리정책주의적이며, 그들의 주장이 너무 자주 고압적인 방식으로 표명된다. 우리는 교사들과 학습자들에게 중요한 것을 표현하는 데 있어서 더 미묘하고, 윤리적으로 미묘한 차이가 있는 교육 언어의 역량에 왜 그렇게 확신을 가지지 못하는가? 우리가 일상적인 활동과 지속적인 의도에 있어서 우리에게 가장 중요한 것을 분명히 표현하기 위한 역량도 경향도 가지고 있지 않은 '수행'이라는 손상적인 언어를 차용해야만 된다고 느끼는 이유는 무엇인가? 교사들이 무리지어 떠나고 있다. 그것은 교사라는 직업이 너무 요구하는 것이 많고, 대개 비생산적인 방법으로 모든 것이 소모적일 뿐만 아니라, '전달'이라는 전형적인 언어는 지적으로 정직하지 못하고(여러분은 학습을 전달할 수 없다) 개인적으로 모욕적인(교육은 주로 개인적 과정이며 기술적 과정이 아니다) 교수와 학습에 대한 접근의 징후를 보이기 때문이다.

—Fielding, 2001a; Fielding, 2001b 참조

1991년 제정된 국가교육과정에서 지리교육의 유산은 매우 중요성을 띠어왔다. 왜냐하면 이 국가교육과정은 '내용 위주의 지리를 구성하도록'(지리적 사실에 대한 인간의 무지를 보여준 일화와 갤럽 여론조사에 의해 촉발된

지리 교과에 대한 어떤 결핍의 관점을 최우선시하는 영향에 따라, Lambert, 2004 참조) 설계되었기 때문이다. 이러한 주장의 본질을 더 완벽하게 추적하고자 하는 독자들은 영국지리교육학회에 의해 출판된 엘리너 롤링(Eleanor Rawling)의 『변화하는 교과』(*Changing the Subject*)(2001)를 참고할 수 있다. 국가지리교육과정은 지리에 두 쪽 크기의 지면을 도입해오려고 주장한 한 사람의 교과서 저자에 의해 지배되었으며(Waugh, 2000), 그의 책은 교육과정을 '전달'할 수 있다고 주장했다(특히 비전문가들로 구성된 지리과를 위한 속임수 같은 약속). 학생들의 관심과 조화를 이루고 보다 넓은 학문에서의 발달에 의해 영향을 받은(이 책의 2~4장 참조) 로컬 교육과정 개발은 학교지리의 내용에 대한 공식적인 정의의 영향력 아래서 그저 멈추고 말았다. 심지어 이러한 공식적인 정의가 1990년대 초반에 이루어졌을지라도 학교지리의 내용은 이미 이상하게도 시대에 뒤떨어진 것이 되었다. 이러한 맥락에서 교사들이 이 시기 동안에 그들이 설정했던 수준으로 학생들의 관심을 가까스로 유지시키려고 했다는 것은 놀라운 것이다. 그들이 그렇게 했던 것은 그들의 전문성의 효력을 입증한 것이며, 단지 죽은 교육과정을 '전달'하는 것에 대한 거부였다(〈글상자 8.4〉 참조).

⊠ 글상자 8.4 ⊠

생생한 흥미를 유지하기

지리에서 교육과정 개정을 지속해오는 데 영향력 있는 계획 중 하나는 데이비드 리트(David Leat)의 영감을 불러일으키는 『지리를 통해 사고하기』(*Thinking Through Geography*)(Leat, 1998)이다. 이것은 과학교육을 통한 인지적 속진(CASE: Cognitive Acceleration Through Science Education)과 같은 다양한 프로젝트로부터 중대한 영향을 받았다(Adey and Shayer, 1994). 이 제목이 제시하는 것처럼 교사들에 의해 개발된 '지리를 통해 사고하기(TTG)' 전략들은 지리를 교육을 위한 매개체, 즉 그 자체의 목적보다 오히려 수단으로 간주하였다. 이것은 꽤 오랜 전통을 따른다. 예를 들면 프랜시스

슬레이터(Frances Slater)의 『지리를 통해 학습하기』(*Learning Through Geography*)(1982)를 참조해보라. 마가렛 로버츠(Margaret Roberts)에 의한 더 최근의 연구는 그녀의 책 제목 『탐구를 통해 학습하기』(*Learning Through Enquiry*)(2003)와 함께 강조점을 변화시키고 있는데, 이는 지리 그 자체의 가치를 다시 주장할 필요가 있다는 아마도 꽤 늦은 신호다. 그러나 실제로 이러한 상이한 접근들은 서로 맞물려 있고 차용하기도 한다. 우리는 항상 내용(지리)[content(geography)]과 프로세스(탐구)[process (enquiry)] 사이의 정확한 균형에 대해 논쟁할 수 있을 것이다. 그러나 본질적인 것은 새로운 것들을 시도하기 위하여 창의적이고 전문적인 자극을 생생하게 유지하는 것이다. 이것은 수업을 생동감 있게 유지시킬 수 있다. 데이비드 리트(David Leat)가 교사 집단과 함께 한 연구에 대한 그의 논의에서 다음과 같이 적고 있다(Bright and Leat, 2000: 259).

> 우리는 초보자(novice)가 되기를 요구하는 전문가(expert)에 대한 아이디어를 논의했으며, 이러한 개념을 가지고 구체화할 수 있었다. "일반적인 수업은 더 안전하다… [지리를 통해 사고하기(TTG)와 함께] 여러분은 수업을 더 통제할 수 없다고 느낄 것이다. 여러분은 다음에 무엇이 일어날지 알지 못한다."
> "여러분은 약간 더 통제할 수 없다고 느낀다."

이것은 우리에게 교사자격인증석사(PGCE)과정의 학생을 떠올리게 한다. 그녀는 두 번째 교생 실습에서 "수업이 조금씩 나에게 덜 친숙해지고 있다"라고 언급했다. 우리는 이것을 수업의 복잡성을 이해하기 위해 몸부림치는 사람의 긍정적인 신호로 간주한다. 그것은 약간의 용기가 필요하다.

그럼에도 불구하고 국가교육과정이 시행되고 10년 동안 많은 학교에서 지리는 학생들에게 KS3 이후에 지리를 선택하는 것이 가치가 있다고 확신시킬 수 있는 대중성과 힘을 잃어버렸다. 그러나 이것이 부분적으로 자율성의 손실(지리교육과정은 교사의 통제보다는 오히려 정치적인 통제 아래에 놓여 있게 되었다는 의미에서 볼 때)로부터 초래되어왔다고 하는 것은 이것에 대한 설명의 단지 일부분에 해당된다. 정치적 통제로부터의 자유의 개념을 제외한 또 다른 종류의 전문적 자율성이 있다. 이것은 바라건대 개인들에게 있는 도덕적이고 지적인 강점에서 발견되는 것이다(그리고 이것은 심지어 하늘이 금지한다고 하더라도, 억압의 상황에서 개인들이 자율적으로 행동하도록 허용한다). 이것은 '개인적' 자율성 또는 아마도 '책임성'으로 묘사될 수 있다. 이것은 학생들의 요구를 충족시키기 위한 교사의 활동이 그러한 요구는 무엇이며, 어떻게 그러한 요구에 가장 잘 부응할 수 있을지에 대한 교사 자신의 판단과 부합하여 충족되는 전문적 과정(일부 사람들은 심지어 의무를 말할지 모른다)과 관련한다. 여기에서 강조된 모든 단어들은 도덕적 영역을 차지하며, 이러한 전문적 책임성의 달성은 상당히 그리고 정확하게 신뢰에 기초한다. 그러한 신뢰가 손상된 후에는 교사의 판단을 실제로 신뢰할 수 있다는 모든 측면에 대한 확신이 즉각적으로 손상을 입게 된다.

우리는 지리에서 국가교육과정을 도입한 지 10년 동안과 그 이후는 무엇을 가르치고 그것을 어떻게 가르칠 것인가에 관해 독립적으로 판단할 수 있는 일부 전문가 사이에서 신뢰의 약화와 그에 따른 확신의 손실을 초래했다고 주장한다. 학교들은 많은 사례에서 '높은 압박-낮은 위험(high stress-low risk)'을 설정해오고 있다. 그곳에서 확신이 없는 교사들은 안전하고 긍정적인 영국 교육기준청(Ofsted)의 평가를 받기 위해 위험을 회피하도록 격려받고 있다. 이러한 시나리오에 대한 결과는 예측할 수 있을 만큼 실망스럽다. 영국 교육기준청은 1990년대 중반 이후 KS3 지리에서의 교수의 질에 대한 우려(유사한 우려는 또한 초등학교 교육과정에서의 지리를 위해 보고되고 있다. 그곳에서 지리는 가장 취약하게 가르쳐지는 교과들 중 하나로서 간주된다)를 끊임없이 보고해오고 있다. 지리 전문교사들의 부족을 지적함으로써 이러한 몇몇 우려를 피할 수는 있지만, 이것은 이러한 영국 교육기준청의 판단의 중요성을 무시하기 위해 부정하는 것과 마찬가지일 것이다. '질적으로 빈약한 교수'는 도전적이지 않고 반복적인 활동, 파편화되고 유기적이지 못한 수업 계열, 토픽의 결여, 오래된 데이터의 사용, 깊이의 부족(피상성 또는 심지어 인간과 장소에 대한 고정관념적 재현으로 이어지는), 진정한 탐구의 부재(그리고 '들려주기'와 복사하기에 대한 과도한 의존) 등을 포함하여 다수의 가능성 있는 쟁점들을 감추고 있다. 〈글상자 8.2〉를 다시 간단히 훑어보라. 왜냐하면 우리는 다시 그러한 부주의를 피할 수 있는 교수를 요구하고 있기 때문이다. 그러한 부주의는 지리교육과정(geography curriculum)과 지리교수법(geography pedagogy)의 대응과 같은 의미인 교과내용(subject content)과 교과과정(subject process) 쟁점의 혼합으로부터 야기된다(비록 하나의 지리과가 위에 제시된 모든 결핍을 동시에 보여줄 것 같지는 않지만).

우리는 지리교사들에게 지리교과는 적절하고, 가치 있으며, 흥미롭다는 확신을 가진 입장으로부터 동기를 부여하고 배울 가치가 있다고 생각하는 것에 따라 교육과정을 개발해야 할 전문적 책임의식을 회복하기를 요구하고 있다[그리고 여기서 우리는 여러분에게 110페이지를 상호 참조하도록 할 수 있다. 그곳에서 예를 들면, 개발에 대한 사례 학습에서 우리는 "(지리교과에 관한) (심층적인) 질문들과 관련한 과정을 거쳐오고 있는 지리교사들은 이 토픽에 대한 엄정하고 학문적인 접근에 근거한 학습 경험을 잘 계획할 수 있을 것 같다"라고 시작한다]. 따라서 롤링(Rawling, 2001)처럼 우리는 지금이야말로 학교 기반, 로컬 교육과정 개발을 시작해야 할 새로운 시기라고 믿고 있다. 영국 교육기준청(Ofsted: Office for Standards in Education), 교육과정평가원(QCA: Qualifications and Curriculum Authority), 그리고 실로 교육기능부(DfES: Department for Education and Skills) 등을 포함한 정책 기관들은 더 이상 억제자로 간주될 수 없다. 즉, 비록 KS3 전략들이 형식적이고 관료적인 것으로 보일지라도, 그것들은 교사들의 독창성과 상상력을 제한하는 방식의 명령(instructions)과 혼동될 수 있는 것이 아니다. KS3 전략들은 조장자이며, 숙련된 교과 전문가들이 무엇이 가르칠 가치가 있고 이것을 어떻게 접근할 것인가를 한 번 더 다시 결정할 수 있는 구조틀을 형성한다.

최근 훈련받은 신규교사들(trained new teachers)은 학생들에게 지리를 통해 자극하고 영감을 불어넣을 새로운 기회를 붙잡기 위한 최전선에 있기를 기대한다. 이것은 학교 내에서 지원을 받아 로컬적으로 발생할지 모른다.

그러나 계속적인 전문성 개발(CPD)은 종종 관료들과 중앙의 정책 계획의 요구에 심하게 초점이 맞추어져 있기 때문에 학교 외부로부터의 지원은 종종 매우 제한적이다. 10장에서 우리는 "지리의 교수와 학습을 더욱 발전시킬"(이것은 영국지리교육학회의 임무 진술문이다) 수 있는 이와 같은 계속적인 전문성 개발(CPD)을 만들어내고 지원하는 영국지리교육학회(GA: Geographical Association)와 같은 교과협회(subject associations)의 역할을 더 상세하게 검토할 것이다.

오늘날 교사들의 전문적 책임성의 위치와 1988년의 교육개혁법(Education Reform Act)(이것으로부터 국가교육과정과 그것의 평가 방식이 흘러나왔다) 이전에 존재했던 교사들의 전문적 책임성의 위치 사이의 매우 중요한 차이는 지금 존재하고 있는 학생들의 성적에 대한 전문적 책임성(professional accountability)의 맥락이다. 물론 정부는 어떤 측면에서는 사회 전체 또는 적어도 모든 납세자를 의미하는 교육의 '소비자'를 대표하여 우리의 기대를 설정할 모든 권리를 가지고 있다. 우리가 보아오고 있는 것처럼 과거에 정부는 가르쳐지는 것에 관해 더 많은 통제를 함으로써 이것을 하려고 선택해왔다. 또한 정부는 교사들이 그들에게 부과된 기대와 관련하여 정부의 명령을 준수하고 관습을 따르고 있다는 것을 확실히 입증할 수 있도록 하기 위해 더 많은 시험, 이들 시험과 관련한 성취 목표를 도입하기 위해 선택해왔다. 비록 지리교사들은 이와 같은 전체적인 영향력으로부터 상대적으로 보호되고 있지만[KS3의 결과가 전국적인 일제고사(SATs)에 의해서 평가되는 것이 아니라 오로지 교사 평가(teacher assessment)에 의해서 평가된다], 그럼에도 불구하고 한편으로는 전문적 자율성 및 책임성과 다른 한편으로는 '수혜자 집단'의 기대에 대한 인식과 이해를 입증해야 할 필요성 사이에 강한 긴장이 있다. 그러나 우리가 강조하고자 하는 것은 둘 중에 어떤 것도 다른 하나를 상쇄할 수 없다는 것이다. 더 직설적으로 말하면 여러분의 중등교육자격시험(GCSE) 그룹이 반드시 최고의 성적을 얻도록 하게 하는 것이 지루하고, 반복적이며, 상상력이 부족한 교수와 학습을 위한 처방이 아니라는 것이다. 때때로 위험을 감수하고 항상 성공적이지는 않지만 훌륭한 최첨단의 교수는 학생들의 훌륭한 성적의 성취와 전적으로 일치한다.

아마도 전문적 책임성은 지리에서 훌륭한 교수와 학습의 특징은 무엇인지에 대해 확실하게 말할 수 있는 것이다. 더 구체적으로 말하면 이것은 교사들이 다음과 같이 말할 수 있는 전문적 역량을 습득하는 것이라고 제안한다.

- 상이한 수업설계가 어떤 교육목적을 제공하는지를 말할 수 있다.
- 상이한 교수전략의 목적을 말할 수 있다.
- 전체 경험이 일관된 전체를 형성하기 위해 결합하는 방법을 말할 수 있다. 그렇게 될 때, 학생들은 지리를 학습하는 데 '요점을 파악'할 수 있다.

그러므로 교수는 극단적으로 실천적인 활동이라는 명백한 사실에도 불구하고, 우리는 교사의 가장 중요한 과업이 지적인 것이라고 「Times Educational Supplement」라는 논문집에 실린 그의 논문에서 결론을 내린 마이클 필딩(Michael Fielding)(〈글상자 8.3〉 참조)의 견해에 동의한다. 아마도 교사들에게 부과된 핵심적인 전문적 책임성은 그들이 채점과 기록으로 특징되는 실천적인 '바쁜 업무'에 빠지지 않는다는 것을 보여주는 것이다. 지적인 활동은 어렵고 시간을 필요로 하지만, 또한 상대적으로 '비가시적'이고 또 다른 시간을 위해 빼앗기 쉬운 것이다. 따라서 우리는 정직해져야 한다. 예를 들면 채점의 기능은 어떤 역할을 할까(7장 참조)? 이러한 역할 중 일부는 (적절하게 구조화된) 수업시간, 아마도 창의적인 설계 활동 대신에 자유로운 한가한 일요일 저녁에 충족될 수 있지 않을까?

요약하자면 호일과 존(Holye and John)에 따르면 '전문성'에는 3가지의 측면이 있다. 즉,

- 교사의 지식. 슐만(Shulman, 1987)에 따르면, 이것은 전문적 교과지식(special subject knowledge)(여러분의 지리), 교수적 내용지식(pedagogical content knowledge)(전문적 지식을 어린 학생들에게 쉽게 접근할 수 있도록 도와주는 접근, 메타포, 기법), 어린이들이 학습하는 방법에 대한

지식(이것은 교사가 학생들을 위해 학습을 조직하는 것을 도와줄 뿐만 아니라 교사가 학생들에게 제공한 것을 그들이 어떻게 이해하고 있는지를 분석할 수 있도록 도와줄 수 있다)을 포함한다.

■ 효과적인 실천을 위한 자율성의 중요성에 대한 이해－교수는 본질적으로 교사가 교실에 들어서기 전에 창의적인 투입을 필요로 하는 지적인 과업이라는 인식과 수용. 교사는 무엇을 가르치고 그것을 어떻게 가르칠 것인가를 결정하는 데 중요한 역할을 한다.

■ 학생들의 성적 책임에 대한 적절한 구조와 모든 파트너 및 협력자와의 신뢰를 구축해야 할 필요성의 맥락 내에서 교육적 교류의 도덕적 목적을 형성하도록 도와주기 위한 책임성을 기꺼이 수용하려는 의지.

우리는 이 목록이 우리의 논의를 잘 요약하고 있고, 교수를 주로 기술적 역할(technical function)로서 다루는 교사들을 위한 유용한 지표를 제공하고 있다고 생각한다. 다음 절 역시 이러한 요점을 따른다.

능력(competence)은 충분한가?

무능한 교사만큼 애석한 일도 없다. 가르치는 데 있어서 무능력하게 되는 것은 아마 매일 8교시 수업까지 비판적인 청중들에게 약점, 솔직하게 이야기하면 실패 또는 무능함을 보여주는 것이다. 숨을 곳도 없다. 그러한 대중적인 모욕을 오랫동안 견디기를 원하는 사람을 상상하기란 어렵다. 물론 우리는 우리가 가르쳐왔던(그리고 후회했던) 무능한 수업에 대해 말하고 있는 것이 아니다. 우리는 확실히 '모든 것이 꼬이기 시작하는' 우연적인 실수에 대해서 이야기하고 있는 것이 아니다. 교수는 누구에게나 시도하기에 너무도 복잡하여 항상 성공을 보장할 수는 없다. 우리가 언급하고 있는 것은 무능력의 '불안', 즉 교사가 되려는 마음이 간절한 남자 또는 여자가 무능함을 피하기 위해 모든 노력을 기울이기를 원하는 이유에 대한 것이다.

게다가 이것은 중요하다. 비록 삶 또는 죽음의 경우까지는 아닐지라도 지속적으로 무능한 수업은 손해를 입힌다. 최악의 경우에(모든 의도와 목적이 빗나가는 수업에서) 무능력한 수업은 무례함, 나쁜 태도, 결례 등이 용인될 수 없다는 의미에서 받아들일 수 없는 행동을 '가르친다'. 표면적으로 조용하고 질서가 있어 보이는 수업에서 더 교활하게 손해를 주는 지속적으로 무능한 교수는 수업을 학습자들에게 '연결'시키는 데 실패할 수 있다는 것이다. 즉, 수업을 단순히 지속되어야 할 중립적인 상황이 되게 한다. 우리는 모두 그러한 무능력의 사례들을 발견할 수 있고, 아마 직접적인 경험으로부터 알 수도 있다. 이와 반대로 완전한 능력의 사례들을 비추어주는 것을 찾는 것이 더 낫다. 10대에 외상으로 청력을 잃어버린 어떤 사람의 허구적인 사례를 보자(〈글상자 8.5〉). 그는 입술로 읽는 것뿐만 아니라 그 이상을 가르쳐주셨던 그의 선생님 해리(Harry)를 묘사하고 있다.

⊠ 글상자 8.5 ⊠

해리(Harry)

나는 이제야 해리 선생님이 홀리스틱 접근법(holistic approach)을 사용했었다는 깨닫고 있다. 나는 듣기 위해 나의 눈을 사용할 수 있어야 했을 뿐만 아니라, 나는 명료하게 말할 수 있어야 했다. 그래서 내가 나태하게 되어 나의 단어들이 불명료하고 뒤범벅이 되는 것을 허용하지 않았다. 나는 사람들의 입술뿐만 아니라 얼굴을 읽을 수 있도록 배워야 했으며, 그들의 몸 전체를 읽을 수 있어야 했다. 나는 명확하게 적을 수 있어야 했고, 사물들을 철자에 맞게 쓰는 법을 알아야 했다. 그래서 나는 나의 치아로 사물들의 소리에 대한 줄거리를 해독할 수 있었다. 그는 내가 나의 목소리를 조정할 수 있도록 가르쳤고, 내가 큰 소리로 말하지 않고(나는 몇 달 동안 고함을 질러왔다), 오히려 청취자들이 잡을 수 있도록 적당한 높이의 공처럼 나의 목소리를 던지도록 가르쳤다. 그는 내가 할 수 있는 한 지식을 습득하도록 하기 위해 이러한 모든 것들을 동일하게 학습하고 있는지를 확인해야 했다. 해리 선생님은 부드러운 남자였으며, 부드러운 선생님이셨다… 그는 나의 얼굴을 읽는 것을 배웠으며 내가 언제 고군분투하고 있는지, 내가 언제 지쳐

워하고 있는지, 내가 언제 슬쩍 가버리고 다른 것들을 생각하고 있는지를 알고 있었다. 그러나 그는 끈질겼다… 그는 내가 관심을 가지게 했다. 그 결과 나는 정신적으로 움츠리고 대화를 피하기보다는 오히려 사람들에게 모든 것을 반복하도록 요구했으며 그들의 얼굴을 나에게로 돌리도록 요구 했다.

(Hardy, 2002: 106)

〈글상자 8.5〉에 있는 구절은 풍부한 단락을 가지고 있다. 끈질김(relentless-ness)은 지리교사를 포함한 모든 교사들에게 필요조건이라고 종종 이야기 된다. 이것은 확실히 해리 선생님이 그의 학생의 분위기를 '읽을' 수 있었던 것처럼 유능한 교사들은 그들의 학생들을 알게 된다는 사례다. 유능한 교사 들은 해리가 '공처럼'이라는 말을 사용한 것처럼 은유와 비유를 사용한다. 그러나 〈글상자 8.5〉에 있는 구절에서 눈길을 끄는 것은 그의 학생을 돌보기 위한 해리 선생님의 실제적인 성취의 중요성이다. 여러분의 학교 주위를 둘러보아라. 학생들에게 관심을 가지게 하는 교사들은 누구인가? 당신은 (아직) 그들 중의 한 명인가?

교사는 어떻게 그의 학생들에게 지리에 관심을 가지게 하는가?

유능한 교사는 '정신적 움츠림'에 너무나 익숙한 10대들이 이에 대응할 수 있는 방법을 찾기를 원할 것이다. 이것은 아마도 어떤 문제를 경험하려고 하는 개인에게 제기된 최고의 질문이다. 그러나 만약에 있다고 하더라도 지름길이 거의 없다는 것을 강조하는 것은 가치가 있다. 여러분이 아마도 약간 '또는 또 다른' 설득을 위한 압박을 섞어 지리가 얼마나 '중요한지'에 대한 설명과 함께 글로벌 빈곤 또는 기후변화에 관심이 있다고 말하는 것은 많은 학생들에게 아무런 효과가 없다. 백문이 불여일견이다. 즉, 여러분이 지리에 관해 생각하고 있는 것은 여러분의 열정과 여러분의 전문적인 현재의 지식 을 통해, 무엇이 여러분이 가르치는 모든 학생들에게 만족스러운 것인가에 대한 여러분의 명백한 기대를 통해, 그리고 학생들의 지리에 대한 간명하고, 구성적이며, 비판적인 논평을 제공할 수 있는 여러분의 능력을 통해 입증할 수 있을 것이다.

그러나 과학교육과 관련하여 허드슨(Hodson, 1998)이 말한 것처럼 성공적으로 학생들과 관계를 맺고 지식을 함께 구성하는 것은 교사들이 자신감에 대한 그들의 개념화를 변화시킬 수 있는 것을 포함한다.

학생들이 자신의 의사를 결정하고, 교사들에게 질문을 하고 의문을 제기할 때, 그리고 수업 계획이 결과의 정확성 및 확실성과 함께 수행될 수 없을 때, 일부 교사들은 그들의 권위가 도전받고 있거나 심지어 침해받고 있다고 생각할지 모른다. 학생의 학습을 '관리하고' 있다는 것이 의미하는 것에 대한 대안적인 인식을 발달시키는 것은 문화적응으로서의 과학 교수를 향한 강조점의 변화에 영향을 주는 본질적인 부분이다(Hodson, 1998: 170).

요약하면 여러분의 학생들로 하여금 지리, 즉 어떤 표준에 의한 훌륭한 성취에 관심을 가지게 하는 것은 만약 여러분이 또한 지리에 관해 관심을 가지게 한다면 가능하다. 즉, 여러분이 지리가 어떻게 재현되며 "학습은 가치 있고, 적절하며, 흥미로운가?"와 같이 익숙한 3가지의 준거(가치 있고, 적절하며, 흥미로운)에 근거하여 측정된 지리 학습 결과의 관점에서 경험의 질에 관심을 가진다면 가능하다.

능력(competence)은 종종 이런 관점으로 서술되지 않는다(우리가 다음 장에서 볼 것처럼). 우리가 목적을 너무 높게 설정하고 있을지 모르지만 우리는 그렇게 생각하지 않는다. 유능한 교사들은 야심이 필요하고, 그렇지 않으면 교사들 역시 '정신적 움츠람'에 빠질지 모르며, 중등 6학년 학생들(six formers)이 환경기온감률(環境氣溫減率)을 이해하는 것이든지 9학년 학생들이 풍화와 침식의 차이를 이해하는 것이든지 간에 지리를 가르치는 것의 특징을 묘사할 수 있는 아름다운 투쟁으로부터 도망칠지 모른다.

우리는 모두 수업에서 무능력에 대해 관대할 수 없다는 데 동의할 수 있다. 그러나 우리는 무능력의 특징을 규정하는 데에는 덜 확신을 가질지 모른다. 왜냐하면 우리의 관점에서 능력은 쉽게 획득되지 않을 수도 있기 때문이다.

명백한 무능력(clear cut incompetence)에서부터 우리가 '순수한 무능력(sheer competence)'이라고 부르는 것까지 긴 연속체가 있다.

능력은 충분한가? 능력이라는 것이 확실히 우리가 이전 절에서 기술해온 전문적 영역에 속하는 한, 우리는 관심을 가져야 할 수그러들 줄 모르는 야망을 가지고 있다.

결론: 구체적인 사례

이 장을 결론짓기 위하여 우리는 석사학위, 즉 교육학 석사(Master of Teaching)[런던대학교, 교육전문대학원(IOE: Institute of Education)의 교육학석사과정(MTcg)]을 밟고 있는 전문가를 위한 온라인 토론 포럼에 '잠깐 방문'할 수 있다. 한 참가자가 이메일을 통해 제시한 의견이 〈글상자 8.6〉에 제공되어 있다. 이것은 흥미롭다. 왜냐하면 이 장에서 토론한 것으로부터 여러분이 구체화할 수 있는 '전문적' 실천에 대한 몇몇 특징이 보이기 때문이다. 이 이메일은 약 5년 정도의 경력을 지닌 교사로부터 온 것이며, 토론의 주제는 "교사는 연구 능력(research literate)을 갖출 필요가 있다. 이러한 진술이 사실이라는 것을 대부분의 교사들에게 확신시킬 수 있는 설득력 있는 주장이 있는가?"라는 것이었다. 모든 이름은 수정하였다.

> ⊠ 글상자 8.6 ⊠
>
> ### 팀(Tim)의 이메일에서의 발췌문
>
> 나는 교사들이 항상 성찰적이고 수용적으로 되려는 것을 통해 변화를 시도하고 있다고 믿는다. 물론 우리에게 '괴로움을 주는(inflicted)'[앨런(Alan)의 용어] 변화는, 그러한 변화가 우리와 종종 무관하고 보통 우리의 현재 상황에서 우선순위가 적을 때 반갑지 않기는 하다. 일종의 '여정'이 되고 있는 우리의 토론에 관한 앨런의 마지막 논평은 우리 자신의 관점뿐만 아니라 보다 넓은 집단의 관점을 고찰하고 반성할 수 있는 것의 호사를 강조하고 있다. 이 온라인 포럼 강좌는 우리에게 이것을 할 수 있는… 기회를 제공한

다. 그리고 나는 그것은 매우 긍정적인 경험…을 증명하고 있다는 데 동의한다.

나는 연구 문헌을 읽는 것은 교사들에게 권력을 부여한다는 거트루드(Gertrude)의 논평에 동의한다. 우리는 더 많은 것을 알게 되고 우리의 실천에 관해 현명한 판단을 할 위치에 있게 된다. 그러나 나는 때때로 내가 '훌륭한 실천'이라고 믿고 있는 모든 것을 실행할 수 없다는 것을 깨닫게 하는 새로운 계획에 의해 압도된다. 그녀의 연구 능력 조정자 역할(literacy co-ordinator role)에 관한 거트루드의 생각에 따르면, 나는 그것이 더 솔직하게 되는 것에 대한 질문, 달리 말하면 우리가 듣게 된 것을 덜 수용하게 되는 것에 대한 질문이 아닐까라고 생각한다. 전문가로서 우리는 변화에 질문할 수 있어야 하며, 변화가 우리에게 '괴로움을 준다는(inflicted)' 것에 동의하지 않아야 한다. 이러한 자신감은 연구 문헌으로부터 오지 않을까?

"연구가 얼마나 유용할 것인가"에 대한 마이클(Michael)의 결론적인 논평은 나에게 일반적인 사례에서처럼 '어떻게'보다는 오히려 새로운 계획에 대한 '왜'를 심사숙고하고 토론하는 것의 중요성을 고찰하도록 했다. 우리는 정책을 '왜' 실행하는가에 대해서는 거의 듣지 못하고 항상 '어떻게' 실행할 것인가에 대해 듣고 있다. 이러한 '왜'라는 지식이 없다면, 우리의 실천이 유연하게 되고 우리의 실천을 효과적으로 발달시키기 어렵다. 이러한 지식은 연구 능력을 갖춘 교사들이 더 쉽게 접근할 수 있게 되지 않을까? 나는 그렇게 생각한다.

(Daly et al., 2004)

연구 능력을 갖추게 된다는 것은 교사들이 교육 연구를 비판적으로 읽을 수 있고 그것을 알려진 맥락에 적용할 수 있을 뿐만 아니라 소규모의 연구를 스스로 수행할 수 있는 것을 의미한다. 우리는 또한 이러한 아이디어를 역시 지리에 적용한다. 왜냐하면 지리교사로 부각될 때, 지리학자가 된다는 의식을 유지하는 것이 바람직하다는 점에서 그러하다. 이것에 관해 더 상세한 것은 9장에서 다룬다. 현재로서는 이러한 경험이 있는 교사(명백하게 학습에 지치지 않는)가 '연구 능력'을 소중히 한다는 것에 간단히 주목할 만하다.

왜냐하면 연구 능력이 교사의 전문성을 강화시키기 때문이다. 그리고 이것이 그의 전문적 지식을 구축할 수 있도록 하기 때문이다. 전문성은 교사에게 전문적 자율성(professional autonomy)을 유지할 수 있도록 그의 연구에 보다 큰 권위를 제공한다.

또한 중요한 것은 이와 같이 소리 내어 생각할 것(thinking aloud: 학생들에게 사고하는 방법을 가르치고자 하는 것) 같은 교사는 그의 전문적 책임성(professional responsibility)을 구체화하는 데 가장 근접한다는 것이다. 즉, '왜'에 대해 가장 고민한다는 것이다. 마지막으로, 이와 같은 교사와 그의 동료들은 지적인 과정이 일어날 수 있는 전문적 대화(professional conversation)를 매우 소중히 한다는 것 역시 이로부터 명백하다. 5장으로 돌아가서 그곳에서 특징으로 삼은 교사들이 그들의 교수에 관한 학문적인 담론을 유지할 수 있도록 하기 위해 가지고 있던 열망을 상기시켜보라.

더 생각할 거리

01. 당신은 어떤 유형의 교사가 되고 싶은가?
   a. 당신의 목적, 즉 당신의 교수 윤리는 무엇인가?
   b. 당신이 채택하고 있는 '전문성'은 무엇인가? 당신은 그러한 설명에 만족하는가?

02. 당신은 어떠한 측면에서 지리에 대해 관심을 가지고 있는가?

03. 당신의 학생들에게 어떻게 지리에 대해 관심을 가지게 할 수 있는가?

9장 ▮▮▮ 전문적 가치와 실천을 배우기: 높은 표준을 가진 교사

나의 지리 선생님은 잘생기지도 않았고 화려하지도 않았으며 과시하지도 않았다. 그러나 그는 나에게 영감을 주는 사람이었다. 왜냐하면 그는 내가 성장할 수 있도록 했기 때문이다. 아니 그는 나를 성장시켰다! 나는 우리가 지리 수업에서 배운 것이 일생 동안 지속될 것임을 조금도 믿어 의심치 않는다(익명).

도입

우리는 이전 장에서 교사들이 전문적 정체성을 능동적으로 창출할 필요가 있으며, 이것이 '주어진' 것으로 간주될 수 없다는 주장과 함께 시작했다. 이것이 의미하는 것을 설명하기 위하여 우리는 '표준(standards)'의 개념, 이경우에는 '전문적 표준(professional standards)'의 개념을 다시 한 번 언급할 수 있다. '표준'에 대한 아이디어를 해석하는 데는 몇 가지 방법이 있다. 예를 들어 표준이 중앙 당국, 즉 교사양성훈련원(TTA: Teacher Training Agency)과 같은 정부기관에 의해 부과되었는가? 또는 표준이 잉글랜드교육협회(GTCE)와 같은 전문성 그 자체를 대표하는 단체에 의해 설정되었는가? 표준은 단어들로 분명히 표현될 수 있는가? 다시 말하자면 계약의 규칙과 같이 법적 문서에 기록될 수 있는가? 또는 표준은 전문적 공동체 내에서 끊임없이 협상되고 재협상되며, 사례와 일반적으로 인정되는 실천을 통해 의사소통되고 있는 전체로서 파악하는 것은 불가능한가?

사실상 우리는 이것들이 잘못된 선택이며, 전문적 표준은 이러한 모든 측면과 그 이외에도 많은 것으로 구성된다고 믿고 있다. 전문성 내에서 작동하는 정부와 정부기관, 전문성 단체, 개인(그리고 학생들뿐만 아니라 학부모와 고용자들과 같은 다른 '이해관계에 있는 사람'을 포함하여 전문성에 기여하는 사람)은 모두 발언권을 가지고 있다. 이들 목소리는 모두 같은 음의 노래를 부르는 것 같지는 않으며 때때로 전체적인 결과는 매우 조화를 이루지 못할지도 모른다. 다시 말하면 상이한 이해관계를 가진 유권자들로부터 의견충돌과 상충되는 메시지가 있을지도 모른다.

이것으로부터 우리가 결론내릴 수 있는 것은 모든 교사들은 좋아하든지 아니든지 간에 전문적 표준을 설정하는 끝없는 과정에서의 행위자들이라는 것이다. 당신은 당신이 어디에 서 있는지 알 필요가 있다(또는 그것이 이 시점에서 너무 과도한 질문이라면, 당신은 무엇을 지지하지 않는가!). 그렇지 않으면 당신은 일시적으로 우세한 쪽 또는 주도권을 가진 쪽에 의해 좌지우지될 위험에 처할 것이다. 좀 더 공식적인 관점에서 말하면, 당신은 결국 '자율성'이 부족하다고 느끼게 될지도 모른다. 이것은 위험한 상황에 처하게 되는 것이다. 왜냐하면 항상 '(불쾌한 것을) 받고 있는 입장'이라고 느끼는 사람들은 부정적인 처리 메커니즘을 채택하려는 경향이 있는 사람들이기 때문이다. 즉, 그들은 더 만족스러운 '할 수 있다'는 태도 및 접근과는 반대인 어떤 것이 왜 '행해질 수 없는지'에 대한 이유를 찾는다. 훌륭한 교사들은 에너지의 소비자가 아니라 에너지의 창조자라는 것을 잘 기억할 필요가 있다.

이것을 좀 더 단도직입적으로 말하면 다음과 같다.

- 당신은 어떤 유형의 교사가 꼭 되고 싶은가? 당신은 그 결정을 남에게 미룰 수 없다.
- 당신은 당신의 학생들이 지리 학습을 어떻게 경험하기를 원하는가? 당신은 학생들의 인식에 영향을 미치는 단 하나의 가장 중요한 요소다. 당신은 그들의 인식을 형성할 수 있다.
- 당신은 지리가 다른 교사들/학부모들/고위 경영자들에게 어떻게 인식되기를 원하는가? 당신은 이러한 것을 형성하도록 돕는 데 열정이 있는가? 아니면 당신은 공식적인 문서들이 지리를 대표하는 것에 만족하는가?

이러한 질문은 이 절 전체를 통해서(보통 함축적으로) 다시 제기된다. 우리는 당신이 지리교수의 전문적인 분야 내에서 영향력 있는 행위자가 되기 위한 방법으로 무장하기를 원한다. 이러한 목적이 가지는 핵심적인 중요성에는 다음과 같은 두 개의 아이디어가 있다.

- 훌륭한 지리교육은 진정으로 중요하다. 우리는 지리를 학습하는 것이 목적의식적이며 창의적인 활동이라는 신념(우리가 당신이 공유하기를 원하는)을 확신시키고 지원하기를 원한다. 그것은 학생들이 세계를 이해하는 도전적인 과업에 대해 좀 더 지적으로 생각하고 반응하도록 도와줄 수 있다.
- 그러나 서로 연결된 훌륭한 지리(예를 들면 〈글상자 9.1〉 참조)는 보통 목적과 창의성에 대해 이야기하는 교육적 가치와 전체적으로 일치하는 가치를 내포하고 있다. 즉, 발견에 대한 열망, 복잡한 것으로부터 의미 이끌어내기, 타자에 대한 존중, 영향에 관해 판단 내리기, 미래에 대한 관심…등이 그러하다. 아무튼 모든 젊은이들은 이러한 것들을 경험해야 한다.

⊠ 글상자 9.1 ⊠

지리의 힘과 적실성

자연적 세계: 땅, 물, 공기. 물리적 · 화학적 · 생물학적 프로세스뿐만 아니라 정신적인 차원('경외감과 호기심')을 포함할 수 있다.
인문환경: 노동, 주택, 소비, 여가. 도덕적 차원을 포함할 수 있고, 인간과 자연과의 관계에 초점을 맞출 수 있다.
상호작용: 공간적 이동과 상호의존. 사회적 · 문화적 · 환경적인 것뿐만 아니라 경제적 · 정치적인 것들을 포함한다.
장소: 지리의 '어휘'('사실')와 '문법'('사실'이 어떻게 연결되어 있는가). 생태학적 관점, 통합, 종합을 포함할 수 있다.

> 스케일: 학생들이 로컬리티를 지역적·국가적·국제적 맥락과 세계적 관점
> 과 관련하여 이해하도록 도와주는 것으로서 주제를 '투영하는' 구성,
> 렌즈, 차원.
> 학생들의 삶: 이미지, 변화, 경험과 의미, 정체성. 명백한 '미래'를 지향할 수
> 있다.

이 장의 나머지 부분은 여러분의 계속적인 전문성 개발(continued pro-fessional development) 또는 우리가 선호하는 것처럼 계속적인 전문성 학습 (continued professional learning)에 대한 관점으로부터 그러한 질문들을 고찰한다. '개발'은 당신이 그것을 하려고 의도하든지 아니든지 간에 거의 틀림없이 일어날 것이다. 우리가 개발보다 학습을 선호하는 이유는 그것이 어떤 특정한 유형의 교사가 되고자 노력하는 개인과 그들을 안내하기 위한 책임을 가진 사람들 모두에 대하여 더 많은 의도성을 내포하고 있기 때문이다.

지리를 가르치기 위해 배우기

처음부터 지도교사와 멘토가 제공하는 '교육적 투입'은 가르치기 시작하는 사람들에게 중요하다. 예를 들면,

■ 강연과 세미나는 예를 들면, KS3 교육과정 또는 시험 교수요목의 이론적 맥락과 정책적 배경을 명료화할 수 있다. 매개변수가 무엇이며, '주어진' 환경에 영향을 미치는 것이 무엇인지를 아는 것은 항상 유용하다.
■ 워크숍은 특정 양상 또는 토픽을 가르치는 데 적용할 수 있는 실천적 접근, 전략, 기술을 모형화할 수 있다.
■ 수업을 직접 또는 비디오를 통해 관찰하는 것은 다양한 학습환경의 창출과 유지를 조직하고 관리하는 방법에 관한 통찰력을 제공할 수 있다.
■ 수업의 결과보고(debriefings)는 수업에 대한 자신의 접근에 대해 생각해보도록 할 수 있다. 즉, 수업의 약점뿐만 아니라 강점을 확인할 수 있

다. 왜냐하면 약점은 때때로 자기 스스로 인식하기에 더욱 어렵기 때문이다.

그러나 비록 우리가 어떤 것들을 배울 수 있다고 믿고 있지만, 즉 예를 들면 여러분은 교실에서 원격 이미지를 사용하는 방법과 같은 세부사항을 배울 수 있지만, 여러분이 단순히 훈련을 '소비'하고 그것이 여러분을 교사가 되도록 해줄 것이라고 기대해서는 안 되는 것과 마찬가지로 '교육적 투입' 그 자체로는 당신에게 높은 표준을 가져다줄 수 없다.

여러분에게 제공되는 앞에서 나열된 것들과 같은 경험은 여러분이 이미 획득해왔으며 여러분의 교수에 대한 이해를 위한 기초를 형성하는 아이디어와 개념과 결합되어 당신의 실천적인 행동을 이끌기 전까지는 여러분의 실천에 대해서 상대적으로 중립적이거나 심지어는 주변부에 머물러 있을 것이다. 이 책의 주장과 함께 우리는 이것이 교과지식과 관련하여 명백한 입장을 요구한다고 제안할 것이다.

교과지식은 '지식과 이해'(〈글상자 9.2〉 참조)로 잘 알려진 정부 표준(government Standard)의 핵심적인 구성요소다. 교사가 되기 위해서 여러분은 지리에 있어서 '확실한(secure)' 지식과 이해로서 명시될 수 있는 능력을 보여줄 수 있어야 한다. 이것은 여러분이 석사과정에서 지리 자격을 얻을 수 있는 것을 의미한다. 그러나 그것은 또한 특정 학습프로그램(programmes of study)의 지식, 교수요목(syllabus specifications)과 경로(pathways), 여러분이 학생들에 대해 가질지 모르는 기대의 수준(levels of expectation)에 대한 이해 등을 의미하기도 한다. 후자는 아마도 놀라울 정도로 거의 연구가 없었던 지리적 이해의 '진보'에 대한 지식과 이해를 의미한다(Bennetts, 2005 참조).

표면적으로는 이러한 표준은 아마도 일반대중들이 교사들에게 기대하는 준비단계의 최소한의 기대로서 완벽하게 타당한 것처럼 보일지도 모른다. 그러나 지리 학위와 교수요목의 요구사항을 '벼락치기로 공부하는 것'에 대한 헌신은 교육시스템이 교사들에게 진정으로 원하는 것을 적절하게 표현할까?

S2: 지식과 이해

교사자격(QTS: Qualified Teacher Status)을 받은 사람들은 다음의 모든 것들을 입증해야 한다.

S2.1 그들은 교수를 위해 교육받은 교과에 대해 확실한 지식과 이해를 가지고 있다. 중등 학생들을 가르칠 자격이 부여된 사람들에게는 이러한 지식과 이해가 석사학위와 동등한 표준에 있어야 한다. 구체적인 단계와 관련하여, 이것은 다음을 포함한다.

[기초(Foundation)와 Key Stage 1, 2는 생략됨]

c. Key Stage 3을 위하여 그들은 관련된 국가교육과정의 학습프로그램을 알고 이해해야 하며, 하나의 교과 또는 더 많은 핵심교과(core subjects)를 가르칠 자격이 있는 사람들은 Key Stage 3을 위한 국가 전략(National Strategy) 내에 제시되어 있는 관련된 구조틀, 방법, 기대사항을 알고 이해해야 한다. Key Stage의 어떤 교과를 가르칠 자격이 있는 모든 사람들은 국가교육과정의 범교육과정 기대사항을 알고 이해해야 하며, Key Stage 3을 위한 국가 전략 내에 제시된 지침에 익숙해야 한다.

d. Key Stage 4와 16세 이후(post-16)를 위하여 그들은 학교의 16~19세 단계, 중등 6학년을 위한 학교, 직업에 기반한 학교를 통한 진보의 경로를 알고 있어야 한다. 그들은 교육과정평가원(QCA)과 국가자격기구(National Qualifications Framework)에 의해 명시된 핵심 기능(Key Skills)에 익숙해야 하며, 그들은 자신의 교과 내에서 그리고 교과로부터의 진보와 그들의 교과가 기여하고 있는 자격의 범위를 알아야 한다. 그들은 교과과정이 학생들의 교육과정에 어떻게 결합되는가를 이해해야 한다.

S2.2 그들은 국가교육과정 핸드북(*National Curriculum Handbook*)에 제시되어 있는 가치, 목적과 목표, 일반적인 교수 요구사항을 알고 이해한다. 그들이 교수를 위해 교육받은 연령의 범위와 관련하여, 그들은 시민성을 위한 학습프로그램과 개인적 · 사회적 · 건강 교육(personal, social and health education)을 위한 국가교육과정 구조틀(National Curriculum Framework)에 익숙해야 한다.

S2.3 그들은 모든 Key Stages 또는 그들이 가르치기 위해 교육받은 Key Stages 전후의 단계에서의 기대사항, 전형적인 교육과정 및 교수 계획을 알아야 한다.

S2.4 그들은 학생들의 학습이 학생들의 신체적 · 지적 · 언어적 · 사회적 · 문화적 · 감성적 발달에 의해 어떻게 영향을 받을 수 있는지를 이해한다.

S2.5 그들은 교과를 가르치고 폭넓은 전문적 역할을 지원하기 위해 ICT를 효과적으로 사용하는 방법을 알아야 한다.

S2.6 그들은 특수교육 실천 코드(SEN Code of Practice)[1] 하에서의 책임성을 이해해야 하고, 덜 평범한 유형의 특수교육(Special Education Needs) 전문가로부터 조언을 구할 수 있는 방법을 알아야 한다.

S2.7 그들은 좋은 행동을 촉진시키고 목적의식적인 학습 환경을 만들기 위한 일련의 전략을 알아야 한다.

S2.8 그들은 수리력, 문해력, ICT와 관련한 교사자격(QTS: Qualified Teacher Status) 기능 시험을 통과해야 한다.

출처: 교사양성훈련원(Teacher Training Agency)

---

1) 역자 주: SEN(Special Education Needs)은 신체적 또는 지적 장애아동교육을 일컫는 것으로 특수교육을 의미한다.

이것을 다른 방식으로 표현하면, 어떤 면에서 지리교사를 지리학자가 되도록 요구하는 것은 너무 큰 바람인가? 석사학위 자격은 교육적 단계 또는 영국배우협회에서 구성원들에게 부여하는 카드나 허가증과 같이 단순히 관료적인 요구 이상의 귀중한 어떤 것을 나타낼 필요가 있다.

그러나 공식적인 표준에는 교사들이 그들이 가르치는 교과를 만드는 데 능동적으로 참여하도록 기대되는 어떤 관점을 격려하기 위한 것은 거의 없는 것 같다. 사실 '확실한(secure)'이라는 용어의 사용은 이런 의미에서 매우 쓸모없다는 것을 뜻한다. 왜냐하면 잘 알려져 있는 것처럼 고등 학습의 특징 중의 하나는 불확실성이기 때문이다. 여러분이 더 많이 알게 될수록 여러분은 무엇을 모르고 있는지 더 많이 인식할 수 있게 된다. 그리고 우리가 살고 있는 세계를 형성하기 위해 결합하는 사회적 · 문화적 · 경제적 · 정치적 · 자연적 환경의 프로세스가 가지고 있는 거대한 복잡성을 고려해볼 때, 아마도 이것이 지리보다 더 사실적으로 나타나는 교과는 없을 것이다. 따라서 이것은 우리가 교수는 주로 지적인 노력이라고 열정적으로 논의해온 또 다른 이유다.

교사양성훈련 기간(initial training year)의 끝부분 즈음에 있는 일부 초임교사들은 지리를 가르치기 위한 학습의 양상에 관해 반성하도록 요구받았다.[2] 특히 '교과지식'과 관련하여, 이들 신규교사들은 그들의 한계, 그들의 교과전문지식을 발달시켜야 할 책임성, 이것이 가장 잘 성취될 수 있는 방법에 대해 알고 있었다. 이것은 교사가 되는 과정에 있어서 경험과 아이디어들 사이의 상호적인 관계에 대한 훌륭한 사례를 제공한다. 교사양성훈련 기간 동안 경험에 대한 당연히 강력한 강조와 함께, 우리에게는 다른 아이디어들의 원천이 교사 능력의 지속적인 성장에 대해 구체화하는 데 없어서는 안 된다는 어떤 우려가 있는 것 같다. 그렇지 않으면 지리가 어떻게 최첨단과 진보를 유지하고, 학생들에게 이해에 대한 새로운 가능성을 제공할 수 있겠는가? 솔직하게 말하면, 만약 모든 교사들이 알 필요가 있는 것이 교수요목이

---

2) 2002~2003년의 캠브리지대학교 지리교사자격인증석사(PGCE geography)과정의 학생들에게 감사드린다.

라면, 학습의 흥미와 즐거움의 원천이 되는 그러한 교수요목의 역동적인 개발을 북돋울 수 있는 것은 무엇일까?

몇몇 신규교사들은 부분적으로 고등교육에서의 지리학 공동체와 학교 사이의 넓어진 격차를 횡단하는 어려움과 관련하여, 부분적으로는 지리학이 다루고 있는 거대한 영역과 그로 인하여 석사과정에서 이 학문을 '다루고 있는' 어떤 신규 지리 졸업생의 보잘 것 없는 기회와 관련하여 심각하고 지속적인 불안을 인정했다.

나의 교과지식은 학교지리의 '기초'로부터 꽤나 분리되어왔다.

나는 익숙하지 않은 매우 도전적인 토픽들을 가르치고 있다는 것을 알게 되었다.

교과지식은 중요한가? 이 교사들은 전적으로 교과지식이 중요하다고 확신했다.

여러분은 교과를 진정으로 이해해야만 한다. 그렇지 않으면 어떻게 그 것을 가르칠 수 있겠는가?

교과지식에 대해 자신감을 가지는 것은 교수에 반영된다… 그러나 내겐 (아직) 교과지식에 대한 자신감이 없음에도 불구하고 교수에 대한 자신감이 있어야 한다.

토픽에 대해 자신감을 느끼는 것은 여러분이 토픽에 접근하기 위한 방법을 선택하는 데 있어서 유연성을 줄 수 있다.

다른 교사들은 교과지식의 격차와 약점이 어떻게 다루어질 수 있는지에 대한 솔직한 의견을 내놓았다.

다른 사람이 토픽을 가르치는 것을 참관하는 것은 도움이 될 수 있다.

나는 내가 훨씬 더 많이 읽기를 해야 한다는 것을 알고 있다.

읽기를 하지 마라! (그러나 많은 참관과 실행을 하라.)

실행을 통해 배우는 것은 나를 위한 유일한 방법이다.

때때로 나는 수업이 조정될 수 있고 심지어는 다르게 가르쳐질 수 있다는 것을 깨달았다. 두 번째 시도에서는 보다 쉬웠다. 그것은 부분적으로 내가 더 유능하다고 느꼈기 때문이다.

11학년 자율학습(시험공부) 시간(revision sessions)은 나에게는 효과적이었다!

우리는 이러한 목록은 신규교사들이 그들의 우선순위를 어디에 두고 있는지를 나타낸다고 생각한다. 비록 그들이 '격차'를 인식하고 있을지라도 그들의 주요한 요구는 학생들이 무엇을 알 필요가 있는지에 대해 유창하게 되기 위한 실천적인 해결을 위한 것이다. 읽기에 대한 견해의 차이가 있다는 것은 흥미롭다(우리는 그것이 교과서, 웹사이트 또는 다른 자료이든 간에 모든 유형의 교재를 의미한다고 추정한다). 연구에 따르면 신규교사들은 훌륭한 학생용 교과서를 매우 소중히 한다는 것을 보여준다. 즉, 훌륭한 학생용 교과서는 교사들로 하여금 "수업을 한 걸음 더 나아가도록" 할 수 있도록 해주기보다는 교사들이 전체적인 내용 영역을 빠르게 습득할 수 있도록 도와준다.

우리는 학생용 교과서가 하나의 자료로서 과소평가되어서는 안 된다고 생각한다(그리고 신규교사들이 이러한 목적을 위해서 상이한 학생용 텍스트의 '도서관'을 구축하기 시작하도록 격려할 것이다). 왜냐하면 지리 졸업생들은 교재를 심화하고 확장시키기 위해 학생용 텍스트의 개념과 보다 넓은 정보를 가져올 수 있어야 하기 때문이다(교사들이 이야기한 것처럼 훌륭한 지식이 초래하는 '자신감'을 위한 기초를 제공하기 위해).

명백한 것은 위의 논평과 뒤따르는 논평 사이의 숨은 속뜻을 읽어보면 신규교사들을 위한 '지리(학)하기(doing geography)'는 (보통) 그 자체로서 정당한 목적으로 이해되지는 않는다는 것이다. 이러한 이유로 교사들이 하기 싫어도 반드시 해야 하고, 주로 새로운 토픽을 가르쳐야 하는 도전에 직면하게 될 때, 그들은 그 토픽에 정통하게 될 필요가 있다는 것을 알게 된다. 그들은 찾아야 할 자료(텍스트), 관찰하고 질문해야 할 학생들, (역설적이게도) 그들이 그 토픽에 관한 여분의 것을 구입하도록 도와주는 '학생의 요구'에 대한 점증하는 의식 등을 가지고 있다. 한 신규교사가 관찰했던 것처럼 "여러분은 중등 6학년 학생들(six former)에게 그것을 설명하려고 시도하기 전까지는… 중심지이론에서 K=3이 무엇을 의미하는지 알고 있다고 생각한다." 부수적으로 이것은 역시 교수적 관점으로부터 나타난 강력한 자각이다. 왜냐하면 그것은 우리에게 사회적 참여와 상호작용을 통한 대화와 학습의 힘을 상기시켜주기 때문이다. 따라서 이와 같은 논평은 보편적인 것이다.

여러분은 그것을 가르치기 전까지는 어떠한 것도 완벽하게 배우지 못한다.

여러분은 그것을 가르치기 전까지는 어떠한 것도 진정으로 알지 못한다는 것을 인식한다!

나의 교과지식은 수업을 계획하고 가르치는 과정을 통해 학습되어왔다.

그럼에도 불구하고 우리는 또한 교과목 그 자체가 때때로 추상적인 의미에서가 아니라 교과 전문교사에 의해 구현된 선도적 위치를 차지할 여지가 있다고 믿고 있다. 다시 말하면 교사는 특별한 관심 또는 전문지식의 영역, 그리고 수업의 계열(sequence of lesson)을 개발한다. 왜냐하면 그들은 그것이 학습자들을 위한 적실성(relevance), 가치로움(worthwhileness), 즐거움(enjoyment)에 대한 관례적인 준거를 충족시킨다는 열정과 신념을 공유하려는 욕구를 가지고 있기 때문이다. 공식적인 교과지식 표준(official subject knowledge standards)은 신규교사들에게 이것을 하도록 격려하지 않으며, 그렇게 함으로써 (아마도 우연하게) 교사의 전문적 역할을 제한한다. 우리는 다음 장에서 교육과정 개발의 중요성과 그것이 교사 개발과 어떻게 관련되는지에 관해 좀 더 이야기할 것이다.

교사가 되기 위해 학습하기

이전의 단락들은 주로 교과지식과 관련되어왔다. 교사들에게 기대되는 다른 지식과 관련하여 우리는 간략하게 언급할 것이다. 그렇다고 이것이 예를 들면 행동 관리의 양상에 대한 중요성을 비롯하여 특히 여러분에게 특별한 교육적 요구[특수교육(SEN)]을 다루는 방법에 관해 영향을 미칠 수 있을 때, 특별한 학습 요구와 관련한 지식을 인식할 필요성을 과소평가하는 것은 아니다. 수업관리 전략과 기법이 어떻게 학습되는지에 대한 질문에 대한 대답으로써 한 신규교사는 "나는 나 자신의 교수와 다른 교사들을 참관하는 것으로부터 수업 관리에 대해 배웠다. 그러나 나는 내가 무엇을 배워왔는지 분명하게 표현할 수는 없다"고 언급했다. 우리는 이것을 책임을 회피하는 것이라기보다는 오히려 정직한 진술로 간주하며, 이것은 이 장의 앞부분에서 논의된 정부기관의 견해를 강화시킨다고 느낀다. 10대들의 행동을 다루는 방법을 듣기 위해 기다리는 것은 바람직하지 않다. 왜냐하면 이런 의미에서 가장 뛰어난 일부 전문가들 역시 그것을 어떻게 하는지에 대해 여러분에게 정확하게 말해줄 수 없을 것이기 때문이다. 더욱이 그들이 그렇게 할 수 있다고 하더라도 그들을 위해 작동하는 것이 쉽게 여러분—더 젊을지도 모르고, 다른 성별일지도 모르며, 더 조용한 성향일지도 모르는……—에게 전이될 수 없을지 모른다. 여러분이 가르치는 방법은 또한 상이할지 모른다. 왜냐하면 여러분이 짝별 활동과 소규모 모둠에 높은 가치를 둘지도 모르며 동료들보다 여러분 자신을 덜 빈번하게 중심에 둘지도 모르기 때문이다.

앞에서 논의한 것처럼 이것은 여러분이, 예를 들면 '자기주장'이나 '단호한 규율'이라는 특별한 훈련으로부터 이익을 얻을 수 없다는 것을 말하는 것이 아니다. 우리는 여러분의 학급 학생들이 여러분의 통제 하에 있지 않는다면, 아마도 가능한 학습의 수준을 감소시키는 일들이 벌어질 것이라는 데 모두 동의할 수 있다. 즉, 학생들은 소리치고, 일부 학생들은 말하는 것을 꺼려하게 될 것이며, 여러분은 시간만 소모하게 될 것이며(수업이 요약 없이 끝날 것이다), 숙제는 충분히 설명되지 못할 것이며, …여러분은 이 목록을 계속할 수 있다! 다양한 기법들이 반복적으로 사용될 수 있으며, 신규교사들은 이것이 얼마나 중요한지를 말해왔다.

나는 일관성의 중요성을 배웠다. 그리고 그것은 실행하는 것보다는 말하는 것이 더 쉽다는 것을 배웠다!

나는 지금 '단호하지만 공정한' 것, 소리 지르지 않는 것, 학생들의 이름을 부르는 것, 요구를 들어주기 위해 잠시 멈추는 것, 긍정적인 언어를 사용하는 것…이 나에게 의미하는 것을 알고 있다.

항상 시작한 일을 다 끝내라. 이것은 (많은) 위협을 주지 말라는 것을 의미한다.

선택권을 주고(지금 활동을 할 것인지, 쉬는 시간을 가질 것인지), 즉시 주도권을 잡아라(좌석 배치; 학생들이 먼저 자리를 차지하기 전에 배치하기).

학생들은 매일매일 다를 수 있음을 인식하라.

일부 학생들은 일대일로 떼어놓아라(따라서 그들은 서로 접촉하지 못한다).

(힘들어도) 계속 노력하라!

그러나 우리는 비록 보상과 처벌 시스템이 제멋대로 구는 학생들에게 구역을 제한하는 데 중요할지 모르지만 궁극적으로는 다음 사항을 지키지 않는 한 헛된 것이라는 것을 강조한다.

■ 여러분은 학생들이 여러분을 위해 공부한다는 생각으로 그들을 여러분 자신의 것으로 만들어야 한다. 여러분은 도저히 처벌이 통하지 않는 교사들을 기억하거나 보았을지도 모른다(몇몇 수업에서, 드물게 그들이 가르친 모든 수업에서). 학생들은 곧 교사들이 더 이상 참을 수 없게 되었을 때 즉시 그들을 교실 밖으로 퇴출시킬 것이라는 것을 배우게 되며, 그것은 때때로 매력적인 제안이다. 그것은 당신이 처벌을 가중시키기 위함이 아니라 관계를 바르게 정립하려고 하는 것임을 기억하라! 많은 학생들은 이러이러한 교사가 '기분 전환'을 하게 할 수 있다고 감탄하여 말한다. 즉, 학생들에게 이것은 '엄격하게 되는 것'(한계를 아는 것)과 동등한 중요성을 가진다.

■ 수업은 들을 만한 가치가 있다. 이것은 아마도 잔인하게 들릴지는 모르지만 오늘날의 '고객 문화'에서 교사가 종종 유예된 만족(deferred gratification)('현재의 고통, 이후의 보상')의 맥락에서 그렇게 말하기 때문에 더 이상 학생이 수긍할 수 있는 설득력 있는 사례를 만들지 못한다. 일부 학생들은 거의 믿을 수 없을 만큼 무례하고 반항적으로 보일지 모르며, 이것은 좌절감을 주는 것이다. 그러나 어려운 상황을 만들었기 때문에 비난을 받을 만한 학생들을 찾는 것보다 오히려 전문적 대응은 "여기에 앉아 있는 요지는 무엇일까?"가 제멋대로 구는 행동을 설명하는 무언의 질문이 될 수 있는 가능성을 포함해야만 한다. 이것은 우리를 교과지식의 중요성으로 다시 돌아오게 한다. "지리를 지루하게 만드는 것이 어떻게 가능할까?" 예전의 어떤 동료는 "그러나 많은 교사들은 그렇게 하는 데 성공한 것 같다!"고 말하곤 했다.

수업의 내용과 관련하여(규율 전략과는 반대되는 것으로서) 우리의 신규 교사들은 (예를 들면) 다음을 언급했다.

수업에서 적절한 속도를 유지하는 것은 매우 중요하다.

훌륭한 출발자(good starters)('알려고 하는 진정한 요구'를 통해 동기를 부여하는), 의미덩이 짓기(chunking),[3] 아주 잘 준비된 '종합(결과보고) (plenaries)'은 모두 진정으로 도움이 되었다.

이것들은 중요한 교수의 전문적 양상들이다. 그러나 이러한 실천적 필요성이 어떻게 작동할 수 있을지-즉, 수업을 중요하고 흥미롭게 만드는 것, 수업이 무엇을 위한 것인지에 대한 진정으로 분명한 이해가 없는지, 어떤 측면에서 수업이 적절하고 가치 있는지-와 어떤 신규교사가 그러한 경험으로부터 어떻게 흥미를 끌어내려고 계획하는지를 짐작하기란 어렵다. 만약 여러분이 우리가 여기서 제시하고 있는 핵심을 이해할 수 있다면, 여러분은 초임교사들을 위해 매우 중요하지만 종종 매우 파악하기 힘들고 특별한 것은 무엇인지를 파악하게 될 것이다. 이것은 목적과 목표(구체적인 결과) 간의 차이다. 교수 목표를 단순히 명세화하는 것은 무엇이 성취될 수 있는지를 제한하는 경향이 있다. 반면에 야심적인 목적은 목적의식을 제공함으로써 교수와 학습의 관계를 어떤 방향으로 이끌 수 있다.

이러한 이론적 근거와 차별성은 2003년에 교육부장관이 다음과 같이 표현한 것처럼 아마도 교과 전문성에 대한 그의 개인적인 헌신을 부채질하였다.

우리의 가장 훌륭한 교사들은 그들이 가르치는 교과에 대한 진정한 열망과 열정을 가지고 있는 사람들이다. 그들은 또한 학생들의 학습에 깊이 헌신하고 있으며 그들의 교과에 대한 열정을 활용하여 학생들에게 동기를

---

3) 역자 주: 의미덩이 짓기(chunking)는 단기 기억에 관한 연구에서 사용되는 용어들 가운데 하나로, 기억 대상이 되는 자극이나 정보를 서로 의미 있게 연결시키거나 묶는 인지과정이다. 이러한 인지과정은 결과적으로 단기 기억의 용량을 확대시키는 효과가 있다.

부여하고, 그들의 교과를 흥미롭게 만들고, 학습을 흥미진진하고 생생하고 즐거운 경험으로 만들고 있다.

그들 교과에 대한 교사들의 열정은 효과적인 교수와 학습을 위한 기초를 제공한다. 이러한 교사들은 그들 교과의 전문지식을 사용하여 학생들이 내용, 과정, 사회적 분위기를 아우르는 의미 있는 학습 경험에 몰입하도록 한다. 그들은 지원적이고, 협동적이며, 도전적인 수업 환경 내에서 학생들과 함께(을 위해) 중요한 지식의 영역을 탐구하거나 만들며, 학습을 위한 강력한 도구를 발달시킬 기회를 창출한다.

그러므로 그들의 교과에 대한 열정을 간직하고 키우는 교사들은 학습자들의 관심과 열정을 더욱 불타게 하고 적절한 도전과 함께 활동을 촉진시킬 것이라는 것이 명백하다. 정부는 이러한 접근이 특히 Key Stage 3에서 교수와 학습을 개선시키고 표준을 향상시키는 데 도움을 주며, 교사들과 지원집단의 전문성 개발을 위한 기초를 제공하는 데 도움을 줄 것이라는 것을 믿고 있다.

찰스 클라크(Charles Clarke), 교과 전문성(Subject Specialisms)에 대한
서문에서, DfES, 2003a, 문단 1-3

더 넓은 전문적 표준

특히 교수에 있어서 전문적 교과지식과 관련하여 우리는 공식적인 표준이 말하거나 격려하지 않은 것에 관해서 약간 비판적이었지만, 더 일반적인 '전문적 가치' 부문은 더 야심적임에 틀림없다. 우리는 〈글상자 9.3〉에 서문 전체를 인용했으며, 이것은 여러 가지 측면에서 위협적인 글이다. 여기에서 느껴지는 어조는 우리가 220-221페이지에서 소개된 허구의 교사와 관련하여 보았던 것처럼 학생들의 눈을 그들의 역량과 잠재력까지 끌어올리려는 목적에서 냉혹함으로 요약될 수 있을 것이다. 그러나 독자들은 우리가 이 단락이 심지어 '일반적인 교수'의 맥락 내에서 조차도 교과의 역할을 인식하는 데 실패하고 있다는 근거로 논쟁하고 있는 데 놀라지 않을 것이다. 실제의 표준이 243-244페이지의 〈글상자 9.4〉에 인용되어 있다. 그것들은 교사들이

확립할 필요가 있는 관계의 본질을 분명히 표현하고 있다. 현재의 논의의 맥락에서 우리가 말하고 있는 모든 것은 그 페이지에 있는 단어들이 그것들 단독으로는 거의 의미가 통하지 않는다는 것이다. 다시 말하면, 그것들은 특정한 맥락이 없이는 어떠한 실제적인 구매 또는 의미를 획득할 수 없다. 지리교사들이 작동하는 맥락은 그들의 교과 전문성이다. 즉, 지리는 그러한 가치와 실천을 '운반하는' 용기로서 뿐만 아니라 효율적인 교수와 학습을 지지하는 도덕적 목적이 무엇인가에 대한 제공자로서의 역할, 즉 우리가 이미 언급했던 적절하고, 가치 있고, 흥미 있는 교과로서 역할을 한다.

⊠ 글상자 9.3 ⊠

교사자격(QTS) 수여를 위한 표준: 도입

가르치는 행위를 하는 교사는 사회에서 가장 영향력 있는 전문직 중 하나다. 교사들은 매일 매일의 활동에서 직접적으로는 그들이 가르치는 교육과정을 통해 간접적으로는 행동, 태도, 가치, 학생들과의 관계와 관심을 통해 학생들의 삶에 커다란 차이를 만들 수 있고 또 그렇게 한다.

훌륭한 교사들(good teachers)은 항상 그들의 배경이나 환경이 무엇이든지 간에 학생들이 성취할 수 있는 것에 대해 항상 긍정적이다. 그들은 학생들이 계속되는 성공에 대해 어떻게 반응하는지 경험을 통해 알고 있다. 그들은 모든 학생들이 뚜렷한 진보를 이룰 수 있으며 학습에 대한 잠재력은 무한하다는 것을 이해하고 있다. 그러나 교수는 배려, 상호존중, 믿을 수 있는 낙관주의 이상을 포함하고 있다. 교수는 지식과 실천적 기능, 현명한 판단을 내릴 수 있는 능력, 압박과 도전, 실천과 창의성, 관심과 노력 등을 조화시킬 수 있는 능력뿐만 아니라 학생들이 어떻게 학습하고 발달하는지에 대한 이해를 요구한다. 교수는 교실, 가정, 지역사회의 다른 사람들이 학생들의 학습에 중요한 역할을 할 수 있다는 것을 인식한다. 교사들이 학생들에게 틀림없이 높은 기대를 가지고 있는 것처럼 학생들, 학부모들, 보호자들 역시 교사들에 대하여 높은 기대를 가질 자격이 있다. 교수는 창의적이며, 지적으로 요구와 보상이 있는 일이다. 그러므로 그러한 전문직에 들어가기 위한 표준은 역시 틀림없이 높다. 숙련된 전문가들은 교수를 쉽게 보이도록 할 수 있지만, 그들은 기능을 학습해왔으며, 훈련, 실천, 평가, 다른 동료들로부터의 학습을 통해 그것들을 향상시켜왔다.

교사자격(QTS: Qualified Teacher Status)은 교사입문 시기(induction period)와 교사의 전체 경력을 통틀어서 계속하게 될 전문성 개발의 연속선상에서 첫 번째 단계에 해당한다. 교사양성훈련(initial training)은 그 이후에 계속되는 전문적 개발 및 경력 개발을 위한 기초를 놓는 것이다. 교사입문 시기 동안 신규교사들(NQTs)은 그들의 교사양성과정(ITT)에서 확인된 강점들을 기반으로 할 수 있으며, 그들과 동료들이 미래의 전문성 개발을 위해 우선순위로서 강조해온 영역들에 관해 계속해서 연구할 수 있다. 이것은 그들과 동료들이 그들의 초기 전문성 개발과 수행 관리에 능동적인 역할을 할 수 있도록 도와줄 것이다.

출처: 교사양성훈련원(TTA)

⊠ 글상자 9.4 ⊠

전문적 가치와 실천

교사자격(QTS)이 수여된 사람들은 다음의 모든 것을 입증함으로써 잉글랜드 교육협회(GTCE)의 전문성 코드를 이해하고 유지해야 한다.

S1.1 그들은 모든 학생들에 대하여 높은 기대를 한다. 즉, 그들은 학생들의 사회적 · 문화적 · 언어적 · 종교적 · 민족적 배경을 존중한다. 그리고 그들은 학생들의 교육적 성취를 향상시키는 데 헌신한다.

S1.2 그들은 학생들에 대해 존중과 배려를 하고 일관되게 다루어야 하며 학습자로서의 학생들의 발달에 관심이 있다.

S1.3 그들은 학생들에게 기대하는 긍정적인 가치, 태도, 행동을 보여주고 촉진시킨다.

S1.4 그들은 학생들의 학습에서 그들의 역할, 권리, 책임, 관심을 인식하면서 학부모들 및 보호자들과 민감하고 효과적으로 의사소통할 수 있다.

S1.5 그들은 학교의 공동생활에 기여할 수 있고, 책임감 있게 공유할 수 있다.*

S1.6 그들은 지원 스태프와 다른 전문가들이 교수와 학습에 기여하는 것을 이해한다.

S1.7 그들은 자신의 교수를 평가하고 다른 사람들의 효과적인 실천과 증거로부터 학습함으로써 교수를 개선할 수 있다. 그들은 자신의 전문성 개발을 위해서 동기를 부여받고 증가하는 책임성을 가질 수 있다.

S1.8 그들은 교사의 책임과 관련된 법령의 구조틀을 알고 그 내에서 활동한다.

주 *: 이 문서에서 '학교(schools)'라는 용어는 수습교사들이 교사자격을 위한 표준을 충족한다는 것을 예증할 수 있는 추가교육(further education),[4] 중등 6학년 학교(sixth form colleges), 유아학교(early years settings)를 포함한다.

출처: 교사양성훈련원(TTA)

결론

우리는 지리교사자격인증석사(geography PGCE)과정의 학생들(예비교사들)에게 그들이 교사의 '보다 넓은 전문적 책임성'과 관련하여 배웠던 가장 중요한 것을 성찰해보도록 요구했다. 한 학생(예비교사)은 단지 "가르치는 것 이상의 것이 있다면… 가르치는 것이다!"라고 말할 수 있었다. 아마도 그

---

4) 역자 주: 영국에 있어서 의무교육을 마치고 추가적으로 시행되고 있는 교육을 말한다. 계속교육이라고도 하지만, 다른 나라에서의 계속교육(continuing education)과는 다른 특성을 지니고 있다. 즉, 주로 지역교육청(LEA) 산하에 다수의 계속교육기관이 설치되어 있으며, 5세에서 16세까지 의무교육을 마치고 난 이후에도 18세까지 추가교육이 제도화되어 있다. 전일제 외에 샌드위치 코스, 정시제 등이 발전되어 있다.

럴 것이다. 이것은 오히려 교사라는 직업을 아우르는 융통성 있는 정의, 즉 교사들이 종종 (가르치는 것 이외의) '삶을 가지기' 바란다는 것을 듣게 되는 이유들 중 하나를 설명한다. 물론 이것은 인식해야 할 매우 중요한 것이다. 비행기 승무원들이 어린이들을 돌보기 전에 자기 자신을 돌보라고 말하는 것처럼 전문적인 가르치는 직업에서 자기희생은 특별히 그 누구의 관심도 충분히 끌지 못한다. 그러나 이 응답자(예비교사)는 교사들은 단지 수업을 제공하는 것 이상의 것을 해야만 한다는 영원히 끝날 것 같지 않은 활동을 주장하고 있지는 않았다. 또 다른 초임교사는 이것을 "나의 결정적인 순간은 학생들 역시 삶을 가지고 있다는 것을 인식하는 것이었다"라고 완전히 다르게 표현했다. 이것은 정말로 교수의 중심에 놓여 있는 건전한 관계에 대한 관심의 핵심을 파고든다. 또 다른 신규교사는 다음과 같이 기술하였다.

한 명의 특수교육(SEN) 학생과 하루 동안 함께 지낸 것은 나에게 학습에 어려움을 겪는 학생들은 어떤 모습일까를 이해하는 데 도움을 주었다. 그러나 전체라기보다는 어떤 점에서 나는 수업이 있는 날이 얼마나 힘들 수 있는지를 이해할 수 있게 되었다. 여러분의 수업 계획에 이것을 통합하는 것은 중요하다. 그렇게 될 때, 그들은 그것에 접근하고 성취할 수 있으며 그것이 그들의 삶에 의미 있게 되도록 할 수 있다.

그러한 요구는 감성적으로, 육체적으로, 지적으로 교수의 '보다 넓은 측면'이다. 그리고 이러한 문제들은 때때로 모든 것을 에워싸게 될 수 있을 만큼 중요하다. 개별 교사들이 자신을 어떻게 보는지와 관련하여 표면화될 수 있는 긴장이 있다. 규범적으로 이러한 긴장은 "나는 지리가 아니라 어린이들을 가르친다"와 같이 종종 듣는 자의식적 단언에 의해 표현된다. 여러분이 이것을 처음 들었을 때 그것은 매력적인 명석함을 가지고 있는 것으로 느껴질 것이다. 물론 배려적인 교사는 모두 본질적으로는 학생중심적이다. 또한 우리는 사람이 교육에 있어서 가장 중요한 것이라고 여기고 있다. 그리고 우리는 교사들은 종종 사람을 변화시키거나 적어도 영향을 주며, 사람들에게 더 지적으로 생각하도록 도와주고, 사람들에게 보는 새로운 방법을 소개해주는… 개념과 긴밀히 관련된 책임과 흥미에 의해 불타오르게 된다고 언급해왔다.

그러나 여기에는 주의해야 할 두 가지 문제가 있다(우리에게 이전의 장을 상기시키는 것). 첫째, 우리는 좀 더 명료해질 필요가 있다. 즉, 여러분은 단순히 "어린이들을 가르칠" 수는 없다. 여러분은 그들을 가르치기 위해 어떠한 것을 가지고 있어야만 한다(그렇지 않으면 여러분은 매우 빨리 지루해질 것이다). 둘째, 그들에게 무엇을 가르칠 것인가의 문제는 도덕적 목적에 대한 몇몇 이해에 의해 다루어져야 한다. 즉, 사람을 변화시키는 것은 그 변화가 교육적인 한 좋은 의도가 된다. 여러분이 원하는 어떤 것이 되도록 사람을 변화시키려고 한다면 그것은 아마도 '교화(indoctrination)'가 될 것이다.

따라서 심지어 우리가 교사들의 책임에 대한 더 넓은 영역으로 들어갈지라도, 교과의 역할은 여전히 매우 중요할 것이다.

더 생각할 거리

01. 당신은 228-229페이지에 제공된 것처럼 '지리의 힘과 적절성'을 감수할 수 있는가? 모든 지리교사들에 의해서 일반적으로 채택되고 있는 이러한 정의의 찬반에 대해 생각해보라.

02. 당신은 무엇이 가르칠 가치가 있고 적절한가와 관련한 결정에 있어서 공식적 문서가 왜 교사의 자율성을 인정하기를 꺼려한다고 생각하는가?

03. 우리도 역시 무엇을 가르칠 것인가를 결정하는 데 있어서 교사의 완전한 자율성을 인정하기를 꺼려한다. 즉, 사회가 이것을 위한 일부 책임을 가지는 것은 정당한 것 같다. 그러나 우리는 교과 전문교사의 역할에 대해 열정적이며, 여러분 역시 그렇게 되기를 바란다. 정확하게 이러한 역할은 무엇인가?

10장 전문성 개발과 지리를 발전시키기

> 교수(teaching)는 전문직 기반 연구(research based profession)가 아니다. 만약 그러하다면 교수는 더 효과적이고 더 만족스럽게 될 것이라는 데 나는 전혀 의심하지 않는다(Hargreaves, 1996).

'전문성 개발'이란 무엇인가?

겨우 1년 간의 대학원 교육이 어떤 사람에게 교사라는 직업의 전문적 직무와 책임성을 준비하도록 하기에는 전적으로 불충분하다는 것이 가르치는 행위를 하는 전문직에 들어가는 사람들에게는 자명하다. 교수에 관한 '빠른 길'을 선택한 사람들은 거의 틀림없이 훨씬 덜 준비될 것이다. 그리고 물론 오랫동안 가르쳐온 사람들 역시 항상 그 직업의 최정점에 있다고 느끼지는 않으며 여전히 학습하고 있다는 것을 거리낌 없이 인정할 것이다. 따라서 '전문성 개발' 기회를 위한 필요는 명백하다. 이 책의 이 장은 전문성 개발은 어떤 유형을 취할 수 있는지를 구체화하고, 여러분이 기회가 생길 때 그 기회를 최대한 활용하는 데 도움을 주기 위해 전문성 개발에 관해 생각할 수 있는 방법을 제시한다. 기회는 자주 생길 것이다. 왜냐하면 "모든 교사들은 지금 그들의 직속 관리자와 함께 매년 그들의 학습과 개발의 필요성을 토론하고 하나 또는 그 이상의 개발 목표를 설정할 기회가 있다"(DfES, 2002).

여기에서 언급된 '기회'는 매우 중요하다. 기회는 여러분의 개발 목표를 분명히 표현할 수 있는 뛰어난 능력을 요구한다. 왜냐하면 부분적으로 종종 여러분의 지리과와 학교가 여러분의 '개발'로부터 원하는 것과 여러분이 소중히 하는 것 사이에는 어떤 긴장이 있기 때문이다. 이후에 이어지는 간단한 논의는 특히 지리교사로서 여러분의 전문적 정체성에 대한 관점으로부터 이러한 문제에 관해 생각할 수 있는 넓은 맥락을 제공한다.

전문성 개발은 경력 개발에 관한 것인가?

이 책은 교수 행위를 시작하는 사람들과 초기 전문성 개발 시기를 맞이한 사람들에게 맞추어져 있다. 신규교사들(NQTs)은 그들의 교사입문 시기 동안에 전문적 지원을 기대할 것이다. 그리고 우리는 선임 동료교사들이 부분적으로 '경력 기입 프로파일(career entry profile)'을 사용하여 개인적 요구에 맞추어 전문적 지원을 조율하려고 시도할 것을 희망한다. 더 경험 있는 신규교사들은 의심할 여지없이 그들의 경력 개발(career development), 즉 그들의 경력 경로(career path)에 관해 생각하도록 격려받을 것이다. 그리고 정부에 의해 출판된 『학습과 교수 전략』(*Learning and Teaching Strategy*)(2001)은 전문성 개발과 경력 향상 간의 연계를 강력하게 뒷받침한다.

자신의 경력 경로의 관점에서 야심찬 개인들에 의해 형성된 교사 집단이 있는 것은 결코 나쁜 것이 아니다. 어떤 활기찬 전문직은 '성공하기'를 원하고 영향력을 행사하려고 하는 사람들의 유형인 추진력이 강한 사람들(예를 들면 교장처럼)을 요구한다. 그러나 만약 이것이 '전문성 개발'을 분명하게 표현하는 유일한 방법이라고 한다면, 그것은 곤란한 상태일 것이다. 사실 우리는 '경력'에 관한 가정에 약간 주의를 기울일 필요가 있다. 모든 교사들이 교장이 될 수 있는 것이 아니라는 자각이 중요한 만큼 모든 교사들이 교장이 소유해야 하는 역량을 가지고 있지는 않으며, 그리고 모든 교사들이 우선 교장이 되기를 원하지는 않는다는 평범한 이해 역시 동등하게 중요하다! 우리가 이야기하는 것은 본질적으로 개인의 동기가 '승진하는 데' 심하게 의존하는 선형 경력 경로(linear career path)에 의해 동기를 부여받지 않은 교사들은 여전히 전문성 개발 기회를 필요로 한다는 것이다. 그러나 '이 시스템'이 반드시 교장 자격과 같은 그러한 종류의 것을 요구하지는 않으며, 그렇게 심하게 투자하지는 않을 것이라는 것이다.

전문성 개발은 리더십에 관한 것인가?

어떤 경우에는 교사들을 위한 경력 옵션이 수석교사(ASTs: Advanced Skills Teachers)와 같은 관리 책임과 관련되지 않는다. 게다가 종종 중간관리자로서의 역할[가장 주목할 만한 것은 (지리)과의 부장]은 종종 대단히 보람이 있고 많은 교사들에게 충분한 것 이상으로 '경력 향상'을 제공한다. 아마도 이것을 위한 가장 주된 이유는 비록 지리과 부장(HOD)이라는 관리자의 양상들이 중요할지라도, 어떤 의미에서는 그 역할을 규정하는 교과 리더십 책임성이 있다는 것이다. 지리과 팀원들이 공유된 도덕적 목적을 가지고 있다는 것을 확신하기 위한 창의적인 가능성은, 예를 들면 다음을 실현하고 확신하는 데 중요하다.

- 모든 학생들이 그들의 지리를 즐긴다.
- 지리는 어떤 교육과정 구조들이 14세 이후(post-14)에 적용되더라도 존재 가치를 지닌다.
- 지리교육과정은 널리 수용되고 적절하고 가치 있다.

모는 지리교사들은 이러한 과정에 기여할 수 있고, 실제로 기여해야 한다. 게다가 창의적인 활동이 로컬적 맥락의 특별한 필요성에 의해 만들어지도록 하기 위해 그것이 로컬적으로 학교에서 일어날 때 아마도 가장 효과적일 것이다. 외부나 중앙 기관으로부터 고안된 다양한 계속적인 전문성 개발(CPD) 프로그램들은 이러한 관점에서 볼 때 종종 실패한다. 사실 그것들은 일반적으로 교사들이 도달하고 있는지에 너무 관련되어 있어, 때때로 그 교과와 진지하게 관계를 맺는 것조차 실패한다.

창의적인 실천 공동체에 소속될 필요성

그러므로 이러한 마지막 논의가 초점을 두는 것은 전문성 개발과 교육에서의 창의적인 지리 개발 사이의 연계, 즉 주제, 교수와 학습의 접근, 이해에 대한 평가 등이다. 결국 이것은 경력 충족(career fulfilment)의 문제다. 왜냐하면 전문가들은 지리를 학습하는 것이 무엇을 의미하는지, 또는 학생들이 지리적으로 사고하고 지리적 이해를 입증하는 것이 무엇을 의미하는지에 대한 곤란한 질문과 관계를 맺지 않는 한, 우리는 학교에서 지리가 뒤쳐져 일반적 지식을 다루는 낮은 지위를 가진 서비스 교과로서 인식되지나 않을까 걱정한다.

이러한 종류의 전문성 개발은 외부로부터 자극받을 수 있다. 예를 들면 영국지리교육학회(GA)(255페이지 참조)와 같이 집단화함으로써 대표성을 가지게 되는 보다 넓은 '실천의 공동체(community of practice)'로부터 자극을 받을 수 있다. 그러나 이러한 종류의 전문성 개발은 주로 학생들이 학습하고 있는 것과 그들이 그것을 어떻게 학습하고 있는가와 관련되기 때문에 여러분의 수업에 초점을 둘 필요가 있다는 것이 명백하다. 아주 많은 교육과정과 교수적 도전에 대한 '해결책'은 거의 간단하지 않고 결코 '널리 적용되는' 성격을 가지고 있지는 않지만, 다른 사람들이 모인 단체(종종 실제적이며, 가끔 가상적인)에 근거한 전문가들에 의해 해결될 수 있다. 이러한 범주 하에서 전문성 개발은 전적으로 국지화될 수 있고, 틀림없이 교과과정 또는 현직교원 직무연수 프로그램을 여러분의 집에서도 쉽게 접할 수 있을지 모른다.

'계속적인 전문성 개발(CPD)'이란 무엇인가?

그러므로 전문성 개발은 개선하기를 원하는 외부 기관, 동료, 개별 교사의 에너지원을 단단히 묶어주는 형식적인 환경과 덜 형식적인 환경 모두에서 일어난다. 교과 전문교사에게 전문성 개발은 종종 교과의 교육과정, 교수, 평가의 개발로부터 단서를 얻게 되고, 즉 이것과 분간할 수 없게 된다. 따라서 전문성 개발은 '계속적인 전문성 개발(CPD)'과 연관된 분야보다 훨씬 더 폭넓은 분야와 관련된다. 즉, 계속적인 전문성 개발은 보통 형식적인 환경에 의해 의도되고, 보통 현직교원 직무연수의 실시와 강좌를 위해 자금을 제공받는다.

계속적인 전문성 개발에 대한 태도는 매우 다양하다. 한 조사(DfES, 2003b)에 따르면, 교사들이 계속적인 전문성 개발을 소중히 하려고 하지만, 선임

교사들은 교사들에게 자신의 전문적 요구에 초점을 두도록 하기보다는 오히려 정부의 우선순위를 단순히 촉진하는 것으로 나타나, 현직교원 직무연수 기회에 관해 종종 냉소적이라는 것을 보여준다. 한편 동일한 조사에 의하면, 중등학교의 신규교사들(NQTs)은 '개인적인 관심'으로부터 강좌와 학술대회-특히 그들에게 교수기능과 교과지식을 개발하도록 할 수 있는 강좌와 학술대회-에 더 참석할 것 같다는 것을 보여주었다. 개인적 관심이 계속적인 전문성 개발로 향할 때, 도전은 개인적 관심과 동기를 어떻게 유지시킬 것인가 하는 것이다. 우리에게 이것을 하기 위한 방법은 만약 여러분이 계속적인 전문성 개발이란 여러분에게 행해지고 있는 어떤 것 혹은 여러분에게 유용한 어떤 것을 제공하기 위해 계속적인 전문성 개발을 기다리고 있는 것이라고 가정한다면, 여러분은 불만족스러워 하게 되거나 좌절감을 느끼게 된다는 점에서 "주인의식을 가져라"는 것이다.

전문성 학습

교사가 학생들에게 제공해줄 수 있는 가장 유용한 속성들 중 하나는 진실된 학습자의 특징을 모델링할 수 있는 것이라고 현재 널리 지지받고 있다. 모델링은 아마도 예를 들면 야외조사에서처럼 어떤 것이 모두 새롭게 되는 맥락에서 가장 상상하기 쉽다. 그러나 모델링은 모든 환경에 적용된다. 이와 같은 교사는 확실히는 몰라서 학습의 과정에 있는 것으로 보일 만큼 충분히 자신감이 있다. 이와 같은 교사는 학생들로 하여금 사고하도록 하고 그들의 학습에 관해 이야기하도록 하는 데 능숙할 뿐만 아니라, 자신의 전문성 학습을 분석할 수도 있다. '계속적인 전문성 개발(CPD)'은 새로운 사고를 자극함으로써 또는 익숙한 것을 새로운 방식으로 관찰하도록 함으로써 전문성 학습의 과정에 기여하기 위한 틀림없이 또 하나의 (보통 매우 긍정적인) 기회가 된다. 그러므로 계속적인 전문성 개발(CPD)의 가치는 여러분이 경험 그 자체를 최대한 끌어오는 것에 달려 있다.

이와 대체로 똑같이 데이비드 하그리브스(David Hargreaves)는 우리가 살고 있는 소위 지식사회에서 학교의 바람직한 특성을 분석했다(Hargreaves, 1999). 그는 실마리로서 마뉴엘 까스텔(Manuel Castells)(1996)의 네트워크 사회의 개념을 사용하여 변형된 직장에서 중요한 개인적인 자질, 즉 어떻게 자율적·자기조직적·네트워크적·기업적·혁신적이게 될 것인가를 구체화할 수 있는 '지식창조학교'를 주창한다. 그는 강력하게 다음과 같이 쓰고 있다.

> 최근의 교육개혁의 결과는 학교와 사회에서 빠르게 변화하는 사회적 상황들 속에서 교사라는 전문직이 새로운 지식을 만들어 더욱 더 효과적이게 되게 하려는 전문적 지식창조의 과정에 교사들이 참여하는 것을 차단시켜오고 있다는 것이다. 일부 사람들은 우리는 더 효과적인 교육서비스를 제공하기 위한 충분한 지식을 이미 소유하고 있다고 믿고 있으며, 과업은 단지 뛰어난 교사와 학교가 아니라 모든 교사와 학교가 이러한 지식에 접근하고 효율적으로 사용하도록 하겠다는 것이다. 이러한 관점에 관한 문제점은 현재의 '최선의 실천'과/또는 연구에 의한 증거를 보급하는 것 중 하나다. 확실히 만약 가장 효과적인 학교와 교실이 그러한 시스템 도처에 복제된다면 교육적 표준은 실로 올라갈 것이다. 그러나 현재의 훌륭한 실천의 보급은 지식경제에서 학교가 성공하도록 하는 데 부적절한 기초가 된다. 즉, 우리는 보다 나은 지식과 실천을 생성할 필요가 있다. 첨단기술기업에서 단지 지식의 보급이 아니라 지식창조의 중요성이 인식되고 있다. 왜냐하면 현재의 지식과 실천에 만족하는 것은 뒤처질 것이기 때문이다. 나의 논지는 현재 모든 학교에 동일한 것이 적용되고 있다는 것이다(Hargreaves, 1999: 123).

하그리브스가 이 인용문에서 언급하지 않은 것은 교사들이 또한 관계를 맺어야 할 필요가 있는 빠르게 변화하는 교과지식이다. 이 책의 독자들은 우리가 학교 교과들이 보다 넓은 학문에서의 발달을 노골적으로 따르고 적용해야 한다고 생각하지는 않는다는 것을 인식할 수 있을 것이다. 그러나 변화하는 학문은 지리교사들에게 지리수업을 통해 적절하고, 흥미 있고, 가치 있는 학습 경험을 어떻게 배열할 것인가에 관해 그들의 '자신감 있는 불확실성(confident uncertainty)'을 가지고 고심하는 지리교사들에게 정보를 제공하는 데 확실히 도움을 준다. 그러므로 하그리브스를 상기하여, 훌륭한 학교에 의해 표현된 지식창조산업의 중요한 결과물은 교육과정이며, 교사들은 이와 관련하여 지식의 생산자들이다. 이러한 과정에 기여하기 위해 교사 팀들은 서로의 강점과 전문적 지식 및 이해를 구체화하고, 의사소통하며, 평가할 수 있어야 한다.

하그리브스는 그러한 과정의 싹이 교사들이 '팅커링(tinkering)' — '훌륭한 아이디어들'을 조정하고, 정교화하고, 적용하며, 새롭게 하는 거의 끊임없는 과정 — 이라 불리는 것에 매우 자연스럽게 참여하는 많은 학교에 존재하고 있다고 그 스스로 언급하고 있다. 사실 여러분은 다른 사람들의 수업 자료를 약간의 팅커링을 하지 않고 사용하는 것이 매우 어렵다는 것을 종종 발견해 왔을지 모른다. 이것은 상호 간의 전문성 학습에 기반한 교육과정 개발의 시작일 수 있다. 따라서 '지식창조'는 백지를 요구하는 것도 종종 완전한 혁명적인 변화도 아니며, 그것은 개별화된 팅커링 그 이상의 단계를 요구한다. 즉, 이 과정은 솔직히 털어놓고 의사소통될 필요가 있다. 이것은 혼자서 고립적으로 일하는 교사들에 의해서는 쉽게 일어날 수 없다.

'교수의 학문'이 지향하는 것은?

교수는 매우 실천적인 활동이지만, 그것의 중심에는 지적인 과정이 있다. 둘 중에 하나가 없다는 것은 아무 쓸모가 없다. 우리는 후자를 강조하는 데 많은 공을 들여왔다. 왜냐하면 특히 교수 경력의 초기에 사람들은 실천적인 성공에 의해 판단되기(그리고 종종 자신을 판단한다) 때문이다. 즉, 나는 학생들을 나에게 그리고 서로에게 귀를 기울이게 할 수 있을까? 나는 그들로 하여금 숙제를 하도록 시킬 수 있을까? 나는 등고선에 관한 적절한 수업을 할 수 있을까?

'팅커링'은 본질적으로 실천적이지만, 그것이 보통 '반성적 실천'에 의해 이해되는 것을 넘어서지 않는 한, '지식창조학교' 또는 더 넓은 '실천의 공동체'(지리교육학자들의)에 결코 진정으로 기여하지 못할 것이다. 우리는 확실히 반성적 전문가들을 지지하고 격려하지만, 또한 이러한 전문성 실천의 통설에 대한 한계를 지적하기를 원한다. 주요한 문제는 우리의 경험으로 볼 때 그것은 보통 본질적으로 자기 지시적이며, 종종 다른 사람들 또는 문헌으로부터 비판적 평가의 대상이 되지 않는다는 것이다. 우리가 이 책 전체를 통해 주장해온 것처럼 이것은 특히 지리수업의 내용과 관련한 사례다.

'교수의 학문(scholarship of teaching)'에 대한 아이디어는 먼저 고등교육의 맥락에서 주로 미국으로부터 도입되어왔지만(Boyer, 1990), 점점 더 학교의 교수에 적용되어왔다. 이것은 교수가 덜 직관적이고, 덜 습관적이고 관례적이게 되는 반면 더 사려 깊고, 현명하며, 모험적(실패와 좌절을 무릅쓸 준비가 되는 것)이 되기를 요구한다. 이 장의 시작 부분에 인용한 아이디어와 직접적으로 연결되는 유용한 개념이 있다. 즉, 만약 교수가 더 연구지향적이 된다면, 그것은 더 효과적이게 될 뿐만 아니라 더 만족스럽게 될 것이다. 다시말하면 둘 중에 하나가 없는 것은 상상하기 어렵다.

교수의 학문이 요구하는 것은 일종의 '메타적 접근(going meta)'이다. 여러분과 여러분의 동료들은,

- 학생들이 무엇을 학습하고 있으며, 이것이 어떻게 조직되고 배열되고 있는지에 관해 질문하는 데 점점 더 향상된다.
- 학습을 심화시키고 넓히는 데 헌신적이게 된다. 그리하여 지리는 젊은 이들이 세계를 이해하는 데 환상적으로 동기를 부여하는 정신적인 '정글짐'이 된다.

결론

전문성 개발은 아마도 여러분이 하려고 하든 그렇지 않든 간에 일어난다. 우리가 염두에 두고 있는 것은 목적의식적인 전문성 개발이다. 그것은 학교 개발 계획, 영국 교육기준청(Ofsted)의 요구 등과 같은 여러분의 직접적인 통제 밖에 있는 문제들에 의해서 촉진되는 만큼 여러분이 지리 교수를 흥미롭고 즐겁게 만들려고 하는 것에 의해서도 촉진된다. 세계에 관한 학습을

위한 자료로서 지리에 내재하고 있는 거대한 잠재력을 사용할 수 있는 여러 분의 역량을 개발하는 것은 아마도 여러분의 전문성 개발에 있어서 핵심적인 것이다. 즉, 그것은 학생들의 '흥미를 느끼게 만드는 데' 있어서 여러분의 효율성에 기여할 뿐만 아니라 여러분 자신의 전문적 만족감과 가치에 기여할 것이다.

이와 같은 교수의 개념화는 별칭인 '학문(scholarship)'을 누릴 자격이 있을 뿐만 아니라, 그것을 요구한다고 우리는 전혀 의심하지 않는다.

교과협회의 역할

최근에 잉글랜드에서 교육서비스는 본질적으로 로컬적으로 설계되어 전달되던 것에서 매우 중앙집중화되고 있는 것으로 변화되어오고 있다. 정부와 관련 기관들은 교육과정 구조틀과 교사 연수를 통제하고 있지만, 1997년에 표준과 효과성 단원(Standards and Effectiveness Unit)의 전략과 계획을 통해 '훌륭한 실천'을 '시작하고' 퍼뜨리기 시작했다. 정부의 정책은, 예를 들면 어떤 위험을 감수할 수 있는 교사들의 경향을 심각하게 약화시키는 성적표를 도입함으로써 교사의 자유를 제한했다(아마도 무의식적으로). 결과적으로, 특히 교육과정 개발을 위해 교사들의 전문성 개발을 지원해온 기관들[예를 들면 지역교육청(LEA)의 조언자들, 심지어 지역 시험위원회]은 점점 약화되어갔다.

이러한 환경에서 교과협회(subject associations)는 교육 세계의 '잠자는 거인(활동하지 않는 거대조직)'이라고 불리게 되었다. 이러한 이유는 비록 교사들에게 계속적인 전문성 개발(CPD)을 제공하기 위해 설립되어온 조직과 기관―특히 교사양성훈련원(TTA), 학교 리더십을 위한 국립대학(NCSL), 잉글랜드교육협회(GTCE)―이 있었지만, 어떤 것도 교과 전문가를 지원할 소관도 전문지식도 가지고 있지 않았다. 우리가 보아온 것처럼 더 최근에는 교사들의 교과에 대한 열정을 격려하지 못한다면 교수와 학습이 실제로 매우 부진할 수 있다는 것을 심지어 중앙정부 역시 계속해서 인식해오고 있다.

교육부장관 찰스 클라크(Charles Clarke)의 말을 다시 인용하면 다음과 같다.

우리의 가장 훌륭한 교사들은 그들이 가르치는 교과에 대한 진정한 열망과 열정을 가지고 있는 사람들이다. 그들은 또한 학생들의 학습에 깊이 헌신하고 있으며 교과에 대한 그들의 열정을 활용하여 학생들에게 동기를 부여하고, 교과를 흥미롭게 만들고, 학습을 흥미진진하고 생생하고 즐거운 경험으로 만들고 있다(DfES, 2003a에서 클라크).

그러므로 교과협회는 교사들을 위한 직접적인 지원을 제공하는 데 중요한 역할뿐만 아니라 전문적 자양분을 찾고 있는 지리교사들을 위한 연계, 네트워크, 다른 가능성을 맡아왔다. 이후의 논의에서 우리는 영국지리교육학회(GA: Geographical Association)에 대한 간략한 사례연구를 제공할 것이다. 영국지리교육학회는 종종 왕립지리학회(Royal Geographical Society) 및 영국지리학자협회(Institute of British Geographers)(RGS-IBG)와의 파트너십으로 학교지리와 그것을 가르치는 사람들의 세계에 독립적이지만 효과적이고 긍정적인 영향을 제공하려고 해왔다.

이것은 1893년 이후로 항상 영국지리교육학회(GA)의 목적이 되어왔다. 그 당시 영국지리교육학회는 현대의 실천적 교수 기법들이 진지하게 공유되고 채택될 수 있도록 하기 위해 특별히 설정되었다. 그 당시 영국지리교육학회는 주목을 끌어들이는 '환등 슬라이드(lantern slides)'로서의 역할을 했다. 지난 세기에서 현재까지 영국지리교육학회는 가르치는 기술에 관심을 보여왔지만, 교육에서 지리의 힘과 잠재력을 의사소통하기 위한 열정을 결코 잃어버리지 않았다. 다른 끊임없는 주제들은 지리와 국제 이해, 지리와 야외조사, 지리와 환경 이해 등을 포함해왔다. 더 최근에 영국지리교육학회는 대부분의 중등학교와 초등학교의 1/3이 회원으로 가입한 학회로 성장해오고 있다. 더 많은 회원들이 필요하지만, 이미 이 학회는 다음을 통해 국가적·국제적 전문가들의 공동체를 격려하고, 지원하고, 동기를 부여하는 좋은 기초를 제공하고 있다.

- 실천적 교수 아이디어와 배경에 대한 논의를 제공하는 학회지(*Geography, Teaching Geography, Primary Geography*)
- 업데이트와 정보를 포함하는 『영국지리교육학회 뉴스』(*GA NEWS*)
- 조언, 포럼, 필수적인 링크 등을 가지고 있는, 활기 넘치는 대화식 웹사이트
- 교수를 지원하기 위해 전문가에게 초점이 맞추어진 책과 자료
- 정보, 업데이트, 네트워킹을 위한 전국 및 지역 학술대회
- 지리 교육과정, 교수법, 평가 등을 개발하기 위한 자금을 지원받은 프로젝트 활동['지오비전'(Geovisions)으로 알려진]
- 지리의 정책을 향상시키기 위해 후원을 통한 학생들의 활동과 경쟁['월드와이즈'(Worldwise)로 알려진]

부록은 영국지리교육학회(GA)와 왕립지리학회(RGS) 및 영국지리학자협회(IBG)가 지리학과 지리교육의 발전을 지원하는 데 있어서 그들의 영향력을 어떻게 보여주는지에 대한 세부적인 요약을 제공하고 있다(2003년 후반에 협정한). 전체적으로 지리학과 지리교육에서 수월성을 촉진하기 위한 이러한 '선언'에 묘사된 맥락 내에서 영국지리교육학회는 자신의 특별한 비전을 유도해오고 있다.

⊠ 글상자 10.1 ⊠

영국지리교육학회(GA)의 비전

영국지리교육학회는 회원이 계속해서 증가하고 있다.

신규 지리교사들이 보통 이 학회에 가입할 것이고 대부분은 종종 그들의 전체 교사 경력 내내 회원을 유지할 것이다.

회원들은 인쇄나 웹을 통해 구할 수 있는 인상 깊은 전문적 출판물과 학습자료를 상당히 할인된 가격으로 구매할 수 있는 것을 포함하여 일련의 이익에 접근할 수 있다.

활기차고 활발한 웹사이트, 뉴스레터, 저널 등을 통해 회원들은 교과 특유의 전문성 학습(professional learning)을 추동하는 실천의 공동체(community of practice)에 대한 소속감을 느낄 것이다.

저널은 각각 영국지리교육학회가 관심을 가지고 있는 주요 분야를 반영하는 명료한 전문적 정체성 또는 연구 정체성을 계속해서 발전시켜나갈 것이다. 대략적으로 이 분야는 연구, 모든 학령 단계의 교수와 학습, 형식적인 교육 부문, 덜 형식적인 교육부문을 포함하여 '교육에서 지리(geography in education)'로서 특징지어질 수 있다.

상당한 수(약 10%)의 회원들이 이 분야에서 리더십을 쇄신하고 보여줄 수 있는 그들의 입증된 능력과 실적을 인정받아 영국지리교육학회의 '교사 컨설턴트'가 되기 위해 노력할 것이다. 모든 회원들은 '지오비전(Geovisions)' 프로젝트에서 교육과정 개발을 통해 지리를 위한 그들의 열정을 보여주도록 격려받을 것이다.

회원들은 영국지리교육학회를 전문적 지원(professional support)의 적절한 원천뿐만 아니라 에너지와 전문지식을 투자할 가치 있는 '장소'로 간주할 것이다. 영국지리교육학회는 참여를 최대화하도록 하고 능동적인 회원이 되기를 격려함으로써 네트워크를 탄탄히 하고, 정부와 관련 기관들에게 영향력을 행사할 수 있는 권위가 증가할 것이다. '월드와이즈(Worldwise)'라는 가치 아래 세간의 이목을 끄는 국가적 행사는 학생들과 함께 참여할 수 있는 가장 중요한 기회를 제공할 것이다.

적극적인 활동가들이 참석하는 연례 총회(Annual Meeting)는 최근의 성취와 발달을 반성하고 검토할 것이다. 연례 총회는 그 해 동안의 전략 목표에 대해 피드 포워딩할 것이고 중앙정부의 정책 투입[예를 들면 교육기능부(DfES), 교육과정평가원(QCA)로부터]을 포함할 것이다.

연례 학술대회와 전시회(Annual Conference and Exhibition)(4월)는 보다 넓은 공동체의 요구를 처리할 것이며, 네트워크, 업데이트, 시뮬레이션, 개선 등을 위한 기회를 제공할 것이다. 연례 학술대회와 전시회는 또한 활기찬 지리라는 학문의 맥락에서 교사들을 위해 최첨단의 전문성 개발 패키지를 제공할 것이다. 자원봉사자들의 에너지는 핵심적인 감시 역할에 참여하고 보다 날카로운 위원회 조직을 경유하여 정책 조언을 하는 데 훨씬 초점이 맞추어질 것이다. 준독립 로컬 지부는 국가적 네트워크에서 역할을 할 수 있을 것이며, 기존의

연계가 강화될 것이다. 지부는 월드와이즈(Worldwise)를 발전시키는 데 중
요한 역할을 할 것이다. 많은 인문학 전문학교(Humanities Specialist Schools)
는 로컬 지부를 형성할 것이다.

점점 더 영국지리교육학회는 문자 그대로 자금을 제공받는 프로젝트를 후원받
아 지리교육에서의 교육과정 및 교수적 도전에 대한 '로컬적 해결책'을 제공함으
로써 교사들의 창의적인 에너지를 방출할 수 있는 방법을 찾을 것이다.

로컬적 해결책은 지오비전(Geovision)이라는 기치 아래 교육과정, 교수법,
평가 등에 관한 활기차고 근거 있는 논쟁에 기여하는 웹사이트, 저널, 학술대
회를 통해 국가적으로, 국제적으로 의사소통될 것이다.

결국 자금을 제공받은 프로젝트는 회원들의 회비와 출판물에 의한 수입과 거의
상응하는 제3의 수입을 제공할 것이다.

영국지리교육학회는 상업적 성격과 교육적인 성격[예를 들면 왕립지리학회
와 영국지리학자협회(RGS-IBG)] 모두를 가진 일련의 조직과 전략적인 협력을
형성할 것이다. 영국지리교육학회는 교육과정에서 지리의 위치를 강화시킬
뿐만 아니라 지리가 보다 넓은 관심, 특히 지속가능성, 시민성, 세계화와 관련한
쟁점에 대한 탐구에 기여하고 있다는 것을 충분히 인식시킬 것이다.

www.geography.org.uk

요약하면, 영국지리교육학회의 명백한 의도는 지리교사들을 위한 보다
넓은 전문적 실천의 공동체를 만들고 유지하는 것이다. 영국지리교육학회
는 특히 '의무교육을 받아야 하는 학년'(1~11학년들)의 학생들에게 초점을
두고 있지만, 진정한 공동체는 의무교육 이후 교육과정, 고등교육, 평생학
습, 실로 고용 및 레저라는 '실제 세계' 등과의 연계 없이는 유지될 수 없다는
것을 인식하고 있다. 영국지리교육학회는 학회에 지리와 교육에서 지리
(geography in education)의 역할에 대해 이야기 할 수 있는 권위를 제공하는
회원들에게 전적으로 의존함으로써 독립성을 유지하고 있다. 영국지리교
육학회는 이 장의 처음 부분에서 논의된 일종의 목적의식적인 전문성 개발
에 헌신하는 지리교사들뿐만 아니라 단순히 이와 같은 넓은 공동체가 존재

한다는 것을 알고자 하는 지리교사들에게도 도움이 된다. 종종 단체 및 직무 만족이 허용될 때, 개인과 지리과는 웹기반 포럼을 관리하고, 조언자 그룹 및 위원회에 참여하고, 학술대회에서 세션을 운영하기도 하는 활동적인 자원봉사자들이 된다. 때때로 영국지리교육학회는 교재에 글을 쓰거나 자금을 지원받은 프로젝트 팀의 일원이 될 수 있는 기회를 제공한다.

영국지리교육학회는 국가교육과정에서 지리의 위치가 최고조에 달한 지난 세기 동안 지리를 활기 넘치는 학교 교과로서 확고히 하는 데 필수적인 역할을 했다. 영국지리교육학회는 신성한 권리를 통해서가 아니라 현대 교육과정과 젊은이들의 관심에 대한 요구에 적응하기 위한 지리 교과의 역량 개발을 통해서 학교교육과정에 지리의 적실성을 유지하기 위한 역할을 계속해서 수행할 것이다(Lambert, 2004). 이를 위해 다양한 도전에 대한 '로컬적 해결책'을 제공하는 것은 영국지리교육학회의 전문가 구성원들의 에너지와 상상력에 의존하며, 공동체를 횡단하여 이것들을 의사소통할 수 있는 영국지리교육학회의 역량에 의존한다. 영국지리교육학회는 지리에 대한 단지 하나의 비전을 가지고 있지 않으며 포괄적인 비전을 지향하고 있다. 결국, 영국지리교육학회는 홀로 투쟁하는 지리교사들에 대해 반대한다.

더 생각할 거리

01. 당신은 '전문직 기반 연구'를 어떻게 이해하는가? '전문직 기반 연구'의 아이디어가 '계속적인 전문성 개발(CPD)'과 어떻게 상충되는가?

02. 당신의 전문성 개발이 지리교육과정 개발과 어떤 방식으로 결합되는가? 교사로서 당신은 교육과정 개발자인가? 당신은 이러한 연속선상에서 자신을 어디에 위치시키는가?

03. 당신은 어떤 방식으로 '실천의 공동체'의 일원이 된다고 느끼는가? 이 아이디어가 당신에게 관심을 끄는가? 아니면 그것이 당신에게 거부감을 느끼게 하는가?

11장 ▌ 결론

　이 결론은 단지 이 책에 국한된다. 특히 이것은 우리가 이 책을 지리교육과 중등학교에서 지리를 가르치기 위한 출발점으로서 생각하고 싶기 때문이다. 우리는 독자들 역시 이 책을 그러한 방식으로 이해하고, 이 책의 아이디어들에 대해 논쟁하고 발전시킬 방법을 찾기를 희망한다.

　아마도 이 책을 맥락 내에 위치지우려고 하는 것은 가치가 있다. 이 책에서 우리의 주장은 지리교사들이 오랜 역사에 걸쳐 지리 교과가 보다 넓은 교육에 어떻게 기여할 것인가에 관한 논쟁에 기여해왔다는 것이다. 이것은 불가피하다. 왜냐하면 지리는 세계에 대해 공부하기 때문에 어떤 점에서 세계를 반영한다. 물론 지리학자들이 얼마나 정확하게 이것을 해야 하는가에 관한 논쟁은 항상 있어왔으며, 이것들은 이 책의 첫 번째 절에서 입증되었다. 이것은 지리교수의 목적에 관해 성찰한 지리교육학자들의 오랜 전통의 일부분으로서 간주되어야 한다. 동시에 이 책은 또한 더 당면한 사건들에 반응하여 쓰였다. 지난 20년 간은 학교교육과정의 내용에 관한 많은 논의가 약화되어 온 결과와 함께 교육과정 논쟁의 중앙집권화를 보여왔다. 마치 노먼 그레이브스(Norman Graves)에 의해 제기된 '교육과정 문제'(무엇을 가르칠 것인가를 어떻게 선택할 것인가)가 거의 '해결'되어 온 것 같았다. 교사들은 그들이 무엇을 가르치도록 기대되는지 알고 있으며, 그들이 우려하는 것은 교육과정의 합의된 내용을 어떻게 '전달'하느냐 하는 것이다. 이러한 전환의 결과는 학교교육과정이 곧 '움직일 수 없게' 된다는 것이다. 왜냐하면 무엇이 지리의 내용이 되어야 하는가에 대한 지속적이고 진지한 참여를 자극하는 것이 점점 어렵게 되기 때문이다. 이것은 우리가 이 책의 독자들에게 그들은 참여할 필요가 있다는 것을 확신시키려고 해왔던 주장이다. 우리는 지리지식에 대한 질문들이 어떻게 하여 결코 합의에 도달하지 못하는지, 즉 항상 수정과 변화의 대상이 되는지에 대한 사례들을 제공해왔다.

'교육과정 논쟁의 사망'이란 더 나아간 결론은 학교지리는 대학에서 가르치고 연구되는 지리학의 발달로부터 점점 멀어지게 되었다는 것이다. 우리는 학교지리가 지적인 유행을 흉내내야 한다는 지나치게 단순한 관점을 가지고 있지 않다는 것을 확실히 해두고 싶다. 대신에 우리는 학교지리가 학문으로서의 지리의 발달과 관계 맺고 그러한 발달의 교육적 함의를 평가할 수 있는 교사의 적절한 역할이 필요하다고 주장한다. 폭넓은 대중에게 "지리는 중요하다(geography matters)"고 확신시키려는 어떤 주장은 수사적인 경향이 있고 심사숙고하지 않는 결과와 더불어, 이것은 단지 최근에 일어난 것이 아니다. 예를 들면 비록 지리교육학자들이 지리교과는 환경적 쟁점에 대해 특별히 기여를 할 수 있다고 논의하고 있지만, 이러한 쟁점에 대한 많은 논의가 대학의 지리학자들에 의해 생산된 사회와 자연과의 관계에 관한 중요한 연구를 무시하고 있다는 것은 역설적이다. 우리는 이러한 결과를 지적인 관성(intellectual inertia)의 한 형태라고 주장한다. 이것은 궁극적으로 지리교과를 흥미롭게 가르치지 못하도록 만든다. 그러한 환경에서 학생들에게 요구되는 것은 수업에 대해 흥미를 가지고 즐길 수 있는 태도가 아니라 오히려 인내할 수 있는 역량이다.

아마도 이러한 모든 것은 오히려 부정적인 것으로 들릴 것이다. 그러나 이것은 어떤 새로운 것이 만들어지기 전에, 아니면 적어도 새로운 것과 함께 시작해야 할 비판의 본질이다. 지리교육을 비판적으로 바라보도록 주장하는 책을 쓴다는 것은 불가피하게 우리가 가지고 있는 사고의 격차를 강조한다는 것을 의미한다. 우리는 또한 지리의 힘과 적실성, 그리고 모든 젊은이들을 위한 지리의 교육적 잠재력에 대해 설득력 있는 비전을 제공했고, 이러한 잠재력에 도달하기 위한 교사들의 역할에 대해 우리의 확고한 신념의 그림을 제공했기를 희망한다.

만약 최근 선도적인 학교 교과로서 지리의 명성이 약화되고 있다면[그것은 역시 그러하다. 왜냐하면 예를 들면 반복되는 영국 교육기준청(Ofsted)의 보고서에 따르면 KS3 지리에서 교수의 질이 저하되고 있으며, 중등교육자격

시험(GCSE)과 그 이상의 단계에서 지리의 채택률이 일부 감소하여왔기 때문이다], 그것은 교사들이 교육과정 만들기라는 창의적인 활동을 해오지 않았기 때문이다. 이것이 발생하게 된 많은 이유가 있으며, 그것은 아마도 어떤 하나의 의도적인 정책의 결과는 아니었다. 그러나 현재의 상황은 변화하고 있다. 왜냐하면 특히 정부의 정책이 분명히 학교 단위에서의 '교과 전문성'(240-241페이지 참조)을 지원하는 것으로 이동하고 있기 때문이다.

지금이야말로 교사들이 지리교수에서 자신의 경력을 끌어올리기 위해 착수할 수 있는 절호의 기회다. 그리고 우리는 이 책이 여러분으로 하여금 동료 및 학생들과 함께 이러한 도전을 시작할 수 있는 격려와 구조틀을 제공해왔기를 희망한다.

부 록

왕립지리학회 및 영국지리학자협회와 영국지리교육학회의 영향력

왕립지리학회(RGS: Royal Geographical Society) 및 영국지리학자협회 (IBG: Institute of British Geographers)(RGS-IBG)와 영국지리교육학회(GA: Geographical Association)는 지리학과 지리교육을 직접적으로 지원하는 두 개의 조직이다. 이 두 조직은 상이하면서도 상호보완적인 영향력을 가지고 있다.

왕립지리학회(RGS)와 영국지리학자협회(IBG)

왕립지리학회-영국지리학자협회(RGS-IBG)의 영향력은 학회와 전문적 조직으로서 '지리학과 지리학습을 향상시키기' 위한 그들의 목표로부터 끌어올 수 있다. 이 학회의 영향력은 교육, 연구, 전문성 학습, 평생학습 부문을 가로지르는 지식의 공동체와 참여 및 상호작용의 공동체를 기술하고 있다. 왕립지리학회-영국지리학자협회(RGS-IBG)는 주로 중등교육 및 고등교육과 관련된다. 이 학회의 영향력은 다음과 같다.

1. 발전하는 연구 학문으로서 지리학과의 긴밀한 연계와 참여, 그리고 이학회에 소속된 고등교육기관에 있는 지리학과의 네트워크, 23개의 전문연구그룹, 학술대회, 회원을 통한 영국 전역의 전문가들의 공동체. 따라서 이 학회는 새로운 지식에 접근할 준비가 되어있다.
2. 고등교육에서 지리교수와 긴밀한 연계와 참여, 그리고 이 학회의 부서별 네트워크, 고등교육 연구그룹, 개별 회원을 비롯하여 고등교육을 위한 학습과 교수 지원 네트워크(LTSN)와의 협력을 통한 전문가들의 공동체.

3. 이 학회의 교사 회원, 학교 회원, 교육기능부(DfES), 교육과정평가원(QCA), 교원양성훈련원(TTA), 영국교육정보원(BECTA) 등과 자금을 지원받은 협동연구 등을 통한 중등교육 공동체와의 긴밀한 연계와 참여.

4. 정규 직원으로 구성된 교육과 행사 부서들, 전문가 야외조사, 탐험 조언 센터 등에 의한 중등교육 지원 활동의 실시와 관리에 대해 검증된 경험. 이것은 혁신적이고 흥미 있는 웹 기반 교수 자료, 계속적인 전문성 개발(CPD) 연수, 조언 서비스, 브리핑, 출판 등을 포함한다.

5. 국가적·국제적 회원들 간의 친목도모와 봉사활동, 그리고 다른 학문, 학회, 비정부기구(NGO), 기업, 정부, 전문적 공동체 등과의 강력한 협력과 네트워크.

6. 표준, 벤치마킹, 교육과정 개발, 전문성 개발, 지원금, 연수 등과 같은 교육에서의 쟁점들에 대해 법적 기구와 정부에 의한 신뢰를 바탕으로 안내, 촉진, 조정 역할 수행.

7. 지리지식과 기능을 사용하여 영국 도처의 보다 광범위한 전문적 공동체들에서 활동하고 있는 지리학자들과의 활동적인 참여, 그리고 그들에 대한 전문성 승인[공인된 지리학자(Chartered Geographer)]. 이것은 중등교육에서 자신의 교과를 '표준적인' 교실 수업을 넘어 발전시키고 이끌어온 교사들을 위한 부분을 포함한다.

8. 이 학회는 상당한 지리정보 자료를 보유하고 있고 확산시키고 있다. 그리고 점점 새로운 해석, 상호작용적인 사용, 새로운 청중의 지리에의 참여에 의해 점점 가치를 높이고 있다. 이러한 자료들은 3개의 선도적인 학문 저널, 2백만 개 이상의 역사적인 소장품과 현대적 소장품, 회원의 지식 속에 있다.

9. 교육센터, 학술대회 시설, 2004년에 익시비션 로드(박물관 거리, Exhibition Road)에 개장한 공공 전시 공간 등과 함께 런던의 가장 큰 문화학습 지구의 중심부에 있는 세계 최상급의 입지.

10. 잉글랜드와 웨일즈에 있는 이 학회의 8개의 지부를 비롯하여 대중적인 웹사이트와 함께 다양한 회원들. 그리고 평생학습을 지원하고 있는 홀

륭한 실적을 비롯하여 강연, 현장 견학, 출판 등을 통한 지리의 대중화.

영국지리교육학회(GA)

영국지리교육학회(GA)의 영향력은 이 학회의 임무인 '지리의 교수와 학습을 발전시키기 위하여'로부터 끌어온다. 영국지리교육학회는 초등교육과 중등교육과 관련되며, 점점 교육 연구 및 전문가 연구와도 관련을 맺고 있다. 영국지리교육학회의 특별한 영향력은 다음과 같다.

1. 초등학교와 중등학교에서 참여하고 있는 잘 조직된 대규모의 교사 회원들, 그리고 중등 6학년 학교나 고등교육기관에서 참여하고 있는 소규모의 회원들. 영국 전역을 포함하면서 점점 국제적인 영향력을 행사하는 '실천의 공동체'에 권위를 제공하고 있다.
2. 교사들의 전문성 개발을 지원하기 위한 중요한 많은 출판물. 예를 들면 교육의 모든 학령 단계에 걸쳐있는 3개의 전문적 저널, 핸드북(초등과 중등을 위한), 전문적인 지원 시리즈[실천에 관한 이론(Theory into Practice)과 같은], 이론적 관점을 발전시키고 있는 학문 연구[『탐구를 통해 학습하기』(*Learning Through Enquiry*)와 『변화하는 교과』(*Changing the Subject*)와 같은].
3. 최첨단의 교수와 학생용 학습 자료를 위한 성공적이고 영향력 있는 출판물, 예를 들면 바너비 베어(Barnaby Bear)(초등)에서 변화하는 지리(Changing Geography)[16세 이후(post-16)]에 이르기까지.
4. '월드와이즈(Worldwise)'와 '지오비전(Geovision)' 행사와 활동이 발전하고 진화하는데 확실하게 허브를 구축하고 있는, 인기 있는 연례 학술대회와 전시회. 연례 학술대회와 전시회는 최상의 대학 교수와 대학원생을 비롯하여 교육의 모든 학령 단계에 종사하는 지리학자(지리교사)가 참여하며 점점 국제적인 영향력을 행사하고 있다.
5. 학교지리의 교육과정 개발과 관련한 영향력과 창의성에 기여한 성공적

인 실적. 이것은 부분적으로 고등교육기관에서의 교사교육과 학교에서의 교사교육과 긴밀한 연계를 유지하고, 공동 프로젝트에서 협력하여 작업할 수 있는 입증된 능력으로부터 나온 것이다.

6. 다양한 회원들을 기초로 하여, 예를 들면 출판물과 발표자를 통해 학회 학술대회에서 전문성 개발 단원을 제공하고, 계속적인 전문성 개발(CPD)을 상업적으로 제공하는 기관을 지원하는 것을 포함하여 교수적 논쟁과 개발에서 영향력을 행사할 수 있는 역량.

7. 시간할당, 교수요목(specifications), 야외조사의 쟁점과 같은 학교지리 문제에 관해 신뢰할 수 있는 조언과 안내의 원천. 또한 시민성, 지속가능한 개발을 위한 교육, 다른 전체 교육과정 문제 등에 대해 조언한다. 점점 그러한 조언은 발전하고 있는 쌍방향 웹사이트를 통해 직간접적으로 유용하게 될 것이다.

8. 초등과 중등 수준에서 교육과정과 교수법 개발을 강조하는, 즉 '로컬적 해결책'을 지원하는 빠르게 발전하고 있는 전문성 프로젝트 문화. 예를 들면 최근 프로젝트 자금을 제공하고 있는 곳은 다음을 포함한다. 국제개발부(DfID: Department for International Development), 교육기능부(DfES), 교원양성훈련원(TTA), 교육과정평가원(QCA), 교원양성훈련원(TTA), 영국교육정보원(BECTA), 웰컴파운데이션(Wellcome Foundation), 도시에서의 수월성(Excellence in Cities).

9. 지부와 지역 활동은 국가적 조직과 네트워크 내에서 지리에 대한 학습 및 교수에 관한 로컬적 기회와 관점을 제공하며, 대표적으로 중등 6학년(sixth form) 학교 강의 프로그램, '월드와이즈(Worldwise)' 활동, 비형식적인 계속적인 전문성 개발(CPD)을 포함한다.

10. 잉글랜드 북부의 셰필드에 있는 학회 본부는 조직을 관리할 뿐만 아니라 학교지리와 관련한 출판물의 개발, 학술대회와 프로젝트의 개발 등을 계획하고 안내할 수 있다.

주요 연락처: ga@geography.org.uk/ www.geography.org.uk

참고문헌

Adey, P. and Shayer, M. (1994) *Really Raising Standards: Cognitive Intervention and Academic Achievement*, London: Routledge.

Ambrose, P. (ed.) (1969) *Analytical Human Geography*, London: Longman.

Apple, M. (1988) *Teachers and Texts: A Political Economy of Class and Gender Relations in Education*, London: Routledge & Kegan Paul.

Apple, M. (1990) *Ideology and Curriculum*, London: Routledge (2nd ed.).

Armstrong, M. (1973) "The role of the teacher" in P. Buckman(ed.) *Education Without Schools*, London: Souvenir Press, pp.49-60

Bale, J. (1983) "Welfare approaches to geography" in J. Huckle(ed.) *Geographical Education: Reflection and Action*, Oxford: Oxford University Press, pp.64-73

Bale, J. (1987) *Geography in the Primary School*, London: Routledge & Kegan Paul.

Bale, J. (1996) "The Challenge of Postmodernism" in M. Williams(ed.) *Understanding Geographical and Environmental Education: the Role of Research*, London: Cassell, pp.287-96.

Ball, S. (1994) *Education Reform: a Critical and Post-structural Approach*, London: Routledge.

Barnes, T. (1996) *Logics of Dislocation*, New York: Guilford Press.

Barnes, T. (2003) "Introduction: 'Never mind the economy. Here's culture" in K. Anderson, M. Domosh, S. Pile and N. Thrift(eds) *Handbook of Cultural Geography*, London: Sage, pp.89-97.

Barnes, T. and Duncan, J.(eds) (1992) *Writing Worlds*, London: Routledge.

Barnes, T. and Gregory, D.(eds) (1997) *Reading Human Geography: the Poetics and Politics of Inquiry*, London: Arnold.

Bennetts, T. (1996) "Progression and differentiation" in P. Bailey and P. Fox(eds) *Geography Teachers' Handbook*, Sheffield: Geographical Association.

Bennetts. T. (2005) "Progression in Geographical Understanding", *International*

Research in Geographical and Environmental Education, Vol. 14, No. 2.

Bjerknes, J. and Solberg, H. (1922) "The life cycle of cyclones and the polar front theory of atmospheric circulation", *Geofys. Publ.*: 3(1).

Black, J. (2000) *Maps and Politics*, London: Reaktion Books.

Black, P., Harrison, C., Lee, C., Marshall, B. and Wiliam, D. (2003) *Assessment for Learning: Putting it into Practice*, Milton Keynes: Open University Press.

Boardman, D. (1983) *Graphicacy and Geography Teaching*, London: Croom Helm.

Boardman, D. and McPartland, M. (1993a) "Building on the foundations: 1893-1945", *Teaching Geography*, 18(1): 3-6.

Boardman, D. and McPartland, M. (1993b) "From regions to models: 1944-69", *Teaching Geography*, 18(2): 65-69.

Boardman, D. and McPartland, M. (1993c) "Innovations and change: 1970-82", *Teaching Geography*, 18(3): 117-20.

Boardman, D. and McPartland, M. (1993d) "Towards centralisation: 1983-93", *Teaching Geography*, 18(4): 159-62.

Boyer, E. (1990) *Scholarship reconsidered: Priorities of the Professoriate*, Princeton NJ: Carnegie Foundation for the Advancement of Teaching.

Bradford, M. and Kent, A. (1977) *Human Geography: Theories and their Application*, Oxford: Oxford University Press.

Bright, N. and Leat, D. (2000) "Towards a new professionalism" in A. Kent(ed.) *Reflective Practice in Geography Teaching*, London: Paul Chapman Publishing.

British Film Institute (1999) *Making Movies Matter*, London: BFI.

British Film Institute (2000) *Moving Images in the Classroom*, London: BFI.

Britzman, D. (1989) "Who has the floor? Curriculum, teaching and the English Student Teacher's Struggle for Voice", *Curriculum Inquiry*, 19(2): 143-62.

Buckingham, D. (2003) *Media Education*, Cambridge: Polity Press.

Bullock, A. et al. (1975) *A Language for Life*, London: HMSO.

Burgess, E. W. (1925) "The growth of the city" in R. Park, E. W. Burgess and R. D. Mckenzie(eds) *The City*, Chicago: Chicago University

Press, pp.117-29.

Burgess, J. and Gold, J. (1985) *Geography, the Media and Popular Culture*, London: Croom Helm.

Burke, C. and Grosvenor, I. (2003) *The school I'd Like: Children and Young People's Reflections on an Education for the 21st Century*, London: RoutledgeFalmer.

Butler, R. and Parr, H.(eds) (1999) *Mind and Body Spaces: Geographies of Illness, Impairment and Disability*, London: Routledge.

Campbell, E. (2003) *The Ethical Teacher*, London: Open University Press.

Carlson, D. (2002) *Leaving Safe Harbors: Towards a New Progressivism in American Education and Public Life*, New York: Routledge Falmer.

Carrington, B. (1998) "'Football's coming home' but whose home? and do we want it?: nation, football and the politics of exclusion" in A. Brown(ed.) *Fanatics! Power, identity and fandom in football*, London: Routledge, pp.101-23.

Castells, M. (1996) *The Rise of the Network Society*, Malden, MA, and Oxford: Basil Blackwell.

Castree, N. (2001) "Socializing nature: theory, practice and politics" in N. Castree and B. Braun(eds) *Social Nature: Theory, Practice and Politics*, Oxford: Blackwell, pp.1-21.

Chisholm, M. and Manners, G.(eds) (1971) *Spatial Policy Problems of the British Economy*, Cambridge: Cambridge University Press.

Chorley, R. and Haggett, P. (1967) *Models in Geography*, London: Methuen.

Chorley, R., Beckinsale, R. and Dunn, A. (1973) *The History of the Study of Landforms*, Volume II, London: Methuen.

Clements, R. E. (1928) *Plant Succession and Indicators*, New York: H. W. Wilson.

Cloke, P.(ed.) (1992) *Policy and Change in Thatcher's Britain*, Oxford: Permagon.

Cloke, P., Philo, C. and Sadler, D. (1991) *Approaching Human Geography*, London: Paul Chapman.

Cloke, P., Cook, I., Crang, P. et al. (2004) *Practising Human Geography*,

London: Arnold.

Connell, J. and Gibson, C. (2003) *Sound Tracks: Popular Music, Identity and Place*, London: Routledge

Contemporary Issues in Geography and Education, 1(1), (Autumn): 1-3.

Cooke, R. and Warren, A. (1973) *Geomorphology in Deserts*, London: Batsford.

Corbridge, S. (1986) *Capitalist Word Development: a Critique of Radical Development Geography*, London: Macmillan.

Corney, G.(ed.) (1985) *Geography, Schools and Industry*, Sheffield: Geographical Association.

Crush, J.(ed.) (1995) *Power of Development*, London: Routledge.

Curry, M. (1998) *Digital Places: Living with Geographic Information Technologies*, London: Routledge.

Daly, C., Pachler, N. and Lambert, D. (2004) "Teacher learning: towards a professional academy" in *Teaching in Higher Education*, 9: 99-111.

Dear, M. (1988) "The postmodern challenge: reconstructing human geography", *Transactions of the Institute of British Geographers*, NS 13(3): 262-74.

Dear, M. (2000) *The Postmodern Urban Condition*, Oxford: Blackwell.

DES(Department of Education and Science) (1972) *New Thinking in School Geography*, Education Pamphlet No. 59, London: HMSO.

Dewey, J. (1916, 1966) *Democracy and Education*, London: Collier-Macmillan.

DfEE/QCA (1999) *Geography: The National Curriculum for England*, London: DfEE/QCA.

DfES (2002) *Literacy in Geography*, London: DfES.

DfES (2003a) *Subject Specialisms: A Consultation Document*, London: Department for Education and skills.

DfES (2003b) *Teachers' Perceptions of Continuing Professional Development*, Department for Educational and Skills, Research Brief 429, www.dfes.gov.uk/research.

Dickenson, J., Clarke, G., Gould, W. et al. (1983) *A Geography of the Third World*, London: Methuen.

Dobson, J., Sander, J. and Woodfield, J. (2001) *Living Geography:*

Book 1, Cheltenham: Nelson Thornes.

Domosh, M. and Seager, J. (2001) *Putting Women in Place: Feminist Geographers Make Sense of the World*, New York: Guilford Press.

Everson, J. and FitzGerald, B. (1969) *Settlement Patterns*, London: Longman

Fielding, M. (2001a) "Words that don't come easy", *Times Educational Supplement*, 6 July, p.25

Fielding, M.(ed.) (2001b) *Taking Education Really Seriously: Four Years of Hard Labour*, London: Routledge Falmer.

Fien, J. (1983) "Humanistic geography" in J. Huckle(ed.) *Geographical Education: Reflection and Action*, Oxford: Oxford University Press, pp.43-55.

Fien, J. and Gerber, R.(eds) (1988) *Teaching Geography for a Better World*, London: Longman.

Frank, A. G. (1967) *Capitalism and Underdevelopment in Latin America*, London: Monthly Review Press.

Freire, P. (1972) *Pedagogy of the Oppressed*, Harmondsworth: Penguin.

Friel, B. (1984) *Brian Friel: Plays 1*, London: Faber & Faber.

Furlong, J., Barton, L., Miles, S. et al. (2000) *Teacher Training in Transition: Reforming Professionalism*, Buckingham: Open University Press.

Gilbert, R. (1984) *The Impotent Image: Reflections of Ideology in the Secondary School Curriculum*, London: Falmer Press.

Gilbert, R. (1989) "Language and ideology in geographical teaching" in F. Slater(ed.) *Language and Learning in the Teaching of Geography*, London: Routledge, pp.151-61.

Gill, D. (1982) "The contribution of secondary school geography to multicultural education: a critical review of some materials", *Multiracial Education*, 10(3): 13-26.

Gleeson, B. (1999) *Geographies of Disability*, London: Routledge.

Goodson, I. (1983) *Social Subjects and Curriculum Change*, London: Croom Helm.

Graves, N. (1975) *Geography in Education*, London: Heinemann.

Graves, N. (1979) *Curriculum Planning in Geography*, London: Heinemann.

Gregory, D. (1978) *Ideology, Science and Human Geography*, London:

Hutchinson.

Gregory, D. (1981a) "Human agency and human geography", *Transactions of the Institute of British Geographers*, 6: 1-18.

Gregory, D. (1981b) "Towards human geography" in R. Walford(ed.) *Signposts for Teaching Geography*, London: Longman, pp.133-47.

Gregory, D. (1994) *Geographical Imaginations*, Oxford: Blackwell.

Gregory, D. and Walford, R.(eds) (1989) *Horizons in Human Geography*, Basingstoke: Macmillan.

Gregory, D., Martin, R. and Smith, G. (1994) *Human Geography: Society, Space, and Social Science*, Basingstoke: Macmillan.

Gregory, K. (1984) *The Nature of Physical Geography*, London: Edward Arnold.

Gregory, K. (2000) *The Changing Nature of Physical Geography*, London: Arnold.

Gritzner, C. (2002) "What is where, why there and why care?", *Journal of Geography*, 101(1): 40.

Haggett, P. (1965) *Locational Analysis in Human Geography*, London: Edward Arnold.

Haggett, P. (1996) "Geography into the next century: personal reflections" in E. Rawling and R. Daugherty(eds) *Geography into the Twenty-First Century*, Chichester: Wiley, pp.11-18.

Hall, D. (1976) *Geography and the Geography Teacher*, London: Allen & Unwin.

Hall, D. (1990) "The national curriculum and the two cultures: towards a humanistic perspective", *Geography*, 75(4): 313-24.

Hamnett, C. (2001) "The emperor's new theoretical clothes, or geography without origami" in G. Philo and D. Miller(eds) *Market Killing: What the Free Market Does and What Social Scientists Can Do About It*, Harlow: Longman, pp.158-69.

Hardy, J. (2002) *Altered Land*, London: Simon & Schuster.

Hargreaves, D. (1996) *Teaching as a Research Based Profession: Possibilities and Prospects*, The Teacher Training Agency Annual Lecture, London: Teacher Training Agency.

Hargreaves, D. (1999) "The knowledge-creating school", *British Journal of Educational Studies*, 47(2): 122-44.

Harvey, D. (1969) *Explanation in Geography*, London: Edward Arnold.

Harvey, D. (1973) *Social Justice and the City*, London: Edward Arnold.

Harvey, D. (1989) *The Condition of Postmodernity*, Oxford: Blackwell.

Harvey, D. (1996) *Justice, Nature and the Geographies of Difference*, Oxford: Blackwell.

Harvey, D. (2000a) *Spaces of Hope*, Edinburgh: Edinburgh University Press.

Harvey, D. (2000b) "Reinventing geography: An interview with the editors of the New Left Review", *New Left Review*, Second Series, 4 (July-August): 75-97.

Harvey, D. (2001) *Spaces of Capital: Towards a Critical Geography*, Edinburgh: Edinburgh University Press.

Hassell, D. (2002) "Issues in ICT and Geography" in M. Smith(ed.) *Teaching Geography in Secondary Schools*, London: RoutledgeFalmer, pp.148-59.

Head, L. (2000) *Cultural Landscapes and Environmental Change*, London: Arnold.

Healey, M. and Roberts, M. (1996) "Human and regional geography in schools and higher education" in E. Rawling and R. Daugherty (eds) *Geography into the Twenty-First Century*, Chichester: Wiley, pp.229-306.

Heffernan, M. (2003) "Histories of Geography" in S. Holloway, S. Rice and G. Valentine(eds) *Key Concepts in Geography*, London: Sage, pp.3-22.

Henley, R. (1989) "The ideology of geographical language" in F. Slater (ed.) *Language and Learning in the Teaching of Geography*, London: Routledge, pp.162-71.

Herbert, D. (1982) *The Geography of Urban Crime*, London: Longman.

Hirst, P. (1974) *Knowledge and the Curriculum*, London: Routledge, Kegan & Paul.

Hodson, D. (1998) *Teaching and Learning Science: Towards a Personalized Approach*, Buckingham: Open University Press.

Holloway, L. and Hubbard, P. (2001) *People and Place: the Extraordinary Geographies of Everyday Life*, London: Prentice Hall.

Holloway, S., Rice, S. and Valentine, G.(eds) (2003) *Key Concepts in*

Geography, London: Sage.

Hoyle, E. and John, P. (1995) *Professional Knowledge and Professional Practice*, London: Cassell.

Hubbard, P., Kitchin, R., Bartley, B and Fuller, D. (2002) *Thinking Geographically: Space, Theory and Contemporary Human Geography*, London: Continuum.

Huckle, J. (ed.) (1983) *Geographical Education: Reflection and Action*, Oxford: Oxford University Press.

Huckle, J. (1985) "Geography and schooling" in R. Johnston(ed.) *The Future of Geography*, London: Methuen, pp.291-306.

Huckle, J. (1987) "What sort of geography for what sort of school curriculum?", *Area*, 19(30): 261-65.

Huckle, J. (1988) "Social and political literacy" in D. Watson(ed.) *Learning Geography with Computers*, Coventry: Microelectronics Support Unit, pp.58-60.

Hudson, R. and Williams, A. (1995) *Divided Britain*, Chichester: Wiley (2nd edition).

Hutton, J. (1795) *Theory of the Earth*, Edinburgh: William Creech.

Inglis, F. (1985) *The Management of Ignorance: a Political Theory of the Curriculum*, Oxford: Basil Blackwell.

Jacks, G. and Whyte, R. (1939) *The Rape of the Earth*, London: Faber & Faber.

Jackson, P. (1989) *Maps of Meaning*, London: Unwin Hyman.

Jackson, P. (1996) "Only connect: approaches to human geography" in E. Rawling and R. Daugherty(eds) *Geography into the Twenty-First Century*, Chichester: Wiley, pp.77-94.

Jackson, P. and Smith. S. (1984) *Exploring Social Geography*, London: Allen & Unwin.

Jacques, M. and Hall, S.(eds) (1989) *New Times*, London: Lawrence & Wishart.

Jenkins, S. (2003) "A cross marks the spot", *Times*, 9 May.

Johnston, R. (1986) *On Human Geography*, Oxford: Blackwell.

Johnston, R. (1997) *Geography and Geographers: Anglo-American Human Geography since 1945*, London; Edward Arnold (5th edition).

Johnston, R. (2003) "Geography and the social science tradition" in S.

Holloway, S. Rice and G. Valentine(eds) *Key Concepts in Geography*, London: Sage, pp.51-71.

Johnston, R. and Sidaway, J. (2004) *Geography and Geographers: Anglo-American Human Geography since 1945*, London: Arnold (6th edition).

Johnston, R., Pattie, C., and Allsopp, J. (1988) *A Nation Dividing?: The Electoral Map of Great Britain 1979-1987*, London: Longman.

Jones, K. (2001) "Reculturing the school: The New Labour project in context", *The School Field*, 12(5/6): 43-57.

Joseph, K. (1985) "Geography in the school curriculum", *Geography*, 70: 290-97.

Kent, W. A. (2000) "Geography: changes and challenges" in W. A. Kent (ed.) *School Subject Teaching: the History and Future of the Curriculum*, London: Kogan Page, pp.111-31.

Kenway, J. and Bullen, E. (2001) *Consuming Children: Education, Entertainment, Advertising*, Buckingham: Open University Press.

Kincheloe, J. and Steinberg, S. (1997) *Changing Multiculturalism*, Buckingham: Open University Press.

Kincheloe, J. and Steinberg, S.(eds) (1998a) *Unauthorized Methods: Strategies for Critical Teaching*, London: Routledge.

Kincheloe, J. and Steinberg, S. (1998b) "Students as researchers: critical visions, emancipatory insights" in S. Steinberg and J. Kincheloe (eds) *Students as Researchers: Creating Classrooms that Matter*, London: Falmer Press, pp.2-19.

Kitchin, R. (1999) "Creating an awareness of others: highlighting the role of space and place", *Geography*, 84(1): 45-54.

Klein, N. (2000) *No Logo*, London: Flamingo.

Kobayashi, A. and Mackenzie, S.(eds) (1989) *Remaking Human Geography*, London: Unwin Hyman.

Kobayashi, A. and Proctor, J. (2003) "Values, Ethics, and Justice" in G. Gaile and C. Wilmott(eds) *Geography in America at the Dawn of the Twenty-First Century*, New York: Oxford University Press, pp.721-29.

Kuhn, T. (1962) *The Structure of Scientific Revolutions*, Chicago: Univ. of Chicago Press.

Lambert, D. (2004) "Geography" in J. White(ed.) *Rethinking the School Curriculum*, London: RoutledgeFalmer: *Values, Aims, Purposes*, pp.75-86.

Lambert, D. (forthcoming) "What's the point?" in D. Balderstone(ed.) *Teaching and Learning Geography: the Secondary Teachers' Handbook*, Sheffield: The Geographical Association.

Lambert, D. and Balderstone, D. (2000) *Learning to Teach Geography in the Secondary School*, London: RoutledgeFalmer.

Lambert, D. and Machon, P.(eds) (2001) *Citizenship through Secondary Geography*, London: RoutledgeFalmer.

Leat, D. (ed.) (1998) *Thinking Through Geography*, Cambridge: Chris Kington Publications.

Lee, A. (1996) *Gender, Literacy, Curriculum: Re-writing School Geography*, London: Taylor & Francis.

Lee, E. (1980) "Pop and the teacher: some uses and problems" in G. Vulliamy and E. Lee(eds) *Pop Music in School*, Cambridge: Cambridge University Press, pp.158-74

Lee, R. (1977) "The ivory tower, the blackboard jungle and the corporate state: a provocation on teaching progress in geography" in R. Lee(ed.) *Change and Tradition: Geography's New Frontiers*, London: Queen Mary's College, University of London, pp.3-9.

Lee, R. (2000) "Values" in R. Johnston, D. Gregory, G. Pratt and M. Watts(eds) *Dictionary of Human Geography*, Oxford: Blackwell (4th edition).

Lewis, J. and Townsend, A.(eds) (1989) *The North-South Divide*, London: Paul Chapman.

Leyshon, A. (1995) "Missing words: whatever happened to the geography of poverty?", *Environment and Planning A*, 27: 1021-28.

Leyshon, A., Matless, D. and Revill, G.(eds) (1998) *The Place of Music*, New York: Guilford Press.

Livingstone, D. (1992) *The Geographical Tradition*, Oxford: Blackwell.

Lyell, C. (1830) *Principles of Geology*, London: John Murray.

McDowell, L. (2002) "Understanding diversity: the problem of/for 'Theory'" in R. Johnston, P. Taylor and M. Watts(eds) *Geographies of Global Change: Remapping the World*, Oxford: Blackwell, pp.296-309.

McEwen, N. (1986) "Phenomenology and the curriculum: the case of secondary-school geography" in P. Taylor(ed.) *Recent Developments in Curriculum Studies*, Windsor: NFER-Nelson, pp.156-67.

Machon, P. (1987) "Teaching controversial issues: some observations and suggestions" in P. Bailey and T. Binns(eds) *A Case for Geography*, Sheffield: Geographical Association, pp.38-41.

McLaren, P. (1988) "Culture or canon? Critical pedagogy and the politics of literacy", *Harvard Educational Review*, 58(1): 211-34.

Maguire, D. (1989) *Computers in Geography*, London: Longman.

Mannion, A. (1997) *Global Environmental Change*, Harlow: Longman.

Marsden, W. E. (1989) "All in a good cause: geography, history and the politicisation of the curriculum in nineteenth and twentieth century England", *Journal of Curriculum Studies*, 21(6): 509-26.

Marsden, W. E. (1997) "On taking the geography out of geography education; some historical pointers", *Geography* 82(3): 241-52.

Marsden, W. E. (2001) "Citizenship Education: permeation or perversion?" in D. Lambert, and P. Machon(eds) *Citizenship through Secondary Geography*, London: RoutledgeFalmer, pp.11-30.

Masterman, L. (1985) *Teaching the Media*, London: Comedia.

Meinig, D. (1979) "The beholding eye: ten versions of the same scene" in D. Meinig(ed.) *The Interpretation of Ordinary Landscapes: Geographical Essays*, New York: Oxford University Press, 33-48.

Mercer, D. (1984) "Unmasking technocratic geography" in M. Billinge, D. Gregory and R. Martin(eds) *Recollections of a Revolution: Geography as Spatial Science*, London: Macmillan, pp.153-99.

Middleton, N. (1999) *The Global Casino: An Introduction to Global Issues*, London: Arnold (2nd edition).

Mohan, J. (1989) "Introduction" in J. Mohan(ed.) *The Political Geography of Contemporary Britain*, London: Macmillan, pp.xi-xvi.

Mohan, J. (1999) *A United Kingdom? Economic, Social and Political Geographies*, London: Arnold.

Moore, A. (2000) *Teaching and Learning: Pedagogy, Curriculum and Culture*, London: RoutledgeFalmer.

Moore, A. (2004) *The Good Teacher: Dominant Discourse in Teaching and Teacher Education*, London: RoutledgeFalmer.

Moore, P., Chaloner, B. and Stott, P. (1996) *Global Environmental Change*, Oxford: Blackwell.

Morgan, J. (2003) "Teaching social geographies: representing society and space", *Geography*, 88(2): 124-34.

Naish, M., Rawling, E. and Hart, C. (1987) *The Contribution of a Curriculum Project to 16-19 Education*, London: Longman/SCDC.

National Research Council. Rediscovering Geography Committee (1997) *Rediscovering Geography: New Relevance for Science and Society*, Washington, DC: National Academy Press.

Newman, O. (1972) *Defensible Space: People and Design in the Violent City*, London: The Architectural Press.

Nichols, A. (2001) *More Thinking Through Geography*, Cambridge: Chris Kington.

Pain, R. (2001) "Crime, space and inequality" in R. Pain, M. Barke, D. Fuller, J. Gough, R. MacFarlane and G. Mowl(eds), *Introducing Social Geographies*, London: Arnold, 231-53.

Peet, R. (1975) "The geography of crime: a political critique", *The Professional Geographer*, 27: 277-80.

Peet, R. and Thrift, N.(eds) (1989) *New Models in Geography*, London: Unwin Hyman.

Pepper, D. (1985) "Why teach physical geography?", *Contemporary Issues in Geography and Education*, 2(2): 62-71.

Pethick, J. (1984) *Introduction to Coastal Geomorphology*, London: Arnold.

Philo, C. (2000) "More words, more worlds: reflections on the 'cultural turn' and human geography" in I. Cook, S. Naylor and J. Ryan (eds) *Cultural Turns/Geographical Turns*, London: Prentice Hall, pp.26-53.

Ploszajska, T. (2000) "Historiographies of geography and empire" in B. Graham and C. Nash(eds) *Modern Historical Geographies*, London: Prentice Hall, pp.121-45.

Porter, P. and Sheppard, E. (1990) *A World of Difference: Society, Nature, Development*, New York: Guilford Press.

Proctor, J. (2001) "Solid rock and shifting sands: the moral paradox of saving a socially constructed nature" in N. Castree and B. Braun (eds) *Social Nature: Theory, Practice and Politics*, Oxford: Blackwell, pp.225-39.

Rawling, E. (1997) "Geography and vocationalism-opportunity or threat?", *Geography*, 82(2): 173-78.

Rawling, E. (2001) *Changing the Subject: the Impact of National Policy on School Geography 1980-2000*, Sheffield: Geographical Association.

Relph, E. (1976) *Place and Placelessness*, London: Pion.

Richardson, R. (1983) "Daring to be a teacher" in J. Huckle(ed.) *Geographical Education: Reflection and Action*, Oxford: Oxford University Press, pp.122-31.

Roberts, M. (1994) "Interpretations of the Geography National Curriculum: a common curriculum for all?", *Journal of Curriculum Studies*, 27.

Roberts, M. (2003) *Learning Through Enquiry*, Sheffield: Geographical Association.

Roberts, N.(ed.) (1994) *The Changing Global Environment*, Oxford: Blackwell.

Rose, J. (2001) *The Intellectual Life of the British Working-Classes*, Yale: Yale University Press.

Ross, A. (2000) *Curriculum: Construction and Critique*, London: Falmer Press.

Rostow, W. (1960) *The Stages of Economic Growth: A non-communist manifesto*, London: Cambridge University Press.

Sachs, W. (1992) *The Development Dictionary: a Guide to Knowledge as Power*, London: Zed Books.

Sack, R. (1997) *Homo Geographicus: A Framework for Action, Awareness and Moral Concern*, Baltimore and London: The John Hopkins University Press.

Sarup, M. (1978) *Marxism and Education*, London: Routledge, Kegan & Paul.

Seager, J. (1990) *The State of the Earth: an Atlas of Environmental Concern*, London: Unwin Hyman.

Seager, J. and Olson, A. (1986) *Women in the World Atlas*, London: Pluto Press.

Shaw, C. and McKay, H. (1942) *Juvenile Delinquency and Urban Areas*, Chicago: University of Chicago Press.

Short, J. (1998) "Progressive human geography" in J. Short *New Worlds, New Geographies*, New York: Syracuse University Press, pp.91-102.

Shuker, R. (2001) *Understanding Popular Music*, London: Routledge (2nd edition).

Shulman, L. (1987) "Knowledge and Teaching: Foundations of the New Reform", *Harvard Educational Review*, 57, 1-22.

Shurmer-Smith, P. (2002) *Doing Cultural Geography*, London: Sage.

Sibley, D. (1995) *Geographies of Exclusion*, London: Routledge.

Simmons, I. (2001) *An Environmental History of Great Britain: from 10,000 Years ago to the Present*, Edinburgh: Edinburgh University Press.

Sims, P. (2003) "Previous actors and current influences: trends and fashions in physical geography" in S. Trudgill and A. Roy(eds) *Contemporary Meanings in Physical Geography: From What to Why?*, London: Arnold, pp.3-23.

Skelton, T. and Valentine, G.(eds) (1998) *Cool Places: Geographies of Youth Cultures*, London: Routledge.

Slater, F., 1982, *Learning Through Geography*, London: Heinemann.

Slater, F.(ed.) (1989) *Language and Learning in the Teaching of Geography*, London: Routledge.

Small, R. (1970) *The Study of Landforms*, Cambridge: Cambridge Univ. Press.

Smith, D. (1975) *Human Geography: a Welfare Approach*, London: Edward Arnold.

Smith, D. M. (1999) "Conclusion: towards a context-sensitive ethics" in J. D. Proctor and D. M. Smith(eds), *Geography and Ethics: Journeys in a Moral Terrain*, London and New York: Routledge, 275-90.

Smith, D. (2000) *Moral Geographies: Ethics in a World of Difference*, Edinburgh: Edinburgh University Press.

Smith, D. and Ogden, P. (1977) "Reformation and revolution in human geography" in R. Lee(ed.) *Change and Tradition: Geography's New Frontiers*, London: Queen Mary's College, University of London, pp.47-58.

Sparks, B. (1972) *Geomorphology*, London: Longman (2nd edition).

Steans, J. (2003) "Gender inequalities and feminist politics in a global perspective" in E. Kofman and G. Youngs(eds) *Globalization: Theory and Practice*, London: Continuum (3rd edition), pp.123-38.

Stott, P. (1998) "Biogeography and ecology in crisis: the urgent need for a new metalanguage", *Journal of Biogeography*, 25: 1-2.

Stott, P. (2001) "Jungles of the mind: the invention of the 'Tropical Rain Forest'", *History Today*, 51(5): 38-44.

Sugden, D. and John, B. (1976) *Glaciers and Landscape*, London: Arnold.

Tnasley, A. (1935) "The use and abuse of vegitational concepts and terms", *Ecology xvi*, 16 July.

Taylor, P. (1985) *Political Geography: World-economy, Nation-state and Community*, London: Longman.

Thomas, W.(ed.) (1956) *Man's Role in Changing the Face of the Earth*, Chicago: University of Chicago Press.

Thrift, N. (1983) "On the determination of social action in the space and time", *Environment and Planning D: Society and Space*, 1(1): 23-57.

TTA (2004) *Qualifying to Teach*, www.tta.gov.uk/php/read/php?sectionid=108&articleid=458 (accessed February 2005).

Tuan, Y-F. (1976) *Topophilia*, London: Prentice Hall.

Urban, M. and Rhoads, B. (2003) "Conceptions of nature; implications for an integrated geography" in S. Trudgill and A. Roy (eds) *Contemporary Meanings in Physical Geography; From What to Why?*, London: Arnold, pp.211-31.

Walford, R. (2000) *Geography in British Schools 1850-2000*, London: Woburn Press.

Waugh, D. (2000) "Writing geography textbooks" in C. Fisher and T. Binns(eds) *Teaching and Learning Geography*, London: RoutledgeFalmer. pp.93-107.

Weber, A. (1929) *Alfred Weber's Theory of the Location of Industry*, Chicago: University of Chicago Press.

Wente, M. (2001) "Why America is hated: all that and more from your teachers union", *The Globe and Mail*, 6 December.

Whatmore, S. (1999) "Culture-nature" in P. Cloke, P. Crang and M. Goodwin(eds) *Introducing Human Geographies*, London: Arnold, pp.4-11.

Whatmore, S. (2003) *Hybrid Geographies*, London: Sage.

White, J. (2002) *The Child's Mind*, London: RoutledgeFalmer.

White, J. (ed.) (2004) *Rethinking the School Curriculum*, London: RoutledgeFalmer.

Whitty, G. (2002) *Making Sense of Education Policy: Studies in the Sociology and Politics of Education*, London: Paul Chapman.

Whyte, I. (2002) *Landscape and History*, London: Reaktion Books.

Williams, R. (1958) *Culture and Society*, London: Chatto & Windus.

Williams, R. (1961) *The Long Revolution*, Harmondsworth: Pelican.

Williams, R. (1973) *The Country and the City*, London: Chatto & Windus.

Williams, R. (1976) *Keywords*, London: Fontana.

Witherick, M., Ross, S. and Small, J. (2001) *A Modern Dictionary of Geography*, London: Arnold.

Wright, D. (1983) "Viewpoint: the road to Malham Tarn", *Teaching Geography*, 8(3): 139-41.

Yapa, L. (2000) "Rediscovering geography: on speaking truth to power", *Annals of the Association of American Geographers*, 89(1): 151-5.

Zipf, G. (1949) *Human Behaviour and the Principle of Least Effort*, New York: Hafner.

• 사항색인

(ㄱ)

가사(song lyrics) | 164

개발(development) | 81

개발교육(Development Education) | 50

개인적 반응(personal response) | 69, 95,
    169, 192

개인지리(personal geographies) | 71, 104

갱스터 랩(gangsta rap) | 164

경관(landscapes) | 17-18, 25, 114, 146,
    162, 164, 194

경력 개발(career development) | 243,
    248

경력 항목 개발 프로파일(Career Entry
    Development Profile) | 208

경사도(gradient) | 181

경제적 공간(economic space) | 148

경제적 문해력(economic literacy) |
    52-53

경제적 발달(economic development) |
    104

경제적으로 더 발달된 국가(MEDCs) |
    104

경제적으로 덜 발달된 국가(LEDCs) | 82

경제학(economics) | 20-21, 105

경험주의 과학(empiricist science) | 65

계속적인 전문성 개발(CPD: continuing
    professional development) | 249-251,
    255, 260, 269

계속적인 전문성 학습(continued
    professional learning) | 20, 202, 229

고등교육 연구그룹(Higher Education
    Study Group) | 264

고원 지역(upland areas) | 111

고지대(upland) | 112

공간과학(spatial science) | 21-22, 27,
    39, 44-46, 66, 74, 83

공간적 개념(spatial concepts) | 181

공기의 질(Air Quality) | 151

공식적인 표준(official standards) | 201,
    233, 241, 289

과학교육을 통한 인지적 속진(CASE:
    Cognitive Acceleration Through
    Science Education) | 213

과학주의(scientism) | 139

교과 전문성(subject specialism) | 59, 201,
    240-242, 263, 286, 288, 290

교과 지식(subject knowledge) | 5

교과협회(subject associations) | 59, 209,
    217, 255-256

교과서(textbooks) | 6, 61, 68, 82, 113,
    292

교사양성훈련원(TTA: Teacher Training
    Agency) | 203, 226, 232, 243-244,
    255

교사자격인증석사(PGCE: Post-Graduate
    Certificate of Education) | 113, 123,
    214, 244

교사자격(QTS: Qualified Teacher Status) |
    102, 203, 208, 231, 242-243

교수의 학문(scholarship of teaching) |
    129, 253-254

교육개혁법(Education Reform Act) | 217

교육과정 개발(curriculum development)
    | 5-6, 47, 49, 51, 59, 84, 202,
    237, 253, 255, 258

교육과정 계획(curriculum planning) | 49,
    97, 99-103, 108-109, 116, 133

교육과정 설계(curriculum design) | 48,
　99-100, 114, 118, 127
교육과정(curriculum) | 5, 12, 41, 70,
　117, 213, 253
교육과정개발협회(Association for
　Curriculum Development) | 54
교육과정평가원(QCA: Qualifications and
　Curriculum Authority) | 117-121,
　127, 216, 231, 258
교육기능부(DfES: Department for Education
　and Skills) | 179, 216, 258
교육기준청(Ofsted) | 215, 254, 262
교육학 석사(Master of Teaching) | 223
구성주의(constructivism) | 80
구조주의(structuralism) | 16, 50, 75,
　80-81
국가(國歌)(national anthems) | 165
국가교육과정 구조틀(National Curriculum
　Framework) | 232
국가교육과정 핸드북(National Curriculum
　Handbook) | 232
국가교육과정(National Curriculum) | 56,
　58-89, 69, 168, 199, 260
국가교육과정의 요구사항(National
　Curriculum requirement) | 118
국민총생산(GNP) | 82
그레이스랜드(아름다운 나라)(Graceland)
　| 168
근대화 이론(modernisation theory) | 67,
　106
급진적 개발 지리(radical development
　geography) | 107
기능적 문해력(functional literacy) |
　141-144
기복도(relief maps) | 112
기본적인 기능(basic skills) | 52, 56, 59
기술만능주의 지리(technocratic
　geography) | 161
기술문해력(technoliteracy) | 153

기후학(climatology) | 35
『개발의 권력』(Power of Development) | 81
『개발의 사전』(Dictionary of Development)
　| 108
『국가 분리?』(A Nation Dividing?) | 28
『글로벌 카지노: 글로벌 쟁점에의 도입』
　(The Global Casino: An Introduction to
　Global Issues) | 37
『글로벌 환경변화』(Global Environmental
　Change) | 37
「국가 문해력 전략」(National Literacy
　Strategy) | 135

(ㄴ)
남북 분리(North-South divide) | 29
네트워크 사회(networked society) | 252
네트워크(network) | 181, 256, 258,
　264
노령화(ageing) | 188-190
농장에는(Down on the farm) | 159-160
누적적 인과관계(cumulative causation) |
　181
능력(competence) | 219, 222
『남북 분리』(The North-South Divide) | 28

(ㄷ)
담수 종(freshwater species) | 90
대처리즘(Thacherism) | 29
더 더블린너스(더블린 사람들)(The
　Dubliners) | 167
더 타임즈(The Times) | 145-146
더 포그스(The Pogues) | 166
도덕교육(moral eduction) | 205
도덕적 부주의(moral carelessness) |
　87-88
도덕적으로 '부주의한' 지리교수
　(morally 'careless' geography teaching)
　| 206
도시주거구조이론(urban residential

structure theory) | 67
『대중음악 이해하기』(Understanding
    Popular Music) | 169
『대처 영국에서의 정책과 변화』(Policy
    and Change in Thatcher's Britain) |
    28
『도시 범죄의 지리』(The Geography of
    Urban Crime) | 119, 122
『도해력과 지리교수』(Graphicacy and
    Geography Teaching) | 144

(ㄹ)
랩 가사(rap lyrics) | 164
런던위원회(London Board) | 84-85
리더십(leadership) | 249, 258

(ㅁ)
마르크스주의(Marxism) | 21, 23-25,
    74, 77
망명 신청자(asylum seekers) | 123-126
명령(order) | 58, 211-212, 216, 290
문해 능력(literacy skills) | 112
문해력(literacy) | 52, 59, 135, 141,
    178-179, 232
문화적 각인(cultural inscription) | 93
문화적 경험(cultural experience) | 168
문화적 문해력(cultural literacy) |
    141-143
문화적 전환(cultural turn) | 30-32, 101
문화지리학(cultural geography) | 31
미국지리학회(Association of American
    Geographers) | 25
미디어(media) | 31, 161-163, 189
민요(folk music) | 166
민족집단(ethnic groups) | 77, 150
『무기력한 이미지』(Impotent Image) | 139
『무지의 관리』(The Management of
    Ignorance) | 41
『미디어를 가르치기』(Teaching the
    Media) | 162

(ㅂ)
바리뇽 프레임(Varignon frames) | 185
발견적 모델(heuristic models) | 21
방그라(Bhangra) | 168
범죄 패턴(crime pattern) | 119
범죄와 지역사회(crime and the local
    community) | 117, 122
범죄의 지리(geography of crime) |
    118-119
복지지리학(welfare geography) | 50, 66
불럭 보고서(Bullock Report) | 135
브라질 인디언(Brazilian Indians) | 151
비판문화이론(critical cultural theory) |
    21
비판사회이론(critical social theory) | 21
비판적 문해력(critical literacy) |
    141-142, 144, 169
『배제의 지리』(Geographies of Exclusion) |
    31
『번역』(Translations) | 146
『변화하는 교과』(Changing the Subject) |
    213, 266
『변화하는 글로벌 환경』(The Changing
    Global Environment) | 37
『분리된 영국』(Divided Britain) | 28
『분석적인 인문지리학』(Analytical Human
    Geography) | 180
『빌리 엘리어트』(Billy Elliot) | 164
『빙하와 경관』(Glacier and Landscape) |
    36

(ㅅ)
사고기능(Thinking Skills) | 134, 177,
    184
사적 지리(private geography) | 132
사회계층(social class) | 77
사회비판교육(socially critical education) |

53

사회적 공간(social space) | 149

사회적 구성(social constructions) | 32, 83, 88, 163, 195

사회적 구성주의(social constructivism) | 88-90

사회적 자연(social nature) | 87, 91, 114

사회학(sociology) | 20, 39, 180

산업입지이론(industrial location theory) | 67

생물지리학(biogeography) | 191-192

생물학(biology) | 18, 35, 37, 84

생태학적 연구(ecological studies) | 119-120

석탄산업(coal industry) | 142-143, 173

석회암 경관(limestone landscapes) | 98, 110-114, 116

성적표(league table) | 211, 255

세계학습(World Studies) | 50

세계화(globalisation) | 31, 168, 185, 259

수문학(hydrology) | 35

수사적 구성(rhetorical constructions) | 79

수석교사(AST: Advanced Skills Teacher) | 59, 249, 287

스포츠 행사(sporting events) | 166

시민성(citizenship) | 11, 118, 123, 126-127, 177, 232, 259, 267

시민성 교육(citizenship education) | 59

시학(poetics) | 79

신규교사(NQT: Newly Qualified Teacher) | 18, 198, 216, 233, 238, 240, 245, 248, 286, 287-292

신규교사자격(newly qualified status) | 201

신노동당 정부(New Labour government) | 59

신마르크스주의(neo-Marxism) | 106-107

신모범군(신모델단체)(New Model Army) | 45

신지리학(new geogaphy) | 22-23, 45-50, 74, 156, 182

실재론적 과학(realist science) | 71, 158

실증주의(positivism) | 22-23, 26-27, 46, 50, 65-66, 69, 71, 75, 109, 133, 188

실천의 공동체(community of practice) | 129, 177, 208-209, 250, 253, 257, 259-260, 266

실천적 이론(practical theories) | 101

『사막 지형학』(Geomorphology in Desert) | 36

『사회정의와 도시』(Social Justice and the city) | 23

『살아 있는 지리』(Living Geography) | 142

『삶을 위한 언어』(A Language for life) | 135

『세계를 쓰는 것』(Writing Worlds) | 79

『세계지도책에서의 여성』(Women in the World Atlas) | 149

『수업에서의 동영상』(Moving Images in the Classroom) | 169

『슈퍼브랜드의 불편한 진실』(No Logo) | 172

(ㅇ)

아마존 횡단 고속도로(Trans-Amazonian Highway) | 150

암석의 순환(rock cycle) | 34

야외조사(fieldwork) | 17, 46, 53, 97, 115, 191, 209, 251, 256, 265

언어(language) | 75, 79, 81, 94, 135, 138-142, 212, 238

언어학적 전환(linguistic turn) | 79

여성(women) | 71, 149-170-171, 188

역사적 유물론(historical materialism) |
    24, 182
연구 대상으로서의 포스트모던
    (postmodern as an object of study) |
    77
열대우림(tropical rainforest) | 88, 186,
    190-195
영국교육정보원(BECTA: British
    Educational Communications and
    Technology Agency) | 265, 267
영국영화협회(The British Film Institute)
    | 169
영국지리교육학회(GA: Geographical
    Association) | 13, 52, 56, 59, 202,
    217, 250, 266
영국지리학자협회(IBG: Institute of
    British Geographers) | 256-257,
    259, 264
영상 문해력(cineliteracy) | 169
영화와 비디오(films and video) | 169
예외주의(exceptionalism) | 66
오염(pollution) | 36, 87
온라인 토론 포럼(on-line discussion
    forum) | 223
왕립지리학회(RGS: Royal Geographical
    Society) | 256-257, 259, 264
우키 홀(Wookey Hole) | 111, 113-114
원자력발전소(nuclear power plants) |
    115, 126, 148
육지측량부(OS: Ordnance Survey) |
    145-147
윤리학(ethics) | 196
은행 모델(banking model) | 131
음악지리(musical geographies) | 163
의도적인 지리(intentional geography) |
    70
의사결정 연습(decision making exercise)
    | 133, 198
이데올로기(ideology) | 55, 60, 66,
    71-72, 74, 116, 138, 186
이론적 쟁점(theoretical issues) | 147,
    151
이주(migration) | 23, 139, 166-168,
    188
인간개발지수(Human Development
    Index) | 104
인간주의 과학(humanistic science) | 69
인간주의 지리학(humanistic geography)
    | 25, 30-31, 70-71, 83, 140
인간-환경 접근법(people-environment
    approach) | 86
인구 연구(population studies) | 188
인문지리학(human geography) | 18-19,
    22, 27, 33, 36, 41, 65, 73, 80,
    183
인문학(humanities) | 44, 59, 84, 209,
    258
인종(race) | 76, 81, 138, 188
읽기(reading) | 20, 39, 129, 135-136,
    142, 235
입지이론(location theory) | 185
잉글랜드교육협회(GTCE: General
    Teaching Council for England) |
    226, 243, 255
『안전한 항구를 떠나기』(Leaving Safe
    Harbors) | 94
『어린이 소비자』(Consuming Children) |
    172
『영국 노동자계급의 지적인 삶』(The
    Intellectual Life of the British
    Working-Classes) | 136
『영국의 환경사: 10,000년 전에서 현재
    까지』(An Environmental History of
    Great Britain: from 10,000 Years
    ago to the Present) | 38
『영화, 만드는 것이 중요하다』(Making
    Movies Matter) | 169
『이데올로기와 교육과정』(Ideology and

Curriculum) | 99

『인문지리학에 관해』(On Human
　　Geography) | 65

『인문지리학의 지평』(Horizons in Human
　　Geography) | 61

A레벨 시험 교수요목(A Level examination
　　syllabus) | 81

(ㅈ)

자기의식적 교육과정(self-conscious
　　curriculum) | 93

자본주의(capitalism) | 23-24, 32, 74,
　　105-106

자연과학(natural sciences) | 37, 66-68,
　　84, 101, 139

자연지리학(physical geography) | 19,
　　33-38, 41, 65, 83, 185

재현(representation) | 19, 32, 39, 75,
　　78-79, 106, 110, 147, 160, 222

쟁점 기반 접근(issues-based approach) |
　　48

저개발(underdevelopment) | 68, 105-107,
　　193

적실성(relevance) | 42, 46, 49, 63,
　　183, 203, 236, 260

전국적인 일제고사(SATs: Standard
　　Assessment Tests) | 217

전문성 개발(professional development) |
　　12, 197, 202, 205, 208, 217,
　　229, 241

전문성 학습(professional learning) | 20,
　　202, 205, 229, 251, 257, 264

전문성(professionalism) | 201

전문적 자율성(professional autonomy) |
　　211, 215, 217, 225

전문적 정체성(professional identity) |
　　201, 203, 226, 247, 258

전문적 책임성(professional
　　accountability) | 215, 217-218,

244

전문적 표준(professional standards) |
　　226-227, 241

정보통신기술(ICT) | 153, 178

정의적 영역(affective domain) | 140

정치경제(political economy) | 21

젠더(gender) | 28-30, 76, 81, 138, 171

조기에 학교를 떠나는 학생들을 위한
　　지리(GYSL: Geography for the Young
　　School Leaver) | 47

조직개념(organising concepts) | 18, 51

존 러스킨 칼리지(John Ruskin College)
　　| 52

종속이론(dependency school) | 105

중력모델(gravity model) | 66

중립성(neutrality) | 65

중립적인 과학(natural sciences) | 46

지구과학(earth science) | 111

지구를 쓰는 것(earth-writing) | 136,
　　178

지구온난화(global warming) | 87, 90,
　　123

지구의 기원(origin of earth) | 34

지도책(atlases) | 112, 136, 148, 150

지도화(mapping) | 23, 31, 109,
　　144-152, 157

지리 16-19 프로젝트(Geography 16-19
　　project) | 21, 49, 86

지리, 학교, 산업 프로젝트(GSIP:
　　Geography, Schools and Industry
　　Project) | 53

지리교육(geography eduction) | 42

지리국가교육과정 위원회(Geography
　　National Curriculum Working
　　Group) | 57

지리국가교육과정(Geography National
　　Curriculum) | 57, 117

지리에서 진보(progress in geography) |
　　177, 179-181, 184, 198-199

지리와 기업(geography and enterprise) |
52

지리의 진보(progress of geography) |
177-179, 198

지리적 설명(geographical account) | 79,
141, 200

지리적 스케일(geographical scale) | 71,
110

지리적 언어(geographical language) |
138, 140, 169

지리적 탐구(geographical enquiry) | 71,
111

지멘스(Siemens) | 72-73

지속가능성(sustainability) | 192, 207,
259

지식과 이해(knowledge and understanding)
| 19, 125, 127, 135, 179, 184,
230-231

지식사회(knowledge society) | 251

지식의 구조(structure of knowledge) | 93,
102

지식의 분야(fields of knowledge) | 101

지식의 형식(forms of knowledge) | 64,
101, 156

지역과학(regional science) | 21-22

지역교육청(LEAs: local education
authorities) | 208-209, 211, 255

지역연구(areal studies) | 119-120

지질주상도(geological column) | 112

직업 게토(Job Ghettos) | 149

진보(progress) | 174, 177, 181, 230

진보주의(progressivism) | 49, 58

진화론(evolutionary theory) | 34, 37

『자연지리학의 변화하는 본질』(The
Changing Nature of Physical
Geography) | 36

『자연지리학의 본질』(The Nature of
Physical Geography) | 33

『장소와 장소상실』(Place and Placelessness)
| 25-26

『정의, 자연, 차이의 지리』(Justice, Nature
and the Geographies of Difference) |
24

『종의 기원』(Origin of Species) | 34

『지구에 대한 이론』(Theory of the Earth) |
33

『지구의 상태』(The State of the Earth) |
151

『지구의 파괴』(The Rape of the Earth) |
36

『지도와 정치학』(Maps and Politics) |
151

『지리, 미디어, 대중문화』(Geography, the
Media and Popular Culture) | 162

『지리, 학교, 산업』(Geography, School and
Industry) | 52

『지리를 재발견하기』(Rediscovering
Geography) | 82

『지리를 통해 더 많이 사고하기』(More
Thinking Through Geography) | 133

『지리를 통해 사고하기』(Thinking through
Geography) | 178, 213

『지리를 통해 학습하기』(Learning Through
Geography) | 214

『지리에서 문해력』(Literacy in Geography)
| 135-136, 138, 141, 143, 178
-179

『지리에서의 설명』(Explanation in
Geography) | 23

『지리의 핵심개념』(Key Concepts in
Geography) | 18

『지리적 상상력』(Geographical
Imaginations) | 20

『지리학과 지리학자: 1945년 이후의
앵글로 아메리카 인문지리학』
(Geography and Geographers:
Anglo-American human geography since
1945) | 20

『지리학과 지리학자』(Geography and Geographers) | 74
『지질학의 원리』(Principle of Geology) | 34
『지표면을 변화시키는데 기여한 인간의 역할』(Man's Role in Changing the Face of the Earth) | 36
『지형에 대한 학습』(The Study of Landforms) | 35
『지형학』(Geomorphology) | 35
「지리와 교육의 현대적 쟁점들」(Contemporary Issues in Geography and Education) | 54

(ㅊ)
체다 고즈(Cheddar Gorge) | 111, 113-114
최근린지수(nearest neighbour index) | 66
최소비용입지(the least cost location) | 67, 181, 185
침식(erosion) | 112, 222
침식기준면(준평원)(eroded base-level surface(peneplain)) | 35

(ㅋ)
Key Stage 3 전략 | 59, 178

(ㅌ)
탈실증주의 전환(post-positivist turn) | 26
탈인간화(dehumanising) | 22, 25, 50, 143
태도로서의 포스트모더니즘(postmodernism as an attitude) | 77-78
토양(soil) | 34, 159
토지이용 모델(land use models) | 23
특수교육(SEN: Special Educational Needs) | 232, 245
특이한 지리(idiosyncratic geography) | 140
팅커링(tinkering) | 253
『탐구를 통해 학습하기』(Learning Through Enquiry) | 214, 266
『토포필리아』(Topophilia) | 38

(ㅍ)
펀자브 전통 음악(Punjabi folk music) | 168
페미니스트 지리학자들(feminist geographers) | 75-76, 134, 188
평형성의 개념(equilibrium concept) | 191
포디즘 경제체제(Fordist economic system) | 27
포스트모더니즘(postmodernism) | 16, 64, 75, 78
포스트모더니티(postmodernity) | 24, 77
포스트모던(the postmodern) | 32, 74-75, 77, 92
포스트모던적 전환(postmodern turn) | 74
포스트모던적 태도(the postmodern attitude) | 77
포스트포디즘 경제체제(post-Fordist economic system) | 27
표준(standards) | 205
표준과 효과성 단원(Standards and Effectiveness Unit) | 255
피터스 투영도법(Peters Projection) | 152
『포스트모더니티의 조건』(The Condition of Postmodernity) | 24
『풀 몬티』(The Full Monty) | 170-171

(ㅎ)
하천 침식(fluvial erosion) | 34

학교 리더십을 위한 국립 대학(NCSL: National College for School Leadership) | 255

학교와 산업 연계 계획(school-industry initiatives) | 52

학교위원회(Schools Council) | 21, 47, 49, 86

학교지리(school geography) | 11, 15, 18, 97, 197, 262

학생들의 요구(pupils' needs) | 42, 48

학생중심주의(child-centredness) | 47

학습 단원(unit of study) | 117

학습과 교수 지원 네트워크(LTSN: Learning and Teaching Support Network) | 264

학습에 대한 평가(assessments of learning) | 100, 176, 198

학습을 위한 평가(assessment for learning) | 198

학습프로그램(programmes of study) | 230, 232

항상성(homeostasis) | 191

해체(deconstruction) | 33, 83, 152

행동주의(behaviouralism) | 101, 188

현상학(phenomenology) | 110, 132

현상학적 사고(phenomenological thinking) | 133

형용사적 학습(adjectival studies) | 50

확실한 지식(secure knowledge) | 195, 200, 231

환경교육(Environmental Education) | 50

환경윤리(environmental ethics) | 88

환경적 쟁점(environmental issues) | 49-50, 88, 150, 262

환경적 지도화(environmental mapping) | 151

환경지리(environmental geography) | 190

활동 계획(scheme of work) | 97, 127, 209

후기구조주의(post-structuralism) | 16, 80-82, 151

훈련(training) | 73, 84, 182, 204-205, 243

『학교지리에서의 새로운 사고』(New Thinking in School Geography) | 45

『해안지형학에의 입문』(Introduction to Coastal Geomorphology) | 36

『현대지리사전』(A Modern Dictionary of Geography) | 103

『희망의 공간』(Space of Hope) | 24

• 인명색인

(ㄱ)

골드, J.(Gold, J.) | 162-163

굿슨, 이보르(Goodson, Ivor) | 44, 46, 156

그레고리, 데렉(Gregory, Dereck) | 20-21, 27, 30, 161, 183-184, 186

그레고리, 켄(Gregory, Ken) | 33, 36-37

그레이브스, 노먼(Graves, Norman) | 100-102, 261

길버트, 롭(Gilbert, Rob) | 117-138-139

깁슨, C.(Gibson, C.) | 164

까스텔, 마뉴엘(Castells, Manuel) | 252

(ㄴ)

뉴먼, O.(Newman, O.) | 119

(ㄷ)

다윈, 찰스(Darwin, Charles) | 34

던컨, 제임스(Duncan, James) | 74-75, 79, 152

데이비스, W. M.(Davis, W. M.) | 34-35

듀이, 존(Dewey, John) | 184

디어, 마이클(Dear, Michael) | 75

(ㄹ)

라이트, 데이비드(Wright, David) | 116

램버트, 데이비드(Lambert, David) | 153, 163, 165, 285

레이숀, 앤드류(Leyshon, Andrew) | 32

렐프, 에드워드(Relph, Edward) | 25-26

로버츠, 마가렛(Roberts, Margaret) | 214

로버츠, N.(Roberts, N.) | 37, 58

로스, A.(Ross, A.) | 57

로스토우, W.(Rostow, W.) | 67-68, 105

로즈, 조나단(Rose, Jonathan) | 136-137

로즈, B.(Rhoads, B.) | 37

롤링, 엘리너(Rawling, Eleanor) | 213, 216

루이스, J.(Lewis, J.) | 28

리, 로저(Lee, Roger) | 182

리, 알리슨(Lee, Alison) | 60

리, E.(Lee, E.) | 163

리, R.(Lee, R.) | 126

리빙스턴, D.(Livingstone, D.) | 43

리엘, 찰스(Lyell, Charles) | 34

리처드슨, 로빈(Richardson, Robin) | 205

리트, 데이비드(Leat, David) | 213-214

(ㅁ)

매니언, A.(Mannion, A.) | 37

매스터맨, 렌(Masterman, Len) | 162

매촌, P.(Machon, P.) | 55

맥고완, 셰인(Macgowan, Shane) | 166

맥과이어, D.(Maguire, D.) | 153, 156

맥도웰, 린다(MacDowell, Linda) | 92

맥케이, H.(McKay, H.) | 119

맥퀸, N.(McEwen, N.) | 70-71

머서, D.(Mercer, D.) | 161

메이닉, D. W.(Meinig, D. W.) | 114, 116, 129

무어, A.(Moore, A.) | 128, 141, 204

무어, P.(Moore, P.) | 192, 194

미들턴, N.(Middleton, N.) | 37

미르달, 군나르(Myrdal, Gunnar) | 105

(ㅂ)

반즈, 트레버(Barnes, Trevor) | 17, 19, 25, 39, 74, 79-80, 152

버제스, E. W.(Burgess, E. W.) | 67

버제스, J.(Burgess, J.) | 162-163

버킹엄, 데이비드(Buckingham, David) | 174

베버, 알프레드(Weber, Alfred) | 22, 66-67, 185

베일, 존(Bale, John) | 144

보드만, D.(Boardman, D.) | 144

볼, S.(Ball, S) | 56, 58

볼더스톤, 데이비드(Balderstone, David) | 153, 163, 165

불렌, E.(Bullen, E.) | 172

브레드포드, M.((Bradford, M.) | 139

블랙, 제레미(Black, Jeremy) | 150-152

비에르크네스, J.(Bjerknes, J.) | 35

(ㅅ)

사럽, 마단(Sarup, Madan) | 132

삭스, 볼프강(Sachs, Wolfgang) | 108-109

슈머-스미스, P.(Shurmer-Smith, P.) | 31

셔커, R.(Shuker, R.) | 169

쇼, C.(Shaw, C.) | 119

쇼트, 존 레니에(Short, John Rennie) | 177, 179, 181, 187

수그덴, D.(Sugden, D.) | 36

슐만, L.(Shulman, L.) | 218

스몰, R.(Small, R.) | 35

스미스, 수잔(Smith, Susan) | 30, 188

스타인버그, S.(Steinberg, S.) | 128, 172, 186

스토트, 필립(Stott, Philip) | 192-193

스파스, B.(Sparks, B.) | 35

스프링스틴, 브루스(Springsteen, Bruce) | 164

슬레이터, 프랜시스(Slater, Frances) | 69, 138, 214

시거, J.(Seager, J.) | 149, 151

시몬스, I.(Simmons, I.) | 38

시블리, 데이비드(Sibley, David) | 31

심스, P.(Sims, P.) | 35

쓰리프트, 니겔(Thrift, Nigel) | 30

(ㅇ)

알론소, W.(Alonso, W.) | 23

암스트롱, M.(Armstrong, M.) | 116-117

애플, 마이클(Apple, Michael) | 90, 99, 109, 117, 124-125, 160-161

앰브로즈, 피터(Ambrose, Peter) | 180-181

야파, L.(Yapa, L.) | 82-83

어번, M.(Urban, M.) | 37

얼, 스티브(Earle, Steve) | 165

엘리엇 허스트, M.(Eliot Hurst, M.) | 182

오그던, P.(Ogden, P.) | 181

올슨, A.(Olson, A.) | 149

와이넷, 태미(Wynette, Tammy) | 165

워렌, A.(Warren, A.) | 36

월포드, 렉스(Walford, Rex) | 45,61, 155, 183

윌리엄스, 레이몬드(Williams, Raymond) | 42, 139

윌슨, 헤롤드(Wilson, Harlod) | 46

잉글리스, 프레드(Inglis, Fred) | 41-42, 51

(ㅈ)

잭스, G.(Jacks, G.) | 36

잭슨, 피터(Jackson, Peter) | 17, 30, 188

젠킨스, 시몬(Jenkins, Simon) | 146

조셉, 케이스(Joseph, Sir Keith) | 56

존스, 그라함(Jones, Graham) | 72

존스, 켄(Jones, Ken) | 50

존스톤, 론(Johnston, Ron) | 65-66, 69, 71, 73-74, 83, 157-158

지프, G.(Zipf, G.) | 66

(ㅊ)

촐리, 리차드(Chorley, Richard) | 22, 35, 45, 183

(ㅋ)

카스트리, 노엘(Castree, Noel) | 86

칼슨, 데니스(Carlson, Denis) | 94

캐링턴, 벤(Carrington, Ben) | 166

캘러헌, 제임스(Collaghan, James) | 52

캠벨, E.(Campbell, E.) | 196-197

커리, M.(Curry, M.) | 155

켄웨이, J.(Kenway, J.) | 172

켄트, A.(Kent, A.) | 139

코네이, G.(Corney, G.) | 52-53

코넬, J.(Connell, J.) | 164

코브리지, S.(Corbridge, S.) | 107

쿠크, R.(Cooke, R.) | 36

쿤, 토마스(Kuhn, Thomas) | 20

크러시, J.(Crush, J.) | 81

크리스탈러, 월터(Christaller, Walter) | 22, 66

클라크, 찰스(Clarke, Charles) | 241, 255-256

클레멘츠, R. E.(Clement, R. E.) | 35

클레인, 나오미(Klein, Naomi) | 35

클로크, P.(Cloke, P.) | 28, 77-78

킨치로이, J.(Kincheloe, J.) | 128, 172, 186

(ㅌ)

타운센드, A.(Townsend, A.) | 28

탠슬리, 아서(Tansley, Arthur) | 191

테일러, 피터(Taylor, Peter) | 71-73

토마스, W.(Thomas, W.) | 36

투안, 이푸(Tuan, Yi-Fu) | 38

(ㅍ)

파크, P. E.(Park, P. E.) | 23

페식, J.(Pethick, J.) | 36

페퍼, 데이비드(Pepper, David) | 84-85, 87, 113-114

폰 튀넨, 요한(Von Thünen, Johann) | 22-23

프랑크, 안드레 군더(Frank, Andre Gunder) | 105

프레이리, P.(Friere, P.) | 131

프록터, 제임스(Proctor, James) | 88-91

프리드먼, 밀턴(Freidman, Milton) | 105

프리엘, 브라이언(Friel, Brian) | 146

피아제, 진(Piaget, Jean) | 144

피엔, 존(Fien, John) | 132

피트, R.(피트, R.) | 121

필딩, 마이클(Fielding, Michael) | 218

필로, 크리스(Philo, Chris) | 187-188

(ㅎ)

하게트, 피터(Haggett, Peter) | 17, 22, 45

하그리브스, 데이비드(Hargreaves, David) | 251-253

하비, 데이비드(Harvey, David) | 23-25, 32, 46, 64

하셀, D.(Hassell, D.) | 154-157

할러웨이, L.(Holloway, L.) | 32, 147

할러웨이, S.(Holloway, S.) | 18

할리, 브라이언(Harley, Brian) | 151-152

함넷, 크리스(Hamnett, Chris) | 32

허드슨, D.(Hodson, D.) | 222

허드슨, R.(Hudson, R.) | 28

허바드, P.(Hubbard, P.) | 32, 80, 147

허버트, 데이비드(Herbert, David) | 119-120, 122

허스트, 폴(Hirst, Paul) | 101

허클, J.(Huckle, J.) | 47, 50, 54, 159

허턴, 제임스(Hutton, James) | 33-34

헤퍼넌, M.(Heffernan, M.) | 19

헨리, R.(Henley, R.) | 139-140, 143, 169

호이트, 호머(Hoyt, Homer) | 66

호일, E.(Hoyle, E.) | 218

홀, 데이비드(Hall, David) | 44, 48, 57

화이트, 존(White, John) | 134

휘테, R.(Whyte, R.) | 36

힐레이, M.(Healey, M.) | 69

『학교 교과를 가르치기 11-19』 시리즈 안내

시리즈 편집자
존 하드캐슬(John Hardcastle), 데이비드 램버트(David Lambert)

- **수학**(Mathematics)
  - 캔디아 모건(Candia Morgan)
  - 안네 왓슨(Anne Watson)
  - 클레어 티클리(Clare Tikly)

- **영어**(English)
  - 존 하드캐슬(John Hardcastle)
  - 토니 버제스(Tony Burgess)
  - 캐롤라인 달리(Caroline Daly)
  - 앤턴 프랭크스(Anton Franks)

- **지리**(Geography)
  - 존 모건(John Morgan)
  - 데이비드 램버트(David Lambert)

- **과학**(Science)
  - 베네사 킨드(Vanessa Kind)
  - 케이스 타버(Keith Taber)

- **현대 외국어**(Modern Foreign Languages)
  - 노버트 패칠러(Norbert Pachler)
  - 마이클 에반스(Michael Evans)
  - 서레이 앤 로스(Shirley Anne Lawes)

- **경영과 경제**(Business, Economics & Enterprise)
  - 피터 데이비스(Peter Davies)
  - 야첵 브란트(Jacek Brant)

『학교 교과를 가르치기 11-19』 시리즈 편집자의 글

　이 시리즈는 교과 전문지식이 점점 교사들의 책임성에 대해 다시 정의내리고 있는 시점에서 신규교사들에게 학교 교과를 이해시키는 데 목적이 있다(Furlong et al., 2000). 우리는 교과에 대한 교사들의 열정이 효과적인 교수를 위한 기초를 제공한다는 일반적인 가정으로부터 시작하지만, 또한 유능한 교사들은 학생들의 학습에 대한 복잡한 이해를 발달시킨다는 관점을 취한다. 그러므로 우리는 또한 교과 전문가들에게 그들이 선택한 분야에서 학생들의 학습에 대한 그림을 그릴 수 있도록 하는 데 목적을 두고 있다.

　전반적으로 이 시리즈에서 중점을 두어 주장하는 것은 교과 전문성의 관점에서 교사들의 전문성 개발은 그들이 학습의 복잡성을 점점 더 이해하는 데 달려 있다는 것이다. 본질적으로 신규교사들이 고등교육을 통해 배운 경험으로부터 가져온 교과지식을 학생들에게 효과적으로 가르치기 위해서는 재구성해야 한다. 현재의 교과지식이 학교에서 성공적으로 가르쳐지려면 로컬적으로 다시 구성되어야 하는데, 우리는 교사들이 학생들의 학습의 역동성과 지속적인 관계를 유지할 때 그렇게 될 수 있다는 데 주목한다. 교사들이 그들의 교과에 관해 알고 있는 것은 학교 현장에서 재구성되어야 하며, 교사들의 행위야말로 항상 교육과정 주제를 형성하는 데 핵심적인 역할을 할 것이다.

　교수는 기존의 교과지식에 대한 비판적인 재개입을 포함한다. 교수는 학생 및 공동체와의 접촉을 통해서 주로 일어난다. 모든 신규교사들은 학생들과 함께, 그리고 마음속으로 소재의 선택, 배열, 제시에 관해 복잡한 판단을 할 수 있는 방법을 배워야 한다. 따라서 교사들 역시 학습자다. 따라서 이 시리즈는 학생들의 학습에 대한 그림을 제공해주는 것뿐만 아니라, 신규교사들이 학교에서 새로운 책임을 맡고 있는 것처럼 자신을 학습자로서 인식할 수 있도록 전문성 개발에 대해 충분하고도 상세한 설명을 제공하는 데 목적이 있다. 따라서 우리는 교직 초기 단계에 있는 교사들이 앞으로 수행해야 할 이러한 종류의 사고, 즉 지적인 활동에 대한 통찰을 제공하는 데 목적이 있다.

이 시리즈는 초기 전문성 개발 시기에 있는 신규교사들에게 주로 초점이 맞추어져 있다. 교사양성훈련 기간, 교사입문 시기에 해당하는 교사들, 교수 경력이 2~3년 정도인 교사들을 포함한다. 그러므로 이 시리즈는 교사입문 표준을 향해 공부하고 있는 교사자격인증석사(PGCE)과정 학생들(예비교사들)과 신규교사들(NQTs) 이외에, 또한 초기 경력교사의 멘토로서 책임이 있는 학교의 교과 지도자를 비롯하여 교과전문가 연수교육과 교수 지원을 맡고 있는 수석교사(ASTs)를 대상으로 하고 있다.

이 시리즈의 책들은 신규교사 자격을 위한 교육 표준과 교사입문 표준을 다룬다. 그것들은 교육 용어와 공식적인 표준의 구조를 모두 사용하고 있다. 그러한 점에서 그것들은 독자들로 하여금 이 시리즈의 책들에 포함된 주장들을 수행 준거에 대한 성취를 입증해야 할 그들의 의무와 연결시키도록 할 수 있다. 그렇지만 이 시리즈의 책들은 독자들에게 단순한 '준수'하는 것 이상의 것을 하도록 하는 데 목적이 있다. 이 책들은 공개적으로 교사들에게 '능력'을 해석하는 데 있어서 자신의 행위를 인식하고, 그들의 전문적 정체성을 형성하는 교과를 발달시키는 데 있어서 그들의 역할이 무엇인지를 인식하도록 한다.

전반적으로 이 시리즈의 명백한 특징은 특정 학교 교과들이 어떻게 '틀을 형성'해왔는지에 대한 관심을 가진다는 것이다. 그리하여 이 시리즈의 책들은 잘 알려진 『가르치기 위해 배우기』(Learning to Teach) 시리즈를 포함하여 최근에 출판된 많은 책들과 출판사 루트리지팔머(RoutledgeFalmer) 출판사에 의해 출판된 많은 책들과의 대비를 보여준다. 이 책들은 학교 교과가 보다 넓은 학문과 어떻게 연결되는가에 관한 상당한 자료들을 포함하고 있고, 또한 보다 넓은 사회적 · 문화적 현실을 경고하고 있다. 따라서 이 책들은 최근에 교사 교육과 교사 지원에 있어서 주요한 약점으로 부각되고 있는 것에 대해 반응하고 있다. 예를 들면 교과 전문성과 관련된 특별한 쟁점에 적절한 주의를 기울이지 않고 교수 능력의 포괄적인 문제에 대해 집착하고 있는 것을 들 수 있다. 이 시리즈(『학교 교과를 가르치기 11-19』)에 있는 책들은 균형을 바로잡는 데 목적이 있다.

특히 교수에 대한 일반적인 '과학'이 있다고 믿는 사람들이 최근에 영향력을 행사해오고 있다. 예를 들면 Key Stage 3 전략이 일반적으로 교사들의 수업 준비에 영향을 끼쳐오고 있다는 것을 부정하지는 않는다. 이것에 덧붙여 특별한 교수 접근 및 기법의 발견과 권고가 일반적으로 신규교사들의 전문적 능력을 높이고 있다. 최근에 '사고 기능'을 가르치기 위해 많은 것이 만들어져 오고 있으며, 그러한 계획들은 교사들의 전문적 자부심뿐만 아니라 그들의 다재다능한 수행을 끌어올리고 있다. 그러나 다른 대안이 없다면, 교수는 이러한 방식만으로는 지속될 수 없다. 학생들은 단순히 생각하도록 가르쳐질 수 없다. 그들은 생각해야 할 무언가를 가지고 있어야 한다. 만약 이러한 '무언가'가 사소하고, 적절하지 않거나 시대에 뒤떨어진 것이라면, 교육의 과정은 평가절하 될 것이며, 학생들은 재빨리 불만을 품게 될 것이다. 교육부 장관 찰스 클라크(Charles Clarke)는 2003년에 『교과 전문성 협의회』(*Subject Specialisms Consultation*)를 시작하면서 이것에 대해 인식하고 있었다.

우리의 가장 훌륭한 교사들은 그들이 가르치는 교과에 대해 진정한 열망과 열정을 가지고 있는 사람들이다. 그들은 또한 학생들의 학습에 깊이 헌신하고 있으며 교과에 대한 열정을 활용하여 학생들에게 동기를 부여하고, 교과를 흥미롭게 만들고, 학습을 흥미진진하고 생생하고 즐거운 경험으로 만들고 있다.

교과에 대한 교사들의 열정은 효과적인 교수와 학습을 위한 기초를 제공한다. 이러한 교사들은 교과의 전문지식을 사용하여 학생들이 내용, 과정, 사회적 분위기를 아우르는 의미 있는 학습 경험에 몰입하도록 한다. 그들은 지원적이고, 협동적이며, 도전적인 수업 환경 내에서 학생들과 함께(을 위해) 중요한 지식의 영역을 탐구하거나 만들며, 학습을 위한 강력한 도구를 발달시킬 기회를 창출한다.

(DfES, 2003a, 문단 1-2)

『학교 교과를 가르치기 11-19』시리즈는 교사들의 경험의 관점에서 그러한 가정들을 더욱 구체화하도록 함으로써 그것들에 대한 실천적 이해를 하는 데 목적이 있다. 그래서 특정 학교 교과의 역사와 현재의 국가적 구조틀을 조사하는 것뿐 아니라, 우리는 또한 사례연구와 교사들의 내러티브를 통해 실천적 문제를 조사할 것이다. 우리는 신규교사들이 가르칠 때 그들의 이전의 교육적 경험으로부터 추진해나가는 바로 그 교과지식과 관련하여 그들이 때때로 어떻게 막막해하는지를 언급했다. 이러한 느낌은 그들이 무엇을 가르칠 것인가 (그것을 어떻게 가르칠 것인가는 고사하고)와 관련한 선택이 심하게 강요되어 나타나는 매우 통제된 전문직을 가진 것에 기인할지 모른다. 만약 그러한 시스템이 주요한 에너지의 원천이 되는 교사들이 교과에 대해 가지고 있는 열정을 차단한다면 창의적이고 건전한 수업을 지속할 수 있는 많은 것을 잃을 것이다. 훌륭한 교사들은 그러한 열정을 학생들의 관심과 연결시킨다. 『학교 교과를 가르치기 11-19』시리즈는 이러한 쟁점에 관심을 가진다. 만약 이 책이 하나의 명료한 임무만을 가진다면, 그것은 교사들로 하여금 그들은 단순히 교육과정을 예시된 교과지식의 형태로 '전달'하는 것이 아니라 교육과정을 만드는 데 주체적 역할을 해야 한다는 사고를 격려하는 것이다.

교육과정을 '만든다'는 것은 무엇을 의미하는가? 이것은 거대한 질문이며, 우리는 완벽한 교육과정이론을 제공하는 데 목적을 두고 있지 않다. 그러나 우리는 교육과정과 교수법에 대한 현재의 설명(예를 들면 Moore, 2000)이 학생들의 교육적 경험을 결정하는 상충된 이익집단의 역할을 강조하는 경향이 있다는 것을 주장한다. 그것들은 사회적·경제적·문화적 영향을 고려함으로써 교육과정 구성에 대한 복잡한 그림을 제공한다. 분명히 어떤 하나의 이익집단이 전적으로 그 결과를 결정하지는 않는다. 게다가 잉글랜드와 웨일즈의 교육학자들은 "학교교육과정에 대한 중앙정부의 통제가 틀림없이 교사들의 에너지 방출을 느슨하게 하고 있다"(White, 2004: 189)고 하는 데 점차 동의하고 있다. 우리는 존 화이트(John White)와 유사한 입장을 채택한다. 그것은 교육과정을 중앙정부의 명령으로부터 '구출'하는 것이고, "교사들이 교육과정…에 대한 결정…에 있어서 현재보다 훨씬 큰 역할을 가진 것으로 보는 것"이다(White, 2004: 189-190).

이것은 정부가 전혀 역할을 하고 있지 않다는 것을 말하는 것은 아니다. 일부 교육학자들은 학생의 교육과정 경험이 거의 전적으로 교사들과 다른 이익집단의 손에 있었던 1998년 교육개혁법 이전의 방식대로 완전히 돌아가기를 원한다. 선출된 정부가 가르쳐야 할 것을 조절하는 것은 확실히 옳겠지만, 그것이 교사들의 계획을 억압하는 유연하지 못한 방식으로 교육과정을 명령해야 한다는 것은 아니다. 교사들은 교육과정을 형성하는 데 능동적인 역할을 한다. 교사들은 화이트가 지적한 것처럼 "교육과정에 영향을 주는 학생들에 대한 그들의 지식"을 고려하여 전문적인 결정을 한다. 우리는 무엇을 가르치고 그것을 어떻게 가르칠 것인가를 결정할 때 교사들의 지식과 창의성은 가장 중요한 가치를 지닌다는 것을 여기에서 주장한다. 교수는 철저히 실천적 활동이며 교사들의 수행의 문제다. 그러나 우리는 교수의 창의성 배후에는 어떤 지적인 활동이 놓여 있다는 것 또한 알고 있다. 우리의 출발점은 지적인 노력은 만약 그것이 가치가 있다면 교수와 학습의 모든 단계에서 요구된다는 것이다.

학생들에 대한 지식은 교육과정 설계에 있어서 기본적인 구성요소다. 유능한 교사들은 학생들에 대한 이러한 종류의 지식을 확실하게 가지고 있다. 그러한 지식은 내용의 선정과 방법의 선택에 관한 결정에 정보를 제공해준다. 그러나 이 시리즈는 학생들에 대한 지식 그 자체만으로는 무엇을 가르치고 그것을 어떻게 가르칠 것인가를 계획하는 데 불충분하다는 것을 분명히 한다. 확실한 교과지식은 똑같이 중요하다. 게다가 우리는 중등교사들의 전문적 정체성에 대한 필수적인 요소는 그들의 교과 전문성에 대한 인식과 긴밀히 관련된다는 관점을 가지고 있다. 일반적으로 훌륭한 교수는 교수요목에 구체화된 교과보다는 교과에 대한 보다 심층적인 이해를 요구한다는 것이 사실이다. 더욱이 학생들은 흔히 '그들의 특성을 알고 있는' 교사들을 존경한다. 여기서 '특성'이 의미하는 것은 보통 특별한 토픽 또는 일련의 사실보다 훨씬 더 크다. 사실 유능한 교사가 학생들이 접근할 수 있는 특별한 토픽을 만들고, 그들에게 진보할 수 있도록 하는 방법은 종종 그들이 교과의 주요한 구조는 무엇이고, 그것의 약점은 어디에 있는지와 관련한 교과의 건축학에 대한 훌륭한 이해를 하고 있는지에 달려 있다. 여러분은 수업 전날 밤에 이것을 벼락치기 할 수는 없다.

교사자격인증석사(PGCE)과정 학생들과 초기 경력교사들은 흔히 그러한 격차를 메우기 위해 학교 교과서에 의존한다. 이것은 괜찮다. 즉, 불가피하게 전문가가 다루지 못하는 교과의 양상들이 있을 것이다. 현재 많은 교사들은 정보, 데이터, 이미지 등에 대한 풍부한 원천으로 인터넷을 능숙하게 사용한다. 그것 또한 괜찮다. 그러나 교사들이 또한 수행해야 하는 것은 그러한 자료를 이해하고, 조직하고, 정확성, 긴밀성, 의미를 위해 면밀히 조사해야 한다는 것이다. 이 시리즈의 저자들은 교사들에게 교과에 있어서 개념적 투쟁과 이것이 학교 교과를 만드는 데 어떻게 영향을 주는지를 소개한다. 학교 교과의 역할에 대해 논쟁하고, 그것이 어떻게 일관되게 되는지를 보여줌으로써['중요한 개념들(big concepts)'], 그들은 그것이 보다 넓은 교육적 목적에 어떻게 기여하는지를 보여준다. 이와 같은 결정은 학교 교과의 미래와 교과기반 교육과정에 관한 새로워진 논쟁의 맥락에서 일어난다. 비록 이 시리즈가 교과 전문가들의 요구사항을 제공하고 있지만, 그것은 학교 교과의 지위를 변화하지 않는 주어진 것으로 간주하지 않으며, 저자들은 이러한 논쟁을 명쾌하게 받아들일 것이다.

전달되어야 할 기력 없는 '내용'으로서의 교과에 대한 현재의 개념은 지식의 구성에 있어서 인간(교사와 학생)의 행위의 역할을 특히 중시하는 학습이론과 어긋난다. 교사들에게 있어서 훌륭한 교과지식은 '학생들 앞'에 있는 것이 아니라 보다 넓은 교과를 인식하는 것이다. 교사들은 자신의 교과가 어떤 유형의 지식을 다루는지에 대해 자문할지도 모른다. 그리고 이것에 이어 또한 학생들이 종종 마주치게 되는 어려움의 유형에 관해 질문할지도 모른다. 우리는 학생들이 수업에서 획득하게 되는 '오개념'을 '수정'하는 데 관심이 있는 것이 아니라 그들이 획득한 것을 실제로 어떻게 만드는지에 관심이 있다는 데 주목한다.

이 시리즈의 책들은 구성요소들이 형성되는 방법을 안내하는 폭넓은 이론적 입장을 가지고 있다. 이러한 구성요소들은 수업계획, 수업조직, 학습관리, 학습에 대한(위한) 평가, 윤리적 쟁점 등을 포함하고 있다. 그렇다고 대단히 중요한 처방을 가지고 있는 것은 아니며 이 시리즈의 책들은 중요하게도 상이한 접근을 취하고 있다. 그러한 차이는 특정 전문교과가 부여하는 다양한 우선순위와 관심에 의존할 것이다. 본질적으로 이 시리즈의 책들은 심지어 교사들이 아직 교실 안에 발을 들여놓지 않았더라도 교과에 관해 사고하는 방법을 발달시키는 데 목적이 있다.

우리는 교사들의 역할을 기술자로 축소하는 교수와 학습 모델의 타당성에 대해 의심한다. 교사들은 학생들을 위해 교육과정을 중재한다. 게다가 이 시리즈의 책들을 위한 시급한 정당성이 있다.

학교 교과의 역할을 재진술하는 것이 이 시리즈의 바람이지만, 상당한 변화와 발달에 관여하는 데 실패하고 있는 보수적인 정신에서 재진술하는 것은 아니다. 일부 논평자들에 의하면, 계속해서 활발하게 진행되고 있는 정보통신혁명과 더불어 정보의 폭발은 교과, 교과서, 남아 있는 19세기 학교 조직체 등의 죽음을 초래하고 있다. 우리가 이러한 진단을 공유하고 있는 것은 아니지만, 우리는 현재 상황이 선택이 아니라는 것을 인식하고 있다. 사실 교과 교사들은 교육과정 공간에 관해 덜 영역화(세력권에 대한 주장)할 필요가 있을지 모른다. 즉, 전통적인 교과의 경계를 횡단하여 더 협력적이고, '공인되지 않은 교과 이야기'라 불리는 세계에 대한 학생들의 이해, 미디어의 재현, 상식적인 관점에 더욱 더 관심을 보일 필요가 있을지 모른다. 우리는 이와 같은 교육적 환경에서 학문적 지식의 역할은 10년 전보다 훨씬 더 중요하며, 교사들은 창의적으로 그것과 관계를 맺을 필요가 있다는 것을 주장할 것이다.

『학교 교과를 가르치기 11-19』 시리즈는 신규교사들에게 그들의 전문성에 관해 생산적으로 사고하는 방식을 발견하도록 도와주고 지원하는 데 목적이 있다. 전문가 저자들은 긍정적이고, 적극적이고, 이해하기 쉬운 어조를 유지하려고 하고 있으며, 우리는 여러분이 그것들을 즐기기를 희망한다.

2004년 런던에서

존 하드캐슬(John Hardcastle)과 데이비드 램버트(David Lambert)

지은이

존 모건(John Morgan)

영국 런던대학교 교육전문대학원에서『포스트모더니즘과 학교지리』로 박사학위를 받고 현재는 브리스톨대학교와 런던대학교 교육전문대학원 교수로 있다. 주요 연구분야는 포스트모더니즘, 비판교육학, 시민성 교육 등이며, 특히 사회지리학과 문화지리학을 배경으로 하여 이를 지리교육에 접목하려는 시도를 해오고 있다. 지은 책으로『지리를 가르치기 11-18: 개념적 접근』(Teaching Geography 11-18: A Conceptual Approach),『중등 지리를 가르치기: 지구가 중요한 것처럼』(Teaching Secondary Geography: As If The Planet Matters),『개발, 세계화, 지속가능성』(Development, Globalisation and Sustainability),『장소, '인종', 지리를 가르치기』(Place, 'Race' and Teaching Geography) 등이 있다.

데이비드 램버트(David Lambert)

셰필드대학교에서 학부를 졸업하고 캠브리지대학교에서 지리교사자격인증석사과정을 수료한 후 중등학교에서 약 12년 정도 지리를 가르쳤다. 그 후 지금까지 런던대학교 교육전문대학원 교수로 재직하고 있고 있으며, 현재는 영국지리교육학회 회장이기도 하다. 주요 연구분야는 교육과정 개발, 교사의 전문성 개발, 교과서 연구, 평가, 시민성 교육 등 다방면에 걸쳐 있으며, 왕성한 저술 활동을 해오고 있다. 지은 책으로『중등학교에서 지리를 가르치기 위해 학습하기』(Learning To Teach Geography In The Secondary School),『중등 지리를 통한 시민성 교육』(Citizenship Through Secondary Geography),『지리를 가르치기 11-18: 개념적 접근』(Teaching Geography 11-18: A Conceptual Approach),『장소, '인종', 지리를 가르치기』(Place, 'Race' and Teaching Geography) 등이 있다.

옮긴이

조철기

1970년 경남 산청에서 태어나 경북대학교 지리교육과 및 동대학원을 졸업하였다. 대구고등학교에서 지리를 가르치던 중 일본 문부과학성 시험에 합격하여 히로시마대학에서 사회과교육 및 지리교육을 공부하고 돌아왔다. 지금은 경북대학교 사범대학 지리교육과 교수로 재직 중이며, 지리교육에 대한 강의와 연구를 병행하고 있다. 지리교육 중에서도 특히 시민성 교육, 비판교육학, 장소학습, 내러티브, 지리적 상상력, 사회적 구성주의 등에 관심을 두고 연구를 진행하고 있다. 지은 책으로『사회과 스토리가 있는 지도학습 교재 만들기』,『고령군 지역연구』등이 있으며, 옮긴 책으로『교실을 바꿀 수 있는 지리수업 설계: 지리적 상상력 · 장소학습 · 재현의 지리 · 사회적 구성주의』가 있다.